JN301919

材料学シリーズ

堂山 昌男　小川 恵一　北田 正弘
監　修

高分子材料の基礎と応用
重合・複合・加工で用途につなぐ

伊澤 槇一 著

内田老鶴圃

本書の全部あるいは一部を断わりなく転載または
複写(コピー)することは，著作権および出版権の
侵害となる場合がありますのでご注意下さい．

材料学シリーズ刊行にあたって

　科学技術の著しい進歩とその日常生活への浸透が20世紀の特徴であり，その基盤を支えたのは材料である．この材料の支えなしには，環境との調和を重視する21世紀の社会はありえないと思われる．現代の科学技術はますます先端化し，全体像の把握が難しくなっている．材料分野も同様であるが，さいわいにも成熟しつつある物性物理学，計算科学の普及，材料に関する膨大な経験則，装置・デバイスにおける材料の統合化は材料分野の融合化を可能にしつつある．

　この材料学シリーズでは材料の基礎から応用までを見直し，21世紀を支える材料研究者・技術者の育成を目的とした．そのため，第一線の研究者に執筆を依頼し，監修者も執筆者との討論に参加し，分かりやすい書とすることを基本方針にしている．本シリーズが材料関係の学部学生，修士課程の大学院生，企業研究者の格好のテキストとして，広く受け入れられることを願う．

監修　堂山昌男　小川恵一　北田正弘

「高分子材料の基礎と応用」によせて

　プラスチック材料を抜きにして私たちの生活は考えられません．ペットボトル（ポリエチレンテレフタレート）を一つとってみてもそれは明らかです．その割にはプラスチックに対する私たちの科学的，技術的知識は断片的ではないでしょうか．プラスチック材料を実際に応用するためには高分子化学，材料科学，加工技術，最近ではリサイクル化にまで及ぶ総合力が問われます．これだけの広い分野を一人の著者が系統的に述べるのは至難の技です．

　本テキストの著者である伊澤槇一博士は長年にわたりプラスチックの製造現場に携わり，合わせて業界活動や教育活動を展開してきたわが国の第一人者です．伊澤博士を得て初めて，プラスチック材料全般を分かりやすい一冊に収めることができました．

　本書では物質としてではなく，材料としてのプラスチックが基礎から応用の広い範囲にわたって解説されています．プラスチックになじみ薄い読者にとってもまたとない入門書です．

小川恵一　北田正弘

まえがき

　高分子材料は我々の身近にたくさん存在しており，何気なく便利に使ってその恩恵に浴している．生命を産み出した情報伝達システムそのものも高分子材料であり，地球上で生命を維持繁栄させ続けるための「入れ物」である命の構造体もすべて高分子材料でできている．

　20世紀生まれで化学の産物である合成高分子材料は，自然界が創り出して利用してきている天然高分子材料と比べれば，その足元にも及んでいない．科学の力で作り出される合成高分子化合物から実用的な高分子材料となる「流れ」を，重合反応工程，複合化技術，成形加工技術の順序を追って解説しようと試みたのが本書の趣旨である．

　高分子材料が，数多くの無機材料や天然の有機材料に置き換わって生活の周辺で目立つようになったのは20世紀後半（第二次世界大戦の終了後）である．これは，合成高分子の原料が石油化学と結びついたのが大きな原因である．石油の大半（95％以上）が直接エネルギーとして消費・利用されて行くとき，高い付加価値を持つ石油化学の誘導製品である高分子化合物がその主体的な位置を得て，成長が約束されたのである．こうして，体積ではすでに鉄鋼材料を凌駕するまでに成長した合成高分子材料がプラスチックと呼ばれている．

　天然高分子材料でも（というよりは，より綿密に，より詳細に）多数の成分が組み合わされ，混合され，三次元的に組み立てられているのが高分子材料の実用時の姿である．合成高分子材料は，産業上の利用の増大，生活上の利便性の付与拡大により用途をさらに広げる方向に向かっている．その現在の位置付けを理解しやすいように考えて，全体構成に流れを付けた．

　もう一つ忘れてならないプラスチックの一面がある．それは，テレビジョン，コンピュータ，携帯電話などのIT産業分野と呼ばれる新しい文化の登場がプラスチックなしには不可能であったという点である．

高分子科学の部分は，20世紀前半におよそその骨格となる部分が解明された．それらについては，これまでのたくさんの教科書にも載っていて，内容に大差はない．本書では高分子科学の既知の事項を「基礎編」として記載した．この部分は，「応用編」，「成形加工編」で高分子工学，実用化技術をよりよく，速やかに理解するための助けとして役立つことを目的としている．

　ようやく100年に到達したばかりの合成高分子材料の歴史の中で，技術は現在進行形でその階段を昇り続けている．基本的に炭化水素系，炭水化物系よりなる合成高分子材料は，一歩ずつ進みながら，天然高分子材料が億年単位で組み上げてきた材料らしさに近づいていければよいと思う．

　科学的思考に支えられる工学としての高分子材料の進歩に，読者の皆さんと一緒に少しでも貢献できれば望外の幸せである．同時に，経過した年数が10の2乗と10の8乗という材料の歴史の長さの違いも本書から感じて頂ければ嬉しいと考えている．

著　者

目　　次

材料学シリーズ刊行にあたって
「高分子材料の基礎と応用」によせて

まえがき……………………………………………………………………… iii

序 ……………………………………………………………………………… 1

I 基 礎 編

1 高分子材料の歴史 ………………………………………………………… 9
　1.1　高分子材料と人との関わり　9
　1.2　高分子素材の歴史　13

2 高分子科学 ……………………………………………………………… 21
　2.1　科学として見た高分子材料　21
　2.2　高分子合成の化学反応概説　21
　2.3　天然高分子合成の化学　27
　2.4　合成高分子への化学反応　30
　2.5　高分子の構造　42
　2.6　高分子の物性　45

3 高分子材料のための副資材 …………………………………………… 54
　3.1　副資材を選択する基礎的な事項　54

3.2　成形加工助剤　*55*
　　3.3　特性付与剤　*61*
　　3.4　強化剤・充填剤　*65*

4　高分子材料の評価技術 …………………………………………… *70*
　　4.1　試験法と規格　*70*
　　4.2　物理的・力学的性質　*72*
　　4.3　熱的性質　*79*
　　4.4　電気的性質　*85*
　　4.5　成形性　*88*
　　4.6　特殊試験　*90*

II　応用編

5　高分子材料総論 ……………………………………………………… *95*
　　5.1　高分子材料の位置づけ―用途と特性　*95*
　　5.2　重合反応プロセス　*101*
　　5.3　高分子の材料化プロセス　*107*
　　5.4　高分子材料の成形加工プロセス　*113*
　　5.5　高分子製品の評価　*115*

6　プラスチック材料(1) 基幹プラスチック材料　　*119*
　　6.1　四大プラスチックの位置付け　*119*
　　6.2　ポリエチレン(PE)　*121*
　　6.3　ポリスチレン(PS)　*126*
　　6.4　ポリプロピレン(PP)　*131*
　　6.5　ポリ塩化ビニル(PVC)　*134*

7 プラスチック材料(2) エンジニアリングプラスチック ……………… 138
 7.1 ナイロン　*139*
 7.2 ポリエステル(PEs)　*140*
 7.3 ポリアセタール(POM)　*142*
 7.4 ポリカーボネート(PC)　*144*
 7.5 ポリフェニレンエーテル(PPE)　*147*
 7.6 スーパーエンプラ群　*150*

8 プラスチック材料(3) 機能性プラスチック ……………………… 153
 8.1 機能性プラスチック概論　*153*
 8.2 ゲル状高分子機能材料　*156*
 8.3 有機-無機ハイブリッド材料　*158*
 8.4 ナノコンポジット　*158*
 8.5 ナノ構造ポリマー　*159*
 8.6 発泡構造による高分子材料　*161*
 8.7 導電性プラスチック　*162*
 8.8 官能基含有機能性高分子材料　*163*
 8.9 生物分解性プラスチック　*164*
 8.10 生命系の持つ機能発揮材料へのアプローチ　*166*

9 ゴム，繊維，接着剤，塗料の用途 ………………………………… 169
 9.1 実用材料としてのゴムへのプロセス(ゴム化)　*169*
 9.2 ゴム材料の物性と用途　*171*
 9.3 熱可塑性エラストマー(TPE)　*173*
 9.4 繊維　*175*
 9.5 接着剤　*181*
 9.6 塗料　*183*

10 熱可塑性高分子の複合化 ………………………………………… 186

10.1 高分子材料と無機材料との複合化　*186*

10.2 新ポリマーから ABC 材料の時代へ　*188*

10.3 スチレン系ポリマーのポリマーアロイ化　*190*

10.4 オレフィン系ポリマーのポリマーアロイ化　*195*

10.5 ポリマーアロイ化技術の高度化　*203*

11 熱硬化性プラスチック材料 ……………………………………… 207

11.1 熱硬化性プラスチック共通の成形性と機能　*207*

11.2 熱硬化性プラスチックごとの材料としての用途紹介　*209*

11.3 熱硬化性プラスチック材料の用途展開の今後　*217*

11.4 熱硬化性プラスチック材料の材料開発の今後の方向　*217*

III　加工技術編

12 成形加工プロセス ………………………………………………… 221

12.1 高分子材料の成形加工　*221*

12.2 プラスチックの成形加工　*221*

12.3 熱硬化性プラスチックの成形　*222*

12.4 熱可塑性プラスチックの成形　*225*

12.5 熱可塑性プラスチックの射出成形　*227*

12.6 熱可塑性プラスチックの押出成形　*230*

12.7 その他の材料の成形加工方法　*236*

13 成形加工による構造形成と物性 ………………………………… 237

13.1 従来からの加工にみる高分子鎖の挙動　*237*

13.2 成形加工技術の複合化による成形品物性の大幅向上　*243*

13.3 発泡成形にみる二段階加工技術　*245*

13.4 押出成形に加える二段目の成形が機能を上げる方法　*247*

13.5　射出成形に組み合わせる複合化　*250*
　　13.6　構造コントロール技術の将来展望　*255*

14　高分子材料のリサイクル技術 ………………………………… *256*
　　14.1　広義の高分子材料リサイクルとしての五つのR　*256*
　　14.2　廃プラスチックからのエネルギー再利用　*257*
　　14.3　現実に開発されているリサイクル技術　*259*
　　14.4　現実の用途別リサイクル技術動向　*262*
　　14.5　実際にリサイクルする場合の注意事項　*267*
　　14.6　リサイクル技術の展望　*268*

結びに代えて―高分子材料の将来を考える ……………………… *269*

参　考　書 …………………………………………………………………… *273*
総　索　引 …………………………………………………………………… *275*
略語索引 ……………………………………………………………………… *293*

序

　高分子は，天然の材料として有史以前から人々に利用されてきていた．20世紀に入って化学の力を用いることで合成高分子が新しく生まれた．科学の力によって高分子物質が数多く作られるようになったのである．

材料と物質

　このテキストでは，材料と物質という概念を分けて考えることからスタートする．ここでは"材料"に絞って高分子の実用性を論じることにする．"物質"の部分は「基礎編」に概要を書くが，詳細は別の専門書によって学ぶことを勧める．初等中等の理科の教科書では，科学と技術とを混同していたり理学と工学も区別されていない．化学と物理の考え方の基本もおろそかにされたままになっている．大学以上を対象とする本テキストは，ものの考え方の本質をしっかりと記述することにしたい．

・物質は，これ以上分けると性質が保持できない純粋な化合物で，それぞれに独立の名称が与えられるものである．
・材料は，実用に耐える性能を持ち，用途に応じて作られる．およその場合は数多くの物質の混合物でできている．

　科学的なものの見方は，すでに起こっている現象の原理を解明することである．一般には分子レベルで科学的に純粋なものを物質と呼ぶのだが，高分子物質には分子量や構造にいくらかの分布が存在している．産業革命以来の積み重ねを基に20世紀に大きく進んだ科学の力が，1920年代に提出された高分子という概念と結びついて新しい高分子物質が数多く発明された．これは仮説に基づいて次々と得られたものであって，高分子分野の科学の進歩を表している．現在でも新物質としての高分子は作られ続けている．

　高分子材料の使命は，実用に供して特性を発揮することと，求められている

製品の機能をその寿命の間支え続けることにある．材料の持つ特性，寿命などは天然高分子がそのお手本として素晴らしい．まだ未熟段階にある合成高分子では，いろいろな面でのバランスがとれていない．例を挙げれば，製造する，成形する，加工する，組み立てる，実用に供する，寿命が尽きて捨てられる，地殻上に戻されるなどのバランスが採れずバラバラである．これまでのところそれぞれの過程で充分に役立つように物質の持つ基本的な特性が活かされ，実用につなげるための複合化が行われる．役立つ材料は使用条件に適合させるための添加・混合が行われ，全体としては混合物である．

天然の知恵

　高分子材料としての進歩を自然界の歴史に学ぶのは，これからである．生命界が長い年月で積み上げた数々の材料について，構造や特性の把握は始まったばかりである．判っていることのいくつかを挙げてみると現在までの合成高分子ではほとんど取り組んでいないテーマばかりである．

　①使用される素材の化合物として分子式で示す構造(一次構造と呼ぶ)は，極めて単純なものである．それらのほとんどはセルロース，ポリアミノ酸，炭化水素だけである．与えられた自然環境の中で合成されており，その合成条件は常温常圧の水系である．一次構造の合成はその生体が高次の構造体を作る場所で行われて高分子量化する．分子間の相互作用で組み上げる二次構造や立体的，空間的に物理的な強度を増すための三次構造をも形成させつつ，化学反応での高分子量化が同時に進んでいる．したがって物性上極めて有利となる三次元化，超高分子量化の利点も上手に活かしている．

　②おそらく偶然が生み出した材料のうち，地上における現時点までの残存競争の結果として生き残っている構造体を我々は見ていることになる．そしてこれが合成高分子材料を今後発展させていくために非常に重要な多くのヒントを与えることになる．

　③生命の創り出す高分子材料の高次構造体は，分子のレベルの大きさをスタートとして積み上げていって，空間的な配置を形成した複雑な構造になっている．二次，三次の構造を組み上げていく段階は，一次構造としての重合反応

を高分子鎖の高次構造を形成する現場で実施することで行われている．しかし，その構造体の形成は，生命が必要とする特性（強度や剛性などの物性や特別な機能）を与える立体的配置の実現が目標である．分子の巨大化などもこのための必要条件である．高分子物質の鎖の間にある弱い相互作用などが，高次な構造の安定化のために役立っている．

④環境に順応して生産したり，廃棄したりするという循環（サイクル）の考え方を自然界から学ぶのもこれからである．

自然の中では生存のためのバランスが，適合への物差しである．微生物は多種多様に残っていても，巨木群とかマンモス社会が滅亡したことも何かを示唆している．貝殻や骨の構造，材木や竹の空間を多く持つ微細構造の科学的な解明やその形成プロセスを知ることも未来に残されている．そしてこうした構造を人工的に生み出すための工学的な課題はさらにその先にある．

合成高分子の知恵

合成高分子材料を支えてきている科学は，化学をベースに独自の発展をしたので自然や生命が辿った道とは全く異なっている．現在のプラスチックなど，高分子材料の実用的な大部分を占める技術は石油化学に基づいている．それをよく知るためには，この流れを考えてみるのが大切である．

現在の科学の力では，現象の解明を分析的に進めるところに留まり，集合としての取り扱いまでは届いていない．高分子科学もやっと歴史が80年ほどになって分析的な視点から高分子を語るところまできた．"材料"を全体像として論じるには，もう少し「試みと実用化」で進んできた高分子材料技術を，「基礎科学」で詳細に積み上げるように力を蓄えることが必要である．

19世紀までは，物質の解明を続けて多くの物質の化学構造式を決定してきた．現在では，高分子であることの特徴で発揮されている物質としての働きも，小さい分子の相互作用の質や大きさの違いで論じていた．1920年代に高分子理論を物理的に詳しく検証しながら，合わせて実験が進み，現在の高分子科学の根幹が形作られた．これまでの高分子物性論の主なところは，取り扱いの容易さから合成高分子を対象にして確立されたものである．物性論に関して

は微小な力や変位について理論的に扱われているが，実用高分子材料の成形加工条件や巨大分子の挙動にまでは及んでいない．合成高分子を生み出す反応，構造，機能などの蓄積はこれからである．

化学反応からの高分子物質

自然界ですでに知られていた，有用な材料を構成している主成分は高分子物質であると解明されれば，そうした特性を示す新たな高分子鎖を合成しようと考えるのは当然である．これが多くの有機合成化学者の興味の対象となった．それまでに有機化学で知られていたほとんどの反応が，高分子化の試みの対象として検討され，新物質としての高分子構造が次々と発表されたのが1930〜40年代である．新しく合成された高分子化合物には，いずれも高分子性が認められて高分子理論を側面から補強することになった．高分子合成化学は高分子論の仮説からスタートし，短い時間の間にほとんどすべての可能性が検証されたといえる．発明が連続し，高分子科学による物質の創出が続いた後は，新しい化学反応が見出されるたびに，その高分子化が試されている．しかしながら，1981年以降は新しい高分子材料が工業製品の仲間入りを果たしていないのも事実である．

材料が求める高分子および副資材

高分子物質が得られた後に，工業材料として使用可能になって高分子材料に組み上げていくには，工業材料として要求される様々な条件のすべてを満足しなければならない．実用的な材料となるために必要な，基本的な性能の代表的な条件を次に挙げる．

①原料の供給安定性．化学構造からの面白さだけで工業上の将来の供給の可能性を持たないものは，ほとんどが高分子物質の発明の段階で終わり，材料化には失敗した．

②様々な副資材を活かす高分子鎖であって，コスト低減の可能性が追求できる材料化技術を持っていること．

③高分子と高分子，高分子と無機材料など，二成分以上を利用する高分子の

複合化技術が適用できること．これらは一つの技術領域として成立している．すなわち，プラスチックアロイ（Alloy），プラスチックブレンド（Blend），プラスチックコンポジット（Composite）の頭文字を用いてプラスチック ABC 材料と総称されている高分子の複合化技術である．詳しくは 10 章に示す．

④実用高分子材料の最大の特徴は，目的とする成形品を容易に得られる成形加工性を保持することであり，常に成形サイクルの向上が求められる．

⑤機能をさらに高度に発揮させる副資材の組み合わせの自由度は限りなく広く，その発現の可能性も非常に高い．

材料の機能は，用途に合わせて作り出されるもので，基本はニーズからの要請による．高分子材料の物性を左右する添加物質の影響も高分子科学が評価の手段を与え，多くの材料を実用的に発展させる原動力となった．

本書の第Ⅰ編「基礎編」では，すでに内容が解明されている点を中心に科学的な記述を行う．第Ⅱ編「応用編」では，実用化で工夫されている改良点や，用途展開に際して行われている実体を例を挙げて示す．

高分子材料の行方

これまでは，化学主導，製造主導で材料としてのコスト競争で生き残りをかけてきた．世界の高分子材料の現状はその上に成り立っている．これからの材料の行方は，安全と長寿命と循環化である．

高分子材料としての機能が，化学的な合成技術と成形加工技術との融合で高められる段階に達している．これからは自然に学ぶ時代に入る余裕が出てくる．単純な経済合理性（低コストでの多量生産）から抜け出し，環境とバランスしながらより多くの人々が利用できる材料を求めていく．

それには天然高分子が長い年月で作り上げてきた高分子構造体が手本となるであろう．生命の生み出している構造のうち，現在まで生き残ってきたものは，安全と長寿命に加えて自然界での材料循環の可能性も同時に解決させたものである．未だほとんど着手されていないこうした三分野を含む課題の解決が，これからの合成高分子材料の発展を左右するポイントである．本書の読者に少しでも将来の高分子の姿をイメージして頂けるならば幸せである．

6　序

　合成高分子材料の将来像は，安全，寿命，循環を深く考慮しながら，今から具体的に創り出していくことになる．

基礎編

1 高分子材料の歴史

　地球上(おそらく海の中)で相当大きなポリアミノ酸分子が形成されたことによって，情報が分子間で伝達できるようになって生命が誕生した．そういう意味では地球に生命をもたらしたのは高分子化合物である．その後，気が遠くなるほどの長い年月を経て，情報伝達も高度化されRNA，DNAなどを使ってのアミノ酸合成，動物体や植物体の構成へと進んできた．生命現象の中での情報高度化には高分子材料の特性が活かされている．地上の生命の営みのすべての場面で高分子材料の機能に負ってきている．今，合成高分子を材料として使う時代を迎えているが，歴史としてこの分野は天然高分子の時代から始まっている．

1.1 高分子材料と人との関わり

　高分子材料という概念は20世紀になってようやく確立され，100年を経てプラスチック文明の時代に入ろうとしている．歴史上で分類される石器文明時代は約5万年，金属器文明時代は5千年を経過している．人類がその発生以来，衣，食，住など生活に直接役立てているものの多くは，いずれも高分子材料である．それらは天然の材料，すなわち他の生命が生み出した天然高分子材料を我々人類のために活かして使ってきたのである．

　表1.1には，天然の素材をそのまま使っていた時代，形を変えるという加工の時代，成形加工を行う時代までの流れを示した．長い年月をかけて知恵が育ち，便利な道具を生み出してきたことが判る．先人達はこれらの材料が高分子でできていることを知っていたわけではない．しかし，天然高分子ではその高

表 1.1　天然高分子の加工

1．天然物の後加工
　　衣，住，食器の進歩，発展
　　　　素材の持つ機能，強度を活かし，組み合わせて構造体とした素材
　　　　―木材，竹，わら，草，綿，麻
2．天然ポリマーの成形加工
　　一次構造は保持し，独自に形を作る
　　　　天然ゴム―素練り，コンパウンド，成形固化
　　　　セルロース―セルロイド
　　　　石炭酸 → フェノール樹脂

次構造が活かされることで特性が発揮されている．このことは当たり前ではあるが，驚きである．

図 1.1 は，クロマツの内部組織の一部を示す図であるが，生命によって創り出される高次の構造体は，極限まで高分子の特性を利用しており，未解明の所が多い．素材となっている高分子はセルロースであって，単独での強度は低いものである．構造の多くは薄肉の壁を形成するセルロースと中空とから成っている．膜状の壁は延伸されたセルロース分子でできており，立体的に三次元網目構造に構成された構造は軽量なうえに強固である．天然物の持つこうした構造の組み立てや，その重合の進行などは未だ解明されず謎が残されたままである．私達はでき上がった構造物を使っているにすぎない．それらの構造を真似をすることにもほとんど手が付いていない．天然物中での高分子合成反応は，構造を形成する現場(in situ)で，モノマーから縮合重合反応により行われている．

そうした中で，高分子物質という概念が出される以前に，すでに行われていた成形加工のいくつかを表 1.2 に示した．最初は植物から得られる天然ゴムに各種の配合物を加えて成形加工することで有用な材料特性を生み出していた．次に，植物中から得られるセルロースを化学的に処理して，セルロイド，酢酸セルロースなど加工可能な材料に変えた．こうした再生材料もセルロース分子中の主鎖の特性を活かしている．こうして得られる変性セルロースから紡糸することによって半合成繊維も作られた．

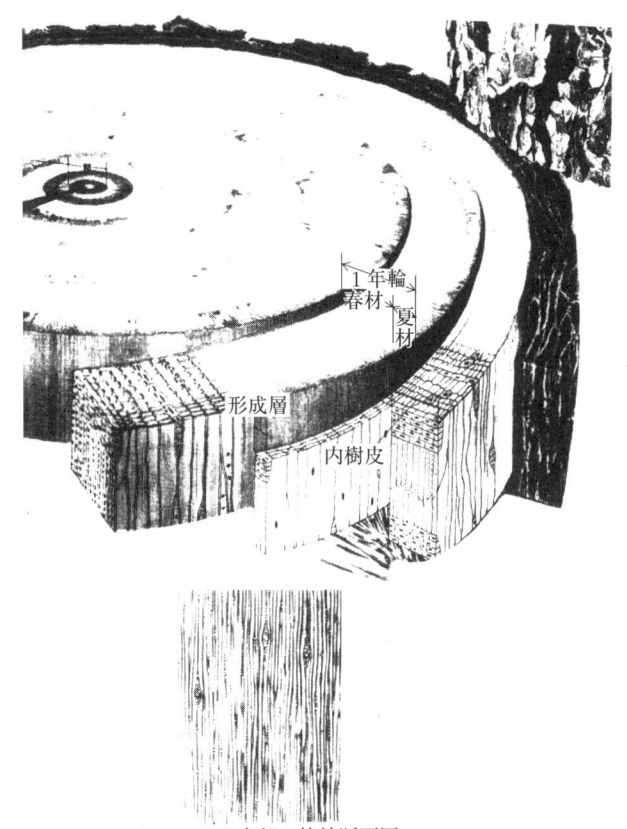

クロマツの木部の接線断面図

図1.1 クロマツの内部組織

　表1.3は，合成高分子材料が作られるようになってからの主な材料の出現状況を時系列的に示したものである．まずは，石炭酸（主としてフェノールより成る）をホルマリンと縮合させることで生まれたベークライトの工業化で始まった．すなわち，20世紀になってようやく合成高分子の時代に入ってきたことを表している．カローザスのナイロンの発見は縮合系合成高分子発展の基礎となったものである．ナイロンの呼び名は，学名であるポリアミドに対してデュポン社が付けた商標であった．その後一般名としても認められ，ポリアミ

表1.2 天然高分子材料の活用の歴史

年	成形材料	混練	一次成形	二次成形	固化
1820	ゴム	ロール 素練り 配合混練	カレンダリング 型成形		加硫
1862	セルロイド	溶剤混和 可塑剤 配合	シーティング (ラム式押出機)	熱成形 ブロー成形 湿熱成形	冷却 乾燥
1909	ベークライト	化学反応 中間物 粉末混和	圧縮成形 (熱圧成形)		架橋硬化
1917	酢酸セルロース	コンパウンド	射出成形		冷却

表1.3 合成高分子材料の工業化年譜

1909	ベークライト(最初の合成高分子；フェノール-ホルムアルデヒド樹脂)
1935	ナイロンの発見(発明者は W. H. Carothers, 1896〜1937)
1935	PVC 工業化
1937	SBR 工業化
1942	高圧法ポリエチレン(PE)工業化(1945年第二次大戦終わる)
1953	Ziegler 触媒発見
1954	低圧法ポリエチレン工業化
1957	PP 工業化 合成ポリイソプレン発見など 日本石油化学工業始まる

ド全部を全く同義語としてナイロンと呼び習わしている．したがって，本書の材料の部ではすべてナイロンと書いてあるが，これはポリアミドのことである．ポリ塩化ビニルの工業化は，膨大な量となっている二重結合開裂型高分子合成工業のスタートである．約20年という短い時間の間に現在工業的に利用されている高分子材料の元になる，ほぼすべての高分子物質が化学の力によって合成された．

1.2 高分子素材の歴史

日本における合成高分子素材の生産量合計の推移は，**図1.2**のようになっており，体積ではすでに鉄鋼の生産量を超えている．すなわち，約1億トン/年の鉄鋼の生産量と比較すれば，比重が約1/7〜1/8である合成高分子の体積が鉄の体積を超えていることは自明のことである．表1.3に示したベークライト（フェノール樹脂；PF）は，高分子説の発表より早く，1909年には実用化され，続いて出た熱硬化性樹脂群が，合成高分子素材の第一ランナーとなった．1926年のシュタウディンガーによる高分子説の提唱に誘発されて，合成化学が高分子に結びついた．1930年代に，ビニル系高分子，ナイロンなどが発明された．1940年代までに，合成高分子の骨格構造はほぼ作り出された．材料として工業的に残存し成長したものに，以下の共通した特徴がある．

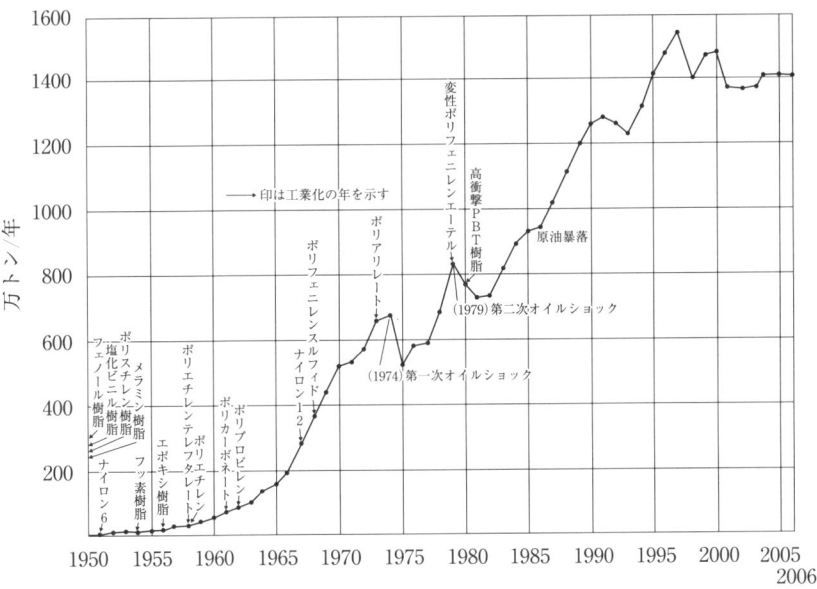

図1.2 日本の合成高分子生産量推移と日本における工業化年（プラスチック工業連盟による）

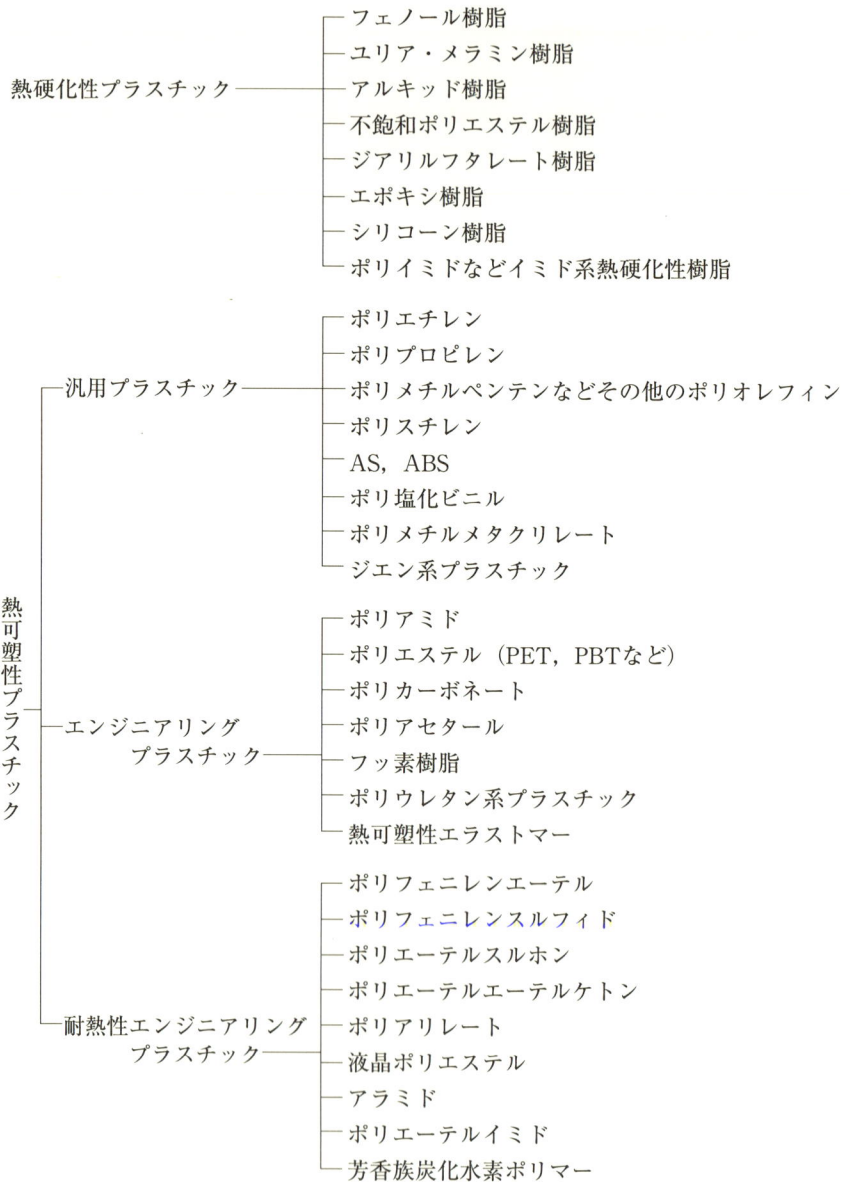

図 1.3　プラスチックの分類

①原料入手の容易さ．
②製法プロセスの合理的な構築．
③材料改良方法の拡大の可能性．
④成形加工性の向上などによってコストパフォーマンスに優れている．

それでもプラスチック（合成高分子のうち，成形加工によって実用化されるものをこのように総称する．この後ではプラスチックという記述はほとんど合成高分子と同義と考えてよい）は，その分類を**図1.3**に示すように非常に多くの種類が使われている．石油化学と結びついた熱可塑性樹脂の生産量が大幅に伸び，プラスチックの大部分を占めている．各素材別にその基になっている高分子の由来および歴史について述べる．

(1) 熱硬化性プラスチック

フェノールとの反応点を複数持つホルマリンが縮合反応を繰り返し高分子量化して得るのが，最初の熱硬化性プラスチックのフェノール樹脂であった．ベークライトは電気絶縁材料などとして産業革命で成長期にあった工業を支える大切な資材となった．芳香族アミノ基も OH 基と同様にホルマリンと縮合反応して樹脂化する．こうした反応で 20 世紀の初頭にヨーロッパで工業化されたのがユリア樹脂とメラミン樹脂である．

ジアリルフタレート樹脂，エポキシ樹脂，不飽和ポリエステル樹脂，ポリウレタン樹脂の4種は，いずれも 1930 年代に発明され第二次世界大戦中に開発実用化が進められた熱硬化性樹脂の代表である．シリコーン樹脂は 1940 年代に入ってから研究・開発され工業化された．

(2) 熱可塑性プラスチック

化学反応から見ると，石炭化学から主に製造される三重結合を持つ炭化水素であるアセチレンを原料として，開裂しやすい二重結合を持つ分子に変換することから高分子合成の科学は始まった．実験室的な発明は，1920 年代末から 1940 年代までにほとんど完成した．

第二次世界大戦の終了後に，世界的に石油の利用が拡大期を迎えた．その中

で化学産業は石油との結びつきを強めることになった．高分子の合成ルートの中でも，石油化学由来の素材が大きく成長したのは，原料が石油化学と結びついて大転換できたからである．エチレンセンターと呼ばれる石油化学基地を中心として，高分子の生産が工業としての基盤を確立していった．これを背景として，非常に安価な上に高機能が付与できる材料としての熱可塑性プラスチックが大発展を続けた．20世紀後半以降の世界のプラスチック生産規模の推移を**表1.4**に示した．21世紀に入って急拡大を続ける発展途上国では統計が不備なため，空欄が目立つ．

表1.4 世界のプラスチック生産規模の推移

	1981	1986	1991	1996	2001	2005
日 本	7,038	9,374	12,796	14,661	13,881	14,145
（アジア小計）	10,104	14,658	24,878	36,817	58,800	52,504
（西欧小計）	20,744	25,427	31,737	36,682	57,900	43,248
（東欧小計）	7,832	10,295	7,321	5,287	—	—
アメリカ	18,084	22,071	28,480	39,951	45,958	49,909
（米州小計）	21,322	28,347	34,954	49,137	55,563	63,400
（南ア，豪州小計）	1,049	1,230	1,356	1,855	1,981	—
全世界 合計	61,051	79,957	100,256	129,775	181,000	230,000

①ポリエチレン（PE）

英国の会社の実験室で1933年に，偶然発見されたのが高圧を用いるエチレンの重合反応であり，ポリエチレンが得られた．しかし，工業的製造技術を確立するのには多くの時間を要した．結局，工業化されたのは1939年になった．この技術は，高圧法による低密度ポリエチレン（LDPE）の合成として知られている．日本における工業化は，1950年代の後半に入ってからである．日本での工業としてのポリエチレンの生産プロセスは，欧米からの技術導入で始まった．石油化学のエチレンセンターの中核を占める製造プラントの一つとして，各地のコンビナートに建設された．現在では，高圧技術設備への再投資の困難

さ(すなわちコストパフォーマンスの低さ)から，触媒技術に依存する中低圧による線状低密度ポリエチレン(LLDPE)に生産の主体が移行している．

高密度ポリエチレン(HDPE)は，1953年のチグラー博士の発見に始まる．これは有機金属触媒を用いると低圧でエチレンが重合し，高圧法に比べて結晶化度，密度共に高くなるというものである．新素材であるHDPEが工業化されたのは，1955年のことであった．日本では導入技術により1958年に工業化された．

②ポリプロピレン(PP)

イタリアのナッタ博士が1954年に，チグラー-ナッタ触媒(以後Z-N触媒とも書く)を用いて，プロピレンの立体規則性重合を発見した．この技術を基にして開発された技術を使って，1957年にポリプロピレン樹脂工業が始まった．日本でのPP工業は，これも技術導入により1962年に始まった．

③ポリスチレン(PS)

スチレンモノマーは石炭化学の時代からよく知られており，ポリスチレンへ転換するラジカル重合技術が開発された．重合熱を制御することで容易に製造工程化が進んだ．工業化の実現も早く，1930年にドイツで，1937年にアメリカで生産に入っている．第二次世界大戦中には，欧米で軽さを重視して戦闘機のガラスの代替として大いに使用された．日本での工業化は，これも欧米からの技術導入により1957年のことであった．

④ポリ塩化ビニル(PVC)

アセチレン化学の優等生として，いち早く塩ビモノマー合成技術が工業化された．重合反応もアメリカの会社が1927年に初めてポリ塩化ビニルの工業化に成功し，1930年代初頭から欧米で相次いで工業生産が行われた．日本でも戦時中の1941年から工業生産に入っており，熱可塑性樹脂生産では最も古い歴史を持っている．

以上の4種が基幹プラスチックと呼ばれ，21世紀初頭における日本国内の生産量は各プラスチック共に，100万トン/年を超えている．

⑤エンジニアリングプラスチック(略称はエンプラで愛用されている)

基幹ポリマーは，安価，量産に向いているが，100℃の水に耐えられず変形

するケースが多い．耐熱性や物性上の信頼性などで，さらに上位の特性を持つ高度なプラスチック用途を開拓すべく開発されたのがエンプラ群である．それらの中で，量的にも価格的にも使いやすいと評価されているのが，次に挙げる5種類のエンプラである．これらの5種は，併せて五大汎用エンプラと呼ばれている．

ポリアミド(PA)は，合成繊維ナイロンとして出発し広く使われていた．1960年代に成形材料としても使われるようになり，エンプラの仲間入りを果たした．主な品種であるナイロン-6，ナイロン-66はいずれも優れた特性を活かして用途を広げている．ポリエステル(PEs)も1940年代以来，合成繊維として使われ，その用途を広げていた．1970年代に成形材料であるエンプラの仲間に入った．

エンプラとしてのPEsで多く使われているのは，ポリエチレンテレフタレート(PET)とポリブチレンテレフタレート(PBT)の2種である．成形用のプラスチックとしての特性ではPBTの方が優れていて，市場での成長率が高い．PETは射出成形用以外でも，フィルム用，ボトル用としても着実に伸びている．

ポリカーボネート(PC)は，1958年にドイツの会社によって工業化された．耐熱性を有する透明なエンプラとして，近年ではコンパクトディスク基板(CD板)などで急速に需要を拡大している．ポリオキシメチレン(POM)は，1953年にアメリカの会社によって工業化されたのが市場に出た最初である．POMは，重合後の構造がアセタール結合の繰り返しから成るので，慣用的にポリアセタールとも呼ばれている．このポリマー構造から熱安定性付与が難しく，後発のメーカー数が限定されている．

変性ポリフェニレンエーテル(変性PPE)は，1964年にアメリカの会社によって工業化されたPPO樹脂の改良品であって，1966年に市場に参入した最も新しい汎用エンプラである．PPO樹脂は優れた特性が評価された一方で，通常のプラスチック成形加工法では成形が非常に困難であった．各種のポリマーとの混合(ポリマーアロイ化)によって加工性を向上させることを，PPO樹脂の場合は"変性"と呼び，その後ポリフェニレンエーテル全般で変性

PPEとされている．日本では，1979年に欧米からの技術導入ではない独自の技術で工業化が達成された．

(3) 合成繊維

永い歴史を持つ天然高分子による繊維を模倣することで作られたのが合成繊維である．合成高分子から紡糸工程，延伸工程を経て繊維を形成する加工方法がとられる．合成繊維には固有の用途があり，繊維形成に向けた二次加工にも特徴がある．繊維に独特な物性としての風合や染色性などを備える加工技術を組み合わせて付加価値を上げた合成高分子の用途である．三大合繊と呼ばれるのは次の3種である．

ナイロン繊維は，1938年にカローザスの発明を基にデュポン社により工業化された．蜘蛛の糸よりも細く，鉄よりも強いというキャッチフレーズで有名になった．強靭性，耐油性などから工業用繊維として使われ始め，その後，婦人服，ストッキング等々に汎用繊維の分野を広げている．

PET繊維は，1940年代に繊維として開発・工業化が行われた．ナイロンと違ってアミド結合を持たないために，従来からの染色法では着色が難しかった．共重合などの化学的な方法を活かしてPETの染色性が改善されると共に合繊をリードする材料となった．日本では1950年代に工業化された．

ポリアクリロニトリル(PAN)繊維は，アクリロニトリルを主成分とする重合体を加工して作られるアクリル繊維として知られる．分子間凝集力の強さから耐熱性の高い高分子材料による合繊である．アクリル合繊の紡糸は，無機強酸溶液からの湿式紡糸かジメチルホルムアミド溶液からの乾式紡糸で行われる．この繊維は第二次世界大戦後に工業化された．

(4) 合成ゴム

第二次世界大戦中に，軍事上の必要から合成ゴムの工業化研究が欧米各国で進められ，生産技術に結びついた．1950年には二つの大きな発明が完成し，本格的な合成ゴムの時代に突入した．第一はチグラー-ナッタ触媒(Z-N触媒)によるブタジエンの重合である．第二はアルキルリチウム触媒による溶液法リ

ビング重合法である．これらの触媒技術は広い応用範囲を持っており，ジエン重合時の立体規則性をコントロールすることができると同時に，スチレンなどとの共重合も実施できる．合成ゴムの化学合成上の自由度の故に天然ゴムでは達成されていなかった耐油性，耐熱性，耐薬品性などを備えた，より広い範囲の特性を持つゴム材料が得られるようになった．1955年以降，民間会社の研究開発および生産が軌道に乗った．

天然ゴムと合成ゴムとは，その特性が長短相補うことから併用することによる市場展開が進んだ特殊な例でもある．

(5) その他の高分子材料

すでに天然高分子を利用していた時代から，文化の進展の中で接着用途，表面改質用途(塗料)が高分子の技術応用分野として広がっていた．合成高分子技術で，高分子の主鎖や側鎖に種々の官能基を入れることが自由になった．この技術の進歩に支えられて，あらゆる高分子化合物が接着剤や塗料の分野に利用されるようになった．歴史上，その技術の進歩を支えている実用的な市場は，建築(外装も内部の組み立ても)と自動車産業である．これらの用途の動向は9章に述べる．

2 高分子科学

2.1 科学として見た高分子材料

　合成高分子の始まりは一つの仮説の検証からであった．人類が実用してきた天然材料の構造が，1920年代に高分子化合物であると提唱された．物性を論ずる学者達は，低分子か高分子かの論争に終始していたが，合成化学者が競ってこの分野に挑戦することになった．1930年代に入ると次々に新しいポリマーの発明が発表された．合成された化合物は，いずれも高分子の特性を示し，物理的に主張されていた高分子説を裏付けた．合成化学で高分子を合成する競争は欧米を中心として進められ，1940年代末までの約20年間でそれまでに知られていた有機化学反応の多くが高分子合成に応用された．

　一方で，天然高分子についてもそれまでのコロイド説，低分子説に代わっての解明が進んだ．天然物の構造も高分子から成ることが知られて，生体内での生成の反応も判るようになった．天然高分子の科学としての基盤はこうしてでき上がった．

　ここでは，入門として必要な高分子に独特な現象を科学として解説する．高分子に関する知識を合成，構造，物性の三部に分けて整理する．

2.2 高分子合成の化学反応概説

　高分子化合物（以下，ポリマー，プラスチックなどとも呼称する）は，ある構成単位を繰り返して結合した高分子である．この繰り返し単位を単量体，あるいはモノマーと称する．ポリマーを生成する化学反応は，天然高分子と合成高

分子とで異なっている場合もあるが，モノマーからポリマーへと変換する化学反応によっていることは同じである．

(1) モノマーが開裂する反応

モノマーの構造が二重結合を持つか，環状になっていて，これが開いて隣の分子と結合しながら高分子化するものをここに分類する．すなわち，モノマーの開裂とそれに引き続く他の分子との再結合の繰り返しで，巨大分子に成長していく反応である．

①二重結合の開裂と分子間での再結合による高分子化

式(2.1)

$$CH_2=\underset{R'}{\overset{R}{C}} \longrightarrow \left[\cdot CH_2-\underset{R'}{\overset{R}{C}}\cdot\right] \longrightarrow \left(CH_2-\underset{R'}{\overset{R}{C}}\right)_n \tag{2.1}$$

には，二重結合の上にある π 電子が両側の C 原子上にいったん分かれて中間体となり，それが数多くの分子間で結合して高分子化する様子を示している．R, R′ で示したのは，二重結合を持つ化合物を差別化して例示するための官能基である．それらの例は，H 原子，アルキル基，塩素原子，COOR″ 基，CN 基，OH 基などである．式中の括弧の外に付けた n は，一般に平均重合度を表す．ビニル重合と通常呼ばれているのがこの反応であって，実用されている合成高分子材料の重量割合で見れば，90％以上がこの重合方式によって得られている．

二重結合の開裂による重合は連鎖的に続く反応で，反応内容でいくつかに分けられている．最も多いのがラジカル重合反応である．分子末端の炭素原子上にある孤立電子が二重結合の一方の炭素原子と結合して隣の炭素原子上に孤立電子を再生する．式(2.2)

$$\sim P_n\sim \underset{R'}{\overset{R}{C}}\cdot + CH_2=\underset{R'}{\overset{R}{C}} \longrightarrow \sim P_{n+1}\sim \underset{R'}{\overset{R}{C}}\cdot \tag{2.2}$$

に示しているのは，n 量体(P_n)から $n+1$ 量体に(P_{n+1})進む場合のメカニズム

である．孤立電子(ラジカル)が隣の二重結合と結合していく，ラジカル活性種を仲介にした反応であることを説明している．ラジカル重合反応は，開始反応，成長反応，連鎖移動反応，停止反応の四段階に分けられる．モノマー種ごとに，素反応の活性も解明され整理されている．触媒を用いることで開始反応を制御でき，重合時の温度や媒体などで成長反応速度も制御できる．添加剤などを用いて，連鎖移動反応や停止反応の制御も行われる．重合度(分子量)，分子量分布など，材料物性につながる高分子鎖の特性を重合時に自在に選択できるようにもなっている．

ラジカル活性種の代わりに，イオン性の活性種での連鎖反応で重合するのがイオン重合である．一般に触媒上で活性種を作って重合を行う．活性点の持つイオン種でカチオン重合とアニオン重合とに分かれる．ラジカル重合の場合と同様に，開始反応，成長反応，連鎖移動反応，停止反応の四段階がある．重合反応時の成長末端が触媒の配位による影響を受けて進行するものに，配位触媒重合(内容にはラジカル重合とイオン重合とが含まれる)がある．

重合反応のうち，停止反応を欠くと活性種の消滅がないのでリビング重合と呼ばれる．リビング重合でも無限に分子量が上がるわけではなく，それぞれの反応ごとに触媒量でポリマーの分子数(平均分子量)が決まる．工業的にも経験に基づいて上限分子量は決定されており，その場合にも連鎖移動反応で分子量分布が一定となる．重合の終了は，末端を不活性化する化合物との反応で行い，その反応によって末端に官能基を入れることができる．

異原子二重結合の開裂による重合(C=O 結合，C=N 結合など)もある．エンジニアリングプラスチックの一種であるポリオキシメチレン(POM)を得る一つの方法に，ホルマリンの重合がある．これは $CH_2=O$ の二重結合の開裂によっている．POM 以外には材料と呼べるものは，異原子二重結合の開裂による重合では得られていない．

②環状化合物の開裂と分子間での再結合による重合(開環重合)

この反応のメカニズムは，開始剤とモノマーである環状化合物から形成される成長活性種を起点として次々にモノマー分子の環が開裂しつつ結合していく重合反応である．こうして連鎖的にポリマーが形成される．活性種には，カチ

オン性とアニオン性が知られている．重合の活性点に配位化合物を持つ場合には配位イオン重合と呼ぶ．一般にはヘテロ原子を環内に持つ環状化合物で開環重合性が大きくなる．

最も広く使われている開環重合反応は，ε-カプロラクタムの重合によるナイロン-6 の合成である．反応は，式(2.3)

$$\begin{pmatrix} (CH_2)_5 \\ NH-C \\ \| \\ O \end{pmatrix} \longrightarrow \left[(CH_2)_5-NH-\underset{\underset{O}{\|}}{C} \right]_n \tag{2.3}$$

のように，七員環状でアミド結合を一つ持つモノマーが線状のポリマーとなる．ナイロン-6 はエンプラの中では量的に多く使われている材料である．環状ラクトンも開環重合してポリエステルを与え，実用的なものにポリ-ε-カプロラクトンがある．実用になっている開環重合には，他に，エチレンオキサイドからのポリエチレンオキサイド(PEO)，プロピレンオキサイドからのポリプロピレンオキサイド(PPO)，トリオキサンからのポリオキシメチレン(POM)などがある．

(2) 異なる官能基の反応

一分子中に官能基を二つ以上持つ低分子化合物の反応によって，次々に別の分子と結合して巨大分子に成長していく反応には次の 4 種類がある．

①分子間での縮合反応の繰り返しによる重縮合反応

ナイロン-66，ポリエチレンテレフタレート(PET)が典型的な重縮合による高分子材料である．ナイロン-66 は，-NH_2 基と-COOH 基との脱水縮合で得られるアミド結合を繰り返し有する高分子である．PET の高分子化の際に生成する結合はエステル結合で，-OH 基と-COOH 基との脱水縮合で得られる．PET の工業的な製造反応には，ジメチルテレフタレートとエチレングリコールとの脱メタノール縮合反応が用いられる．

②分子間での付加反応の繰り返しによる重付加反応

重縮合と比べた反応の特徴は，副生する低分子化合物(例えば，水，メタノール，フェノールなど)がないことと副反応も少ないことである．イソシア

ネート基(-N=C=O)と水酸基(-OH), またはアミノ基(-NH$_2$)との反応が高分子量体を得やすいものとして知られている. 実用例が多くよく知られているポリウレタンの合成反応は, 式(2.4)

$$O=C=N-Ar-N=C=O \ + \ HO-R-OH$$
$$\longrightarrow \left[\underset{O}{\underset{\|}{C}}-NH-Ar-NH-\underset{O}{\underset{\|}{C}}-O-R-O \right]_n \quad (2.4)$$

のとおりで, イソシアネート基(-N=C=O)を分子中に2個持つ化合物と, 水酸基(-OH)を分子中に2個持つ化合物とから生成する. エポキシ基と水酸基との反応での, 高分子化でフェノキシ樹脂を得る反応も工業利用されている.

③付加縮合反応の繰り返しによる高分子化反応

これには代表的な2種類の反応がある. ポリイミドに見られる脱水自己環化を伴う安定な高分子鎖の生成が第一のものである. メチロール化に次ぐ脱水縮合で高分子化する熱硬化性ポリマー生成反応もこの分類に入る.

④酸化反応と縮合反応の繰り返しによる高分子化反応

フェノールのような易酸化性の化合物が酸化反応を受けた後に, 脱水縮合するもので, 実例としてはポリフェニレンエーテルがある.

(3) 重合反応の形式による分類

重合反応によってポリマーを得る合成ルートは, 反応形式によって連鎖重合反応, 逐次重合反応, 平衡重合反応の3種類に分けられる.

①連鎖重合反応

モノマーとポリマーとが共存しながら反応が進行する重合反応である. 連鎖重合は, 始まると重合体の末端に次々と新しいモノマーが付加して重合度が上がる. 反応に関与しないモノマーは, いつまでもそのまま残っている. したがって分子量の大きな重合体が生成していてもモノマーも共存している. 例えば重合率が1%の場合でも, ポリマーは高分子量体で残りはモノマーのままである. 重合反応の研究では, 反応のメカニズムや素反応速度の測定のために重合の初期で止めて解析した基礎研究報告も多い.

②逐次重合反応

この反応では,モノマーやポリマー(中間の分子量を持つ低分子量ポリマーであるオリゴマーも含む)の両末端の官能基が縮合して,重合度が一つ増加することになる.すなわち,重合反応が進むと重合率が上昇していくと共に平均重合度が上がっていくので,先行して高分子量のポリマーが生成することはない.反応した割合(これを重合率ともいう)が90%での平均重合度は,10である.逐次重合反応における重合率と数平均重合度との関係は,概略図2.1のようになる.

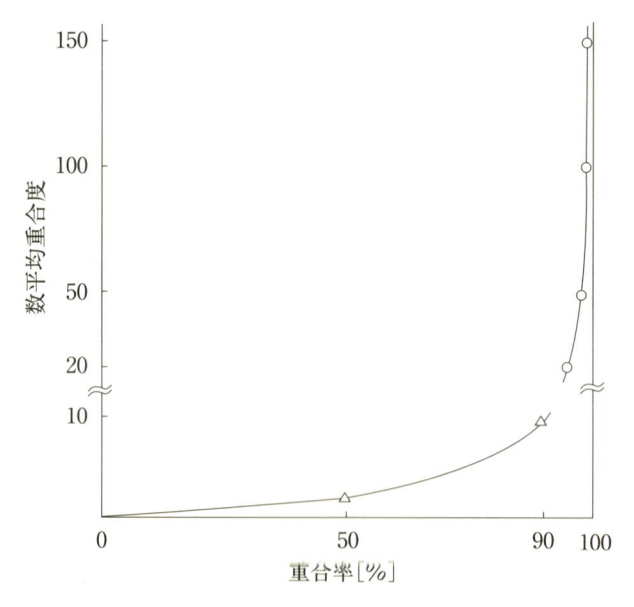

図 2.1 逐次重合における数平均重合度の上昇

③平衡重合反応(リビング重合反応)

重合反応中に停止反応が起こらずにその末端が活性を保ち続けるリビング重合中では,分子間の解離と再結合とが繰り返される.いいかえると重合の停止反応が見掛け上無視でき,平衡状態としての安定な分子量分布となっている.

(4) 共重合反応

これまでに述べた重合反応に異なる成分を共存させると，2種類またはそれ以上の成分を含む共重合体が得られる．その反応の総称が共重合反応である．モノマー種，重合反応方式などの組み合わせによって，ランダム共重合体，グラフト共重合体，ブロック共重合体の3種に分類される．線状のホモポリマー，分岐状のホモポリマー，交互共重合体と合わせて**図2.2**にそれらの概念図を示す．

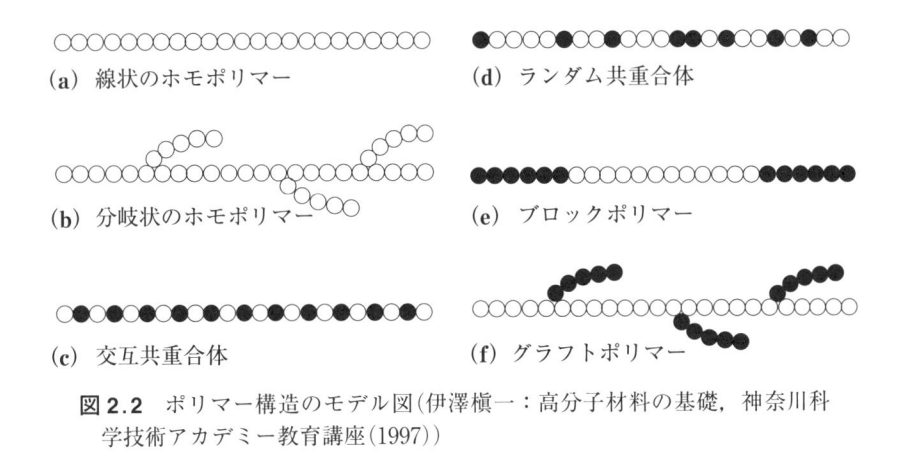

(a) 線状のホモポリマー

(b) 分岐状のホモポリマー

(c) 交互共重合体

(d) ランダム共重合体

(e) ブロックポリマー

(f) グラフトポリマー

図2.2 ポリマー構造のモデル図（伊澤槇一：高分子材料の基礎，神奈川科学技術アカデミー教育講座(1997)）

2.3　天然高分子合成の化学

すべての天然高分子の合成反応は脱水縮合型である．しかも，生命における高分子化反応のいずれもが，生体がその構造を形成するのに必要な場所で重合反応する（これが in situ 重合と呼ばれる）ように設計されている．したがってモノマーを樹液，体液，血液などに溶解し，組織内の管を通して現場に運ぶ．現場で構造（二次，三次の立体的な構造）を形成しながら，脱水縮合反応で高分子量化する．

(1) セルロース

ほとんどの植物体を構成するのがセルロースである．化学的なセルロースの一次構造は，式(2.5)

$$\left[\begin{array}{c} \text{glucose unit} \end{array} \right]_n \tag{2.5}$$

の基本骨格を持つ．これは単糖類の縮合した形で，いずれの植物でもモノマー（糖質）の状態で合成現場に送られる．重縮合反応によりこの構造が現場で形成される．植物内の分子構造は，結合構造や立体構造の違いから微小な差異がある．繊維として多く使われているのは，綿花から取り出して紡績法を経て得られる木綿糸とその布製品である．しかし，セルロースは天然物が作った高次構造のままで使った方が特性が充分に活かされている．それらの数多い例には，竹材，木材などの利用がある．

(2) 蛋白質

動物の構造体を形成しているほとんどの部分は蛋白質から成り立っている．これらは限られたアミノ酸から選ばれた成分が規則的に結合されている．一般式の形でポリアミノ酸を表すと，式(2.6)

$$\left[\begin{array}{c} \text{R} \\ \text{NH-C-CH}_2 \\ \text{O} \end{array} \right]_p \left[\begin{array}{c} \text{R}' \\ \text{NH-C-CH}_2 \\ \text{O} \end{array} \right]_q \left[\begin{array}{c} \text{R}'' \\ \text{NH-C-CH}_2 \\ \text{O} \end{array} \right]_r \tag{2.6}$$

のようになる．式中の R，R′，R″ などアミノ酸上の置換基は，動物の種類やその組織の部分によって，一次構造も非常に多様であり，主要な生命系アミノ酸は約 20 種類である．ポリアミノ酸を形成するための原料は，アミノ酸のモノマーやダイマーなどの低分子化合物の形で生命体の構造を形成する現場に送られる．動物でも現場で二次，三次の立体構造を形成しながら，主に脱水縮合反応で高分子化が行われ蛋白質を構成している．人類が実用している他の動物が生産した繊維質には，羊毛，絹などがある．布状のものとしては皮革があ

り，いずれもポリアミノ酸が主成分である．これらは動物が独自にそれぞれ合成したポリアミノ酸から成っている．

(3) 天然ゴム

　これは天然物の構造を支えているものではなく，ゴムの木の樹液中に含まれている高分子の乳化状物質で，流動性を持っている．構成は水を媒体として，ゴム分である高分子が25〜45%乳化状態で存在するゴムラテックスである．天然物であるため，蛋白質や他の樹脂分も数%含まれた状態で我々の手に入る．ゴムの木にとっては，樹皮にできた傷の所に浸出して硬化膜を形成しながら保護するのがこのラテックスの役割である．化学的な一次構造は，ポリ（シス-1,4-）イソプレンが主成分である．式(2.7)

$$\left[\begin{array}{c} CH_2 \diagdown \diagup CH_2 \\ CH=C \\ | \\ CH_3 \end{array} \right]_n \tag{2.7}$$

では，構成単位としてのポリイソプレンのシス構造を説明している（シス，トランス構造は，C-C 二重結合における置換基の立体配置を示している．合成高分子のゴム成分でよく使われている）．天然の樹木の中での重合反応は判っていない．天然ゴムを入手する方法は，ゴムの木の幹に傷をつけてラテックスを集め，その中から天然ゴムを固形分として得る．

(4) 化学変性セルロース

　天然高分子に人工的な化学変性を加え，新しい素材を得る典型的なものがセルロースの変性である．アセチル化，ニトロ化などにより，フィルム，繊維，爆薬などが得られる．アセチルセルロースは，セルロースのグルコース単位中に3個ある-OH 基を2.1〜2.9の範囲でアセチル置換したものである．セルロース骨格中に存在する-OH 基を，酢酸でアセチル化する反応式(2.8)

$$\begin{array}{c} R \\ R' \end{array}\!\!\!>\!\!CH-OH \ + \ CH_3COH \ \longrightarrow \ \begin{array}{c} R \\ R' \end{array}\!\!\!>\!\!CH-O-CCH_3 \tag{2.8}$$
$$\qquad\qquad\qquad\quad\ \ \overset{\|}{O} \qquad\qquad\qquad\qquad\quad\ \ \overset{\|}{O}$$

で示す．セルロースを各種の溶媒に溶かして紡糸する方法は，新しい繊維の製造方法として考え出された．こうしてできた糸は人造絹糸と呼ばれて，一時期は大切にされた．

2.4 合成高分子への化学反応

合成高分子を得るためのモノマーの製法とポリマーの性質，および重合反応の種類と様式の基礎を述べる．これら高分子合成の基本的な科学の理解が工業プロセスを考える場合に非常に大切となる．

合成高分子は，モノマーと呼ばれる低分子化合物の重合反応によって合成される．石油精製の中間段階でガソリン領域（30～200℃）に沸点を持つ成分をナフサと呼ぶ．この状態での市場流通も多い．ナフサを高温で分解（これをナフサクラッキングという）して得られるのが，石油化学の基礎原料であるモノマー群である．モノマー中の二重結合が開裂し，再結合して一重結合に変化する際に大きな発熱を伴う．したがって高分子合成反応（重合）は大きな発熱反応である．実験室規模であっても，爆発的に反応が進行して事故につながる場合もある．工業的な重合プロセスの選定や設計では，この点が技術上の課題であり，数々の工夫がなされている．

(1) ポリエチレン(PE)

原料モノマーであるエチレンも，石油化学でのナフサクラッキングによって得られる．エチレンからポリエチレンを得る際の重合熱は，800 kcal/kg 程度と非常に大きい．それは重合方法の如何を問わず同じである．

①高圧重合法

エチレンガスを高圧，高温の条件下でラジカルを発生させると重合反応が起こり，ポリエチレンが生成する．この重合は，二重結合の開裂・再結合によって進行する連鎖重合反応である．高圧重合で選ばれる圧力は 2000～3000 気圧[Pa]，温度は 250～350℃である．ラジカル連鎖重合により得られる高圧法ポリエチレンの特徴は，重合反応の途中で主鎖の上に分岐構造が形成されること

である．ラジカル連鎖の末端が自己ポリマー鎖の上に連鎖移動反応を起こすことで分岐ができる．分岐の長さはエチレン1分子分(C_2)や2分子分(C_4)ばかりでなく，長鎖の分岐も生成している．こうした長鎖分岐はポリエチレン分子の主鎖方向の規則性を乱すことになる．分岐なかんずく長鎖分岐によって，実用的なPEに加工性や物理的性質などを向上させるという良い影響が出る．分岐が多いことで出てくる一番の特徴は密度が小さくなることである．高圧法で得られるPEは低密度ポエチレン(LDPE)である．PEの中では，結晶性(結晶化速度，結晶化度など)が低く成形品の透明性が高い．

高圧法PEの工業的生産では，大きな重合熱の除去のために，重合率は20～30%程度に止めている．LDPEはフィルムなど，押出成形による加工が行いやすいのが大きな特徴である．

②中・低圧重合法

(a)チグラー触媒・チグラー–ナッタ触媒による重合法

触媒を用いることでエチレンを中・低圧で重合することが可能になった．これは配位イオン重合によるエチレンの重合であり，重合触媒の基本構成を見出した発明者の名前を付けてチグラー(Z)触媒・チグラー–ナッタ(Z-N)触媒と呼ばれている．触媒は第三，第四成分やアルキル基の違いで非常に広範囲の化合物を含む．その基本構成は，式(2.9)

$$TiCl_4 + (C_2H_5)_3Al \qquad (2.9)$$

のように，四塩化チタンと三アルキル基置換アルミニウムからなる．触媒の改良も実際のプラント運転を通じて繰り返され，すでに重合後に触媒除去を行わないでもよいほどの高い活性を持つレベル(無脱灰触媒)に到達している．高圧を使用しないので，エチレンの重合時に副反応が起こりにくく，枝分かれの少ないPEが得られる．PEの結晶化に際して充塡が密に行われるので高密度となる．この触媒系でのPEの加工性能を上げる目的で，α-オレフィン(オレフィンの二重結合が末端にあるので，有機化学の命名法でα-と書く)を共重合させて密度を下げる方法も行われている．このポリマーは，線状低密度ポリエチレン(LLDPE)と呼ばれる．

(b) メタロセン触媒による重合法

PE の特性を一般の汎用的ポリマーから機能性ポリマーに変身させた革命的な技術がメタロセン触媒による重合法である．この方法で得られる PE の特徴は，次の 3 点である．

・単一種の活性点を持つ触媒なので，重合体の分子量分布が極めて狭くなる．Z-N 触媒法と比較した分子量分布は，図 2.3 のように非常に狭い．

(a) Z-N 触媒　　　(b) メタロセン触媒

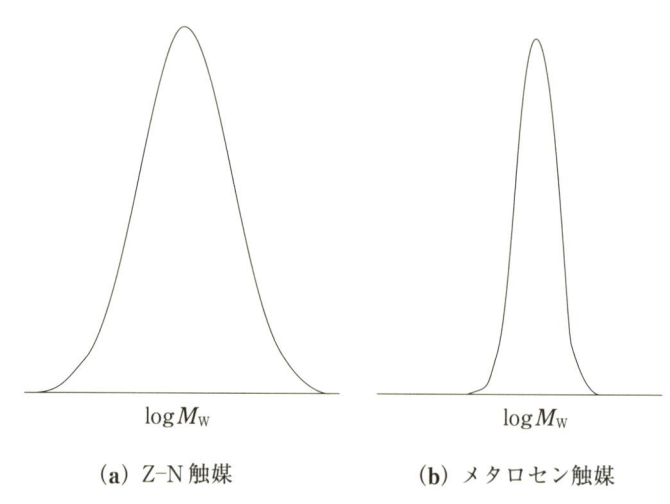

図 2.3 PE の分子量分布比較の概念図（横軸は同一スケール）

・触媒の活性が極めて高く，重合速度が大きいうえに活性点当たりの重合量が多い．ポリマーから触媒を除去する必要がなくなる．
・α-オレフィンとの共重合においてもエチレンと第二成分である α-オレフィンのポリマー中での分布が狭い．常に同一組成のポリマーとなる．

こうした特徴を組み合わせて材料とするためにポリマーアロイの手法が使われる．こうして，これまでの PE にはなかった極めて優れた特性を持つ材料となる．

(2) ポリプロピレン(PP)

プロピレンの重合が実用的に考えられるようになったのは，チグラー–ナッタ触媒による配位アニオン重合で立体規制ができるようになってからである．工業的触媒は，三塩化チタンとアルキルアルミニウム化合物との組み合わせに第三成分を加えて立体規則性を向上させている．PP で立体規則性が重要なのは，主鎖の上の置換メチル基の位置によって特性に大きな違いが出るからである(高分子の構造の欄を参照のこと)．工業的にはアイソタクチック PP(IPP) のみが実用的である．これは結晶性が最も高く，実用耐熱温度が 160 ℃ 以上になる唯一の構造だからである．規則性の向上とともに結晶性が高くなると同時に融点(T_m)も高くなる．チグラー–ナッタ触媒技術の改良が重ねられてきた結果，現状ですでに限界に近い，充分な立体規則性のポリマーが得られている．IPP の比重は 0.90〜0.91 で，T_m は 162〜165 ℃ である．ポリオレフィンであることの特徴を活かした用途が，副資材の添加，加工技術の向上などに支えられて非常に広く展開されている．

(3) ポリ塩化ビニル(PVC)

このポリマーは汎用名の「塩ビ」が使われることが多い．塩化ビニルモノマー(塩ビモノマーと略称する)の工業的な合成法は，エチレンへの塩酸の付加と脱塩酸とを酸化反応条件下に触媒を用いて一段で行うオキシクロリネーション法である．反応式は，式(2.10)

$$\mathrm{CH_2=CH_2} + 2\mathrm{HCl} + \tfrac{1}{2}\mathrm{O_2} \longrightarrow \mathrm{ClCH_2-CH_2Cl} \xrightarrow{\triangle} \mathrm{CH_2=CH\!-\!Cl} \tag{2.10}$$

のように示され，最もコストの低い工業的な製法である．エチレンに塩素を付加させたのちに，脱 HCl する方法も工業的に行われている．古くは，アセチレンと HCl の反応も用いられていた．

重合反応は懸濁重合法が主流である(5 章 5.2 節を参照)．

(4) ポリスチレン(PS)

スチレンモノマーは，式(2.11)

$$\text{C}_6\text{H}_6 + \text{CH}_2=\text{CH}_2 \longrightarrow \text{C}_6\text{H}_5-\text{CH}_2-\text{CH}_3$$

$$\text{C}_6\text{H}_5-\text{CH}_2-\text{CH}_3 \xrightarrow{\triangle} \text{C}_6\text{H}_5-\text{CH}=\text{CH}_2 \tag{2.11}$$

に示すように，まずベンゼンとエチレンの付加反応でエチルベンゼンを合成し，これを高温でのクラッキングによって脱水素する二段階法で得る．

スチレンモノマーは反応性が高く，空気中の O_2 から発生するラジカルなどで容易に重合が開始される．スチレンの重合熱は非常に大きく，スチレンモノマー中での重合反応では，連鎖的にポリマー化が進んで爆発にまで到ることがある．高純度でモノマーを貯蔵するときは必ず重合禁止剤を添加する．

ポリスチレンでは，重合後のポリマーがモノマーに溶解するので，ラジカル重合を解析するのに好都合な組み合わせである．基礎的な多くの重合研究がポリスチレンで行われた．反応は，ラジカル開始反応，成長反応，連鎖移動反応，停止反応に分けて重合の理論も構築されている．重合プロセスの工業的説明は5章5.2節に詳しく述べてあるが，PSを製造する方法では，バルク重合，溶液重合，懸濁重合，乳化重合のすべてが実用化されている．

ラジカル重合で得られるポリスチレンは，立体規則性のないアタクチックPSであり，非晶性で透明な美しいプラスチックとなる．メタロセン触媒(PEの項を参照)を用いる配位重合では，シンジオタクチックな立体規則性のポリマーが得られ，高融点のPSとなる．このポリマーは，安価で大量生産されるモノマーからの高機能性エンプラと成り得る素質を備えている．

(5) ポリアクリロニトリル(PAN)

アクリロニトリル(AN)はPANのモノマーであり，その合成には，触媒を用いてプロピレンとアンモニアとを酸化状態で一段階の反応で行う．その反応は，式(2.12)

$$\text{CH}_2=\overset{\overset{\text{CH}_3}{|}}{\text{CH}} + \text{NH}_3 + \text{O}_2 \longrightarrow \text{CH}_2=\underset{\underset{\text{CN}}{|}}{\text{CH}} \qquad (2.12)$$

に示すように,メチル基とアンモニアの水素が酸化されて水となって離脱する.重合反応は,水系懸濁重合法でラジカル重合触媒を用いて行うのが主流である.重合体は,側鎖にあるニトリル基(-CN)の持つ強い極性のために分子間力が強くて熱溶融しない.熱可塑性を持っていないのである.PANの主な用途は合成繊維であるが,繊維への加工性を上げるために少量の共重合が行われている.

ANの持つ極性を他のポリマーに応用することは広く行われており,PS系への共重合でAS樹脂やABS樹脂が実用になっている.またゴムでは,ブタジエンとANとの共重合でNBRが得られて,各方面に使われている.ANを一成分に含むランダム共重合体は,各種のポリマーとのポリマーアロイを形成しやすいことでも知られている.この関係を10章に詳しく述べる.

(6) ポリフェニレンエーテル(PPE)

これはラジカルを中間体とする逐次重合という珍しい反応で進行する.モノマーの合成反応は,触媒の存在下にフェノールとメタノールを気相接触反応させる.触媒の持つオルソ選択性と反応性を両立させて,2,6-の位置にメチル基を導入して得られる.工業的には,フェノールにメチル基が一つだけ入ったオルソクレゾールとの同時生産をすることで経済性が出る.重合に供するモノマーは,フェノールの-OH基の両隣にメチル基がある2,6-ジメチルフェノールである.モノマーを触媒の存在下にO$_2$と反応させることで重合が起こる.2,6-ジメチルフェノールの-OH基は酸化反応でHラジカルが抜かれやすく,中間体ラジカル(OラジカルおよびCラジカル)が生成する.異なる分子の中間体がC-Oでカップリング反応を起こすとポリマー鎖が延長され分子量が増大する.こうしてポリマーを得る反応を酸化カップリング重合という.C-Cカップリング反応は副反応で不純物となる.このメカニズムを,式(2.13)

$$(2.13)$$

に示す．

　PPE への重合には触媒性能が最も重要であって，99％以上の選択率が要求される．PPE は，充分に高分子量になると非晶性ポリマーで，T_g（ガラス転移温度）が 200 ℃以上である．T_g が高いので，成形加工時の流動性を与えるには 350 ℃以上に昇温しなければならない．こうした条件は，現実の工業的な成形加工には困難な問題が多く発生する．PPE の特性として各種ポリマーとのアロイ(Alloy)化が容易に行えるので，耐熱性を活かしたアロイ化が多数行われている（現実のアロイ化の手法や効果は 10 章を参照）．

(7) ポリブタジエン(PB)

　ブタジエンは，ナフサクラッキングの留分のうち，主に炭素数が 4 個の異性体を含む留分（これを C_4 留分と呼ぶ）からの分別で得られる．重合反応はチグラー触媒などを用いるイオン重合により行う．ブタジエンの重合体には，3 種の異性体構造，すなわち，1,2-PB，1,4-シス PB，1,4-トランス PB，が存在する．この立体構造を判りやすく示すと，式(2.14)

$$(2.14)$$

のようになる．重合体中における，これら3種の構造の生成比やブロック性などが，使う触媒や溶剤の選択と重合条件で制御できる．合成ゴムには，単独のポリブタジエンも使用されるが，主流となっているのは，スチレンとのランダム共重合体(SBR)である．その場合にも PB 部分には，上記の3種の結合様式を含んでいる．アニオン溶液重合を使う別の重合法で，ポリブタジエン成分とポリスチレン成分をブロック状に結合させる SBR 共重合体が得られる．このブロック共重合体は，PB 部と PS 部の比率を変えることで，ゴム状のエラストマーから樹脂の硬さのものまでが実用になっている．SB ブロック共重合体は，PB 部分の二重結合を水素添加で還元することで，さらに有用な材料が得られている．

(8) ホルマリンによる樹脂(熱硬化性樹脂)

ホルムアルデヒドを付加して$-CH_2OH$ 基(メチロール基)を生成することで，反応点を持つ化合物が原料となる．メチロール基からの脱水縮合反応の繰り返しで三次元に樹脂化を行うと熱硬化性樹脂となる．現在では，以下の3種が熱硬化性樹脂として市場で使用されている．

①フェノール樹脂

ホルムアルデヒドとの反応点を3箇所持つフェノールは，第一段のメチロール化では低分子量体とし，第二段の脱水縮合を金型内で行うことで安定な成形品となる．この反応を判りやすく分けて示すと，式(2.15)

$$\text{C}_6\text{H}_5\text{OH} + CH_2=O \longrightarrow \underset{\underset{CH_2OH}{\text{OH}}}{\text{HOCH}_2\text{–C}_6\text{H}_2\text{–CH}_2\text{OH}} \xrightarrow{-H_2O\sim} \underset{\underset{CH_2O\sim}{\text{OH}}}{\sim OCH_2\text{–C}_6\text{H}_2\text{–CH}_2O\sim} \quad (2.15)$$

のようになる．

重合完結時には不溶不融となる熱硬化性樹脂一般の合成方法として，第一段階では反応を初期縮合物に抑える．

第二段階で，成形用金型内に他の副資材と共に添加・加熱して重合し三次元化する．熱硬化性樹脂は，成形品が不溶不融なので，熱的，機械的に非常に安定である．

②尿素(ユリア)樹脂

メチロール化できる反応点を四つ持つ尿素を原料として，同様な初期反応を行い，縮合重合で三次元化して得られるのが尿素樹脂である．参考までに反応を判りやすく分けて示すと，式(2.16)

$$\begin{array}{c} H_2N-\underset{\underset{O}{\|}}{C}-NH_2 + CH_2=O \longrightarrow \underset{HOCH_2}{\overset{HOCH_2}{\diagdown}}N-\underset{\underset{O}{\|}}{C}-N\underset{CH_2OH}{\overset{CH_2OH}{\diagup}} \\ \downarrow \\ \underset{\sim OCH_2}{\overset{\sim OCH_2}{\diagdown}}N-\underset{\underset{O}{\|}}{C}-N\underset{CH_2O\sim}{\overset{CH_2O\sim}{\diagup}} \end{array} \quad (2.16)$$

のようになる．

③メラミン樹脂

メチロール化できる反応点を六つ持つメラミンを原料として，同様な二段の反応を行って得られるのがメラミン樹脂である．

(9) 付加反応の繰り返しによる熱硬化性樹脂であるエポキシ樹脂

エポキシ基を2個以上含有するモノマー(またはオリゴマー)を，酸またはアミンで硬化させるエポキシ樹脂が用途を広げている．その2種類の代表的な硬化反応の式を，式(2.17)

$$\text{(図の構造式)} \quad (2.17)$$

で示す．

(10) 重縮合系ポリマー

2種類の官能基間の縮合反応の繰り返しによる逐次反応でポリマーを得るのが，重縮合である．**図 2.1** で基本反応を説明したように，逐次重合で分子量が急上昇するのは，反応の最終期である．結晶性の高い高分子材料で，合成繊維の主流を占めると同時に，エンプラでも重要なポリアミド(PA)とポリエステル(PEs)が重縮合反応で得られる．

① **ポリアミド(PA)**

主鎖中にアミド結合($-\mathrm{NH-C-}$)を持つポリマー鎖をポリアミドと総称する．
$\qquad\qquad\qquad\qquad\quad\;\;\overset{\|}{\mathrm{O}}$
工業的にはナイロンと呼び習わされている．アミド結合間をつなぐ鎖中の炭素数を数字で示してナイロンの形を示すのが習慣である．ジアミンとジカルボン酸からのもの(頭尾-尾頭形式のもの)は数字が2個で，ω-アミノカルボン酸からのもの(頭尾-頭尾形式のもの)は1個になる．

ナイロン-66を生成する反応は，式(2.18)

$$H_2N-(CH_2)_6-NH_2 + HO-\underset{\underset{O}{\|}}{C}-(CH_2)_4-\underset{\underset{O}{\|}}{C}-OH \longrightarrow \left[\overset{+}{NH_3}\overset{-}{CO}\right]$$

$$\xrightarrow{-H_2O} \left[HN-(CH_2)_6NH-\underset{\underset{O}{\|}}{C}-(CH_2)_4-\underset{\underset{O}{\|}}{C}\right]_n \tag{2.18}$$

に示すように,まずヘキサメチレンジアミンとアジピン酸との反応(塩基と酸との中和反応による)でナイロン塩ができる.次に,そこから脱水縮合の繰り返しでアミド結合ができて高分子量体となる二段反応である.メチレン鎖の長さの異なる数多くのナイロンも同じ重縮合反応で合成されるが,工業的に大量に生産されているのはナイロン-66だけである.これはナイロン-66が物性的に優れていたので,原料のヘキサメチレンジアミン,アジピン酸の合成反応の工業的なコストダウンが進み,他のナイロンの追随を許さなくなったためである.ナイロン-6は,開環重合の他に5-アミノカプロン酸の自己脱水重縮合でも得られる.

②**ポリエステル(PEs)**

-OH基と-COOH基との脱水重縮合で得られる.数多くの二官能性アルコール(ジオールと呼ばれる)と二官能性カルボン酸(ジカルボン酸と呼ばれる)とから,たくさんのポリエステルが合成されている.工業的に実用化されているのは,繊維,フィルム,ボトルなどに広く応用されているPETが中心である.溶融射出成形加工性の良さでエンプラ用途で急速に伸びているのが,PETの(CH_2-CH_2)を$(CH_2-CH_2)_2$に置き換えたPBTである.脂肪族ポリエステルは,生物分解性を持っているので,これから環境との共生で実用化が進むものもあると考えられる.ε-カプロラクトン(εは化学名で5の位置を示して使われ,5-アミノカプロン酸が環化した単量体のときにはその名称がそのまま残っている)など,原材料のコストダウンとポリマーの耐熱性の付与と剛性の向上が課題である.植物由来の原料を用いるポリ乳酸が,それらの中で注目を集めている.化石燃料を原材料に用いないのでCO_2バランス的に環境負荷がゼロであるのがその利点と考えられている.

③ポリカーボネート（PC）

ホスゲンとビスフェノール A のナトリウム塩との界面重縮合（脱 NaCl 反応）により，式(2.19)

$$\underset{O}{\underset{\|}{Cl-C-Cl}} + NaO-\underset{CH_3}{\underset{|}{\overset{CH_3}{\overset{|}{C}}}}-ONa \tag{2.19}$$

$$\xrightarrow{-NaCl} \left[-\phi-\underset{CH_3}{\underset{|}{\overset{CH_3}{\overset{|}{C}}}}-\phi-O-\underset{O}{\underset{\|}{C}}-O- \right]_n$$

に示す反応で得られる．ホスゲンは，第一次世界大戦で化学兵器として用いられたほどの高毒性の化合物である．現在，先進国では生産も移動も禁止されている所が多い．エステル交換反応によって，ホスゲンを用いない重縮合での工業化も進んでいる．高温での脱フェノール反応では，プロセス上の困難性や着色防止技術上の課題も残っているが，PC の将来プロセスとして広く用いられるようになるであろう．

(11) 連鎖重合によるエンプラ

剛性が高く，エンプラ中の王者と称されるのがポリアセタールホモポリマーである．この生成反応はカチオン連鎖重合であり，概略を式(2.20)

$$\sim P_n-O-CH_2^+ + O=CH_2 \longrightarrow \begin{array}{c} \sim P_n-OCH_2-O-CH_2^+ \\ \| \\ \sim P_{n+1}-O-CH_2^+ \end{array} \tag{2.20}$$

に示す．

ホモポリマーは，ホルマリン水溶液から高純度の HCH=O（モノマー）を得て重合を行う．高純度モノマーは低温状態では直ちに重合が進んでポリマーとなるのでプロセスとしての制御が難しい．プロセス技術で機器への付着が防止でき，POM コポリマーよりも優れた特性を持つ材料が得られる技術の工業化を可能にした工場は少ない．この技術の困難性が判る．

(12) 不飽和ポリエステル樹脂

熱硬化性樹脂で古い歴史を持ち，現在でも大きな市場を持っている不飽和ポリエステル樹脂の代表的構造式を，式(2.21)

$$\left[OCH_2CH_2O-\underset{\underset{O}{\|}}{C}-CH=CH-\underset{\underset{O}{\|}}{C} \right] \left[OCH_2CH_2O-\underset{\underset{O}{\|}}{C}-\underset{\underset{O}{\|}}{C}\underset{}{\bigcirc} \right] \quad (2.21)$$

に示す．この不飽和結合の持つ共重合性を利用して主にスチレンモノマーとの反応で架橋重合を行う．

2.5 高分子の構造

高分子材料を実用途で用いる場合の物性は，加工し終わった成形品の中での高分子の構造によるところが大きい．構造を決めるものには多くの因子が複雑に関連している．ここでは化学構造，二次構造，高次構造に分けて考察する．成形加工との関連で制御しながら物性の発現をめざす構造形成については第Ⅱ編「応用編」で扱う．

(1) 材料の特性を左右するポリマー構造

実用品の中の構造は，分子鎖の持つ化学的な一次構造に影響される．ただし，実用特性の大部分は高次構造によって決まる．物性を左右する高分子鎖の構造を基礎的なレベルで整理する．

高分子は同一の化学構造（分子式で表される構造が同じ）であっても重合度（分子量）の違い，分子量分布の違いなどで物性に差が出てくる．少量の異種モノマーを共重合させたり，少量の異種ポリマーを混合したりという変性も物性に大きな変化を与える．単独ポリマーの成形品物性に寄与する度合いの大きい因子は，次の四つになる．

(a) モノマーの化学構造で決まる特性．
(b) ポリマーを形成する化学結合様式によって決まる一次構造．
(c) 固体になった高分子鎖のとる二次構造．

(d) 固体になった高分子鎖間の相互作用などによって形成される高次構造.

(2) 高分子性として認識すべき構造
①モノマー構造に依存する高分子構造
　天然物に活かされているモノマーはほとんどが糖誘導体，またはアミノ酸誘導体である．合成高分子の原料となりうるモノマーには，その他に，一つの二重結合を持つビニルモノマー，二つの二重結合を持つジエンモノマー，官能基（例えば，-OH, -NH$_2$, -COOH, -SH など）を2個以上持つ化合物，開環重合性を持つ環状化合物などがある．モノマーの選択で高分子の構造は決まるが，より広い構造を得るために2種以上のモノマーを組み合わせて重合させる共重合という手法も使われる.

②ポリマー鎖中におけるモノマー単位の立体構造
　ビニル重合によるポリマーは，C–C 結合よりなるポリマー鎖上に不斉炭素上の置換基(-R)を持っている．式(2.1)の右端の構造で，一般にはRとR′が異なるので，根本のCが不斉炭素と呼ばれるのは低分子化合物の場合と全く同じである．主鎖方向に見た場合に，立体的に不規則な構造で-Rが結合している高分子鎖をアタクティック構造体と呼ぶ．すべての-Rが同一の方向に結合している場合を，アイソタクティック構造と称し，すべての-Rが交互に規則的に異方向に結合している場合を，シンジオタクティック構造と呼ぶ．-Rが-CH$_3$のとき（これはポリプロピレンのケース）と，-COOCH$_3$と-CH$_3$が同一のCに結合したとき（ポリメチルメタクリレートのケース）の議論がよく知られている.

③共重合によるポリマー鎖中の構造
　A, B 2種のモノマーを共重合させると，3種の構造を持つことはすでに述べた．ランダム共重合体は，AともBとも異なる全く新しい第三のポリマーとしての特性を示す．ブロック共重合体は，Aポリマー鎖，Bポリマー鎖の特性がそれぞれ残っていて，高次構造をとることで知られている．その際に各成分の分子量比や組成比が共重合ポリマーの特性を左右する．グラフト共重合体では，主に主鎖ポリマーの特性が物性を決めるが，グラフト側鎖によって化学

反応性が賦与されたり，他のポリマーとの相互作用が増すなどの新しい機能が与えられる．

(3) 溶液中での高分子の構造（高分子鎖の形）

高分子鎖は溶媒の中でも様々な形をとる．非溶媒には全く溶けないで固相のまま存在する．相互作用を幾分かでも持つ溶媒に対しては，その親和度の違い（高分子鎖と溶媒との場合にはこの尺度を Solubility Parameter（SP 値）と呼ぶ）によって挙動が異なる．高分子鎖と溶媒との SP 値が近いほど，ポリマーにとっての良溶媒であり，溶液中で高分子鎖は広がった状態をとる．SP 値が離れている貧溶媒では，高分子鎖が糸まり状に小さく集合した形をとる．物性を知るため（例えば，分子量や分子量分布）の測定では良溶媒を使用する．

(4) 固体になった高分子鎖のとる二次構造

分子量が大きく高分子鎖が動きにくいことや，分子量分布などを持つ混合物であることなどから，物性の変化する転移点から構造を判断する．高分子鎖は外見上は固体であっても溶融状態，ガラス状態，結晶構造などがその構造の中に同時に含まれている．すなわち，種々の状態の高分子鎖が共存しているのである．高分子の種類によっては，結晶状態を含まないものもあり，これらが非晶性ポリマーと呼ばれる．ごく低温から T_g（ガラス転移温度）までの間は，ガラス状態と結晶構造が共存する．T_g と T_m（結晶融点）の間では，溶融状態と結晶構造とが共存し，T_m 以上の温度では全体が溶融状態となる．分析法については 4 章にまとめている．構造の温度による変化を知るには，主に熱分析の手法である DSC を用いて T_g，T_m などを測定して固体内の構造を決める．

(5) 成形加工と結びついて形成される高次構造

さらに固体内の高分子鎖がとる形態（高次構造）形成は，溶融成形に際して温度，圧力，せん断力などがどういう経過をたどるかで左右される．また成形時に溶媒を用いる場合には，溶液物性，溶液濃度，脱溶媒条件などでも高分子鎖の構造が変わり，物性にも影響が及ぶ．成形方法と構造形成との関連について

は第Ⅲ編「加工技術編」で触れる．

2.6 高分子の物性

　高分子材料の物性は，実用上から極めて重要である．材料が固有に持っている特性に加え，成形加工法および物性測定法によっても左右される．ここでは高分子の基礎物性の科学を論ずる．

(1) 高分子溶液の性質

　高分子が低分子と異なることを示す物性に溶液中での挙動がある．これは，高分子説を裏付けた重要な物性である．同時に現在でも，高分子固有の性質を測定する手段として欠かせない．低分子においては，分子の特性を測定する手法として気体状態が用いられることが多い．高分子の場合は気化できないので，希薄溶液の状態で高分子鎖の特性が測られている．

　溶液にする場合の高分子鎖と媒体との親和性も大きい影響を及ぼす．これらを含めて，
　①溶液中での高分子鎖の広がり．
　②高分子鎖末端間距離とその分布．
などの統計的な取り扱いが多くの論文で報告されている．統計熱力学は，FloryとHugginsが独立に高分子溶液の格子モデルを用いて，理論的に体系化した．

(2) 高分子溶液の性質を利用した高分子の分子量測定

　高分子溶液は低濃度でも高い粘性を示すのが特徴であり，これから分子量を求められることがシュタウディンガーによって提唱された．高分子の希薄溶液の粘度をキャピラリー法を用いて，数点で測定する．粘度の表記は η_{sp}/c（η_{sp} が実測した粘度で，c が溶液の濃度）である．その値を濃度ゼロに外挿して得る $[\eta]$ と平均分子量 M との関係が，$[\eta]=KM^{\alpha}$（ここに，K と α は定数で，多くの高分子/溶媒の組み合わせに対して数値が与えられている）として導かれる．

ここで得られる分子量 M は，粘度平均分子量と呼ばれ，M_v と表される．

(3) 高分子の分子量と分子量分布の測定

高分子量体であることを特徴付ける最大のポイントは，その分子量にある．高分子の示す物性のほとんどは，高分子鎖の平均分子量に依存している．

高分子は，その生成の機構から分子量の異なる同族体の混合物である．物性値として分子量を利用しようとする場合には，構成する高分子鎖から成る平均値を用いる．理論的には分子量の大きい部分の影響の程度によって多くの式が作られる．通常は，①数平均分子量 M_n，②粘度平均分子量 M_v，③重量平均分子量 M_w，④ z 平均分子量 M_z の 4 種が使用される．平均値を計算する場合に用いる数式は，式(2.22)

$$\begin{aligned} M_n &= \Sigma M_j \cdot N_j / \Sigma N_j \\ M_v &= (\Sigma M_j^{\alpha+1} \cdot N_j / \Sigma M_j \cdot N_j)^{1/\alpha} \\ M_w &= \Sigma M_j^2 \cdot N_j / \Sigma M_j \cdot N_j \\ M_z &= \Sigma M_j^3 \cdot N_j / \Sigma M_j^2 \cdot N_j \end{aligned} \quad (2.22)$$

のとおりである．高分子鎖の分子量にはいずれも分布があるので，4 種の平均分子量の間には次の関係が存在する．

$$M_n < M_v < M_w < M_z$$

平均分子量を測定する方法は数多く開発されている．簡便な測定法の例を以下に述べる．数平均分子量は，浸透圧法，凝固点降下法を用いて得る．粘度平均分子量は，希薄溶液法で得る．重量平均分子量は，光散乱法，X 線小角散乱法で，z 平均分子量は沈降平衡法で得られる．

近年は，ゲルパーミエーションクロマト(GPC)法を用いる分析機器が容易に手に入るのでこれを利用することが多く信頼性も高い．GPC 法は架橋 PS のような均一な孔径を持つ三次元網目状のゲルを用い，分子量の大きいものほど速く流出する原理を使って分離する方法である．分子量だけでなく，分子量分布も直接表示できる．さらに GPC の付帯機器を用いると，流出成分ごとにサンプルとして分取することも可能なので，高分子材料の応用分野での利用が広がっている．

(4) 高分子溶融体の物性

　高分子の溶融物は粘度が非常に高い．これは平均分子量(M)に依存し，高分子鎖の絡み合いが存在するので，$M^{3.4}$に比例する(3.4乗則と呼ぶ)．せん断をかけた場合には，ずり速度の増加と共に粘度が大幅に低下するのも特徴である．高分子溶融体および高濃度溶液の取り扱いは，高分子レオロジーとして一つの学問領域を成している．溶融物の粘度は温度の低下と共に急速に増加し，加圧によっても増加する．自由体積理論によるこれらの関係付けもレオロジー理論ですでにまとまっている．

　高分子溶融体で起こる特異現象に溶融破断(メルトフラクチャー)がある．高いずり速度で高分子融液(または高濃度の高分子溶液)を押し出すときに，平滑でない外観を示すことを溶融破断と呼ぶ．メルトフラクチャーが発生する状態では，流体の圧力や流速が脈動的に変化することもある．このような不安定が発生するのは高分子性の一つの発現として記載されている．合成高分子から糸を得る際の溶融紡糸ではメルトフラクチャーが起こると，糸に形状，強伸度特性などにバラツキの出るムラが発生し不良品となる．工業的紡糸では，それらを避ける工夫が非常に重要である．

(5) レオメーターによる測定

　高分子溶融体で大切なのは，温度と溶融粘度との関係である．レオメーターなど測定技術に関しては4章に述べる．実用物性との関連を含め，実験室で測定する方法としてレオメーターによる測定がある．ずり速度を変化させることができる回転粘度計は，非ニュートン液体の粘性率測定に適する．ねじり振動法を用いれば液体の動的粘弾性の測定ができる．レオゴニオメーターでは定常流動する粘弾性液体の法線応力が測定できる．固体のレオロジー的な性質を測定する場合の変形様式には，伸び，ずり，ねじれ，たわみ(曲げ)があり，それぞれに対応したレオメーターがある．静的方法には，クリープ，応力緩和の測定があり，動的方法には強制定常振動法と自由減衰振動法がある．

(6) 材料物性に影響する高分子固体の基礎的な物性

高分子固体の基礎物性を四項目に分けて説明する．

①ゴム弾性

高分子でなければ発現しない物性の代表例の一つがゴム弾性である．大変形が可能なこととその回復性に特徴がある．低い弾性率がゴムの特徴であり，プラスチック，ガラス，金属との剛性を弾性率で表すレベルを比較して表2.1に示す．ゴムは架橋された状態で固体として実用に供される．架橋構造と物性との関係など数多くの研究が行われ報告されているが，分子構造論的には未解明のところも多い．ゴム分子単独での扱いも理論的に未だ道半ばであるうえに，実用に際しては架橋反応の他にも，補強材（カーボンブラックや無機フィラーなど）が併用されている．こうした複合材料としてのゴムは実用面での対応で，次々に課題を解決しながら進歩を続けている．基礎研究への期待も大きい．

表2.1 材料別の剛性レベルの比較

材料	弾性率[Pa]
ゴム	10～1000
プラスチック	20～100M
ガラス	～100G
鉄鋼	～200G

②高分子の結晶化

高分子の固体状態では対称性の良い分子鎖は結晶化する場合が多い．ただし高分子では100％結晶化することはなく，測定などに現れる融解挙動が明確でない場合が多い．低分子化合物と同様に結晶化前後での物性の変化は大きい．高分子結晶の理論的融点（T_m）は熱力学的平衡状態として得られ，ΔH_fを液相と固相のエンタルピーの差（$H_l - H_c$），ΔS_fを液相と固相のエントロピーの差（$S_l - S_c$）を示すことで，式(2.23)

$$T_m = \Delta H_f / \Delta S_f \tag{2.23}$$

となる．ここから判るように融解に際してのエントロピー変化が小さく，エンタルピー変化が大きいものほど，T_m が高くなる．

　高分子鎖の結晶化は，結晶融解温度領域での温度変化（昇温，降温速度），高分子鎖濃度（希薄溶液，溶融ポリマーあるいはポリマーブレンド），測定時間などによって大きく変化する．高分子の結晶は完全なものでないうえ，ラメラ状結晶，球晶などが単独だったり混在したりするので，X 線などを用いる解析では注意を要する．以前から観測している結晶の状態の取り扱いを誤って実体とは異なる結論を導いている論文も数多い．近年，ポリマーアロイ系での結晶性ポリマーの扱いが進み，解析の信頼性が高まっている．**表 2.2** に，結晶性高分子の T_g と T_m の具体例を示す．

表 2.2 結晶性高分子の熱力学量

プラスチック名	ガラス転移温度 $T_g[℃]$	融点 $T_m[℃]$
ポリエチレン（PE）	$-90 \sim -80$	$112 \sim 135$
ポリプロピレン（PP）	-18	$138 \sim 186$
ナイロン-6（PA6）	48	225
ナイロン-66（PA66）	50	265
ポリブチレンテレフタレート（PBT）	22	224
ポリアセタール（POM）	-60	$167 \sim 178$
ポリフェニレンスルフィド（PPS）	85	285
ポリエーテルエーテルケトン（PEEK）	143	334

③ガラス転移

　高分子を溶融状態から冷却してゆくとガラス状態となって固化してしまう．この液体状態とガラス状態との転移をガラス転移と呼び，その温度をガラス転移温度（T_g）という．これは必ずしも高分子に固有の性質ではない．高分子では分子鎖の対称性に欠ける非晶性ポリマーで観測されるが，結晶性ポリマーでも非晶部ではこの転移が見られる．非晶性高分子固体の物性は，T_g 付近で不

連続に変化することが多い．**図 2.4** に比容の事例を示す．T_g は分子量の低いオリゴマー領域では低温側にあり，非晶性 PS の場合は数平均分子量 50,000 程度以上で一定となる．T_g と T_m との関連は経験的なものが知られているが，物理的意味付けは不充分である．対称性の違いによって，式(2.24)

$$\begin{aligned}対称性高分子：T_g/T_m &= 0.5 \\ 非対称性高分子：T_g/T_m &= 0.67\end{aligned} \tag{2.24}$$

で示す，Boyer-Beaman の経験則がある．

典型的な非晶性高分子のガラス転移温度を**表 2.3** に示す．

④粘弾性

高分子の特徴を示すもう一つの力学特性が粘弾性である．粘弾性は物理的な量としての弾性体の特性(弾性)と粘性体の特性(粘性)とを同時に持っているので，これらを合成したモデルを用いて表現する．弾性をバネ，粘性を粘性液体

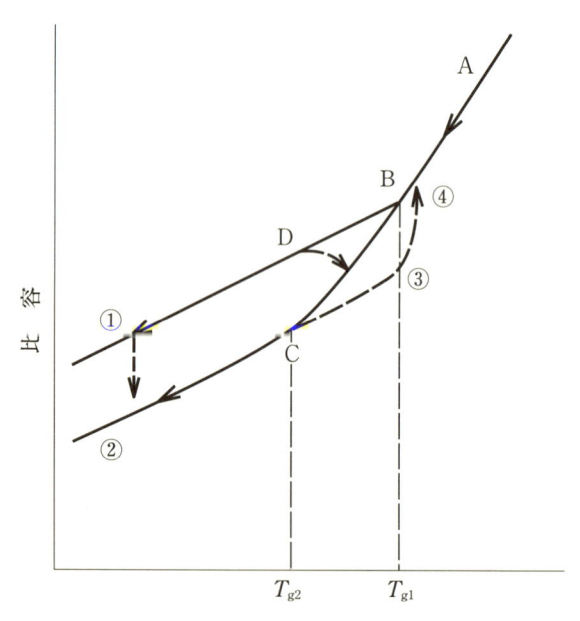

図 2.4 ガラス転移点での比容の不連続性

表 2.3 典型的な非晶性高分子のガラス転移温度

プラスチック名	ガラス転移温度 T_g [℃]
ポリスチレン(PS)	100
ポリ塩化ビニル(PVC)	80
アクリル樹脂(PMMA)	105〜115
アクリロニトリル-ブタジエン-スチレン(ABS)	105
ポリカーボネート(PC)	150
変性ポリフェニレンエーテル(m-PPE)	130〜170
ポリアリレート(PAr)	193
ポリアミドイミド(PAI)	280

中を抵抗の大きい板が上下するダッシュポットで表現して、次の二つのモデルを考える。**図 2.5** に示す直列につながった(a)をマクスウェル(Maxwell)モデル、並列につながった(b)をフォークト(Voigt)モデルと呼ぶ。粘弾性の物理表現としての式は、ごく短い時間における力(応力)と変形(ひずみ)と時間の関

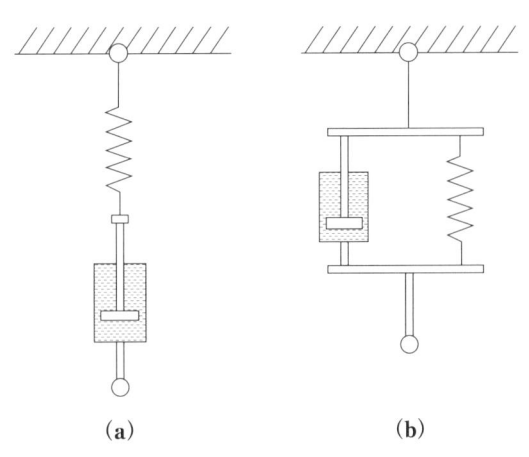

図 2.5 粘弾性モデル図,(a)マクスウェルモデル,(b)フォークトモデル

係として取り扱う．ここでの記述に用いる記号の定義は，次のとおりである．ひずみは γ で，一定のひずみは γ_0 で表す．応力は σ で，一定の応力は σ_0 で表す．η はダッシュポットの粘度を，t は時間を，G はバネ定数を表す．τ は緩和時間を示す．

マクスウェルモデルの構成方程式は，

$$\frac{\mathrm{d}\sigma/\mathrm{d}t}{G} + \frac{\sigma}{\eta} = \frac{\mathrm{d}\gamma}{\mathrm{d}t} \tag{2.25}$$

で示される．一定ひずみ γ_0 を加えたときの応力緩和は，$\mathrm{d}\sigma/\mathrm{d}t=0$ として，この方程式を解くと，

$$\tau = \frac{\eta}{G} \tag{2.26}$$

の形で応力の緩和の時間尺度を与える．

フォークトモデルでは，

$$\sigma = G\gamma + \eta \frac{\mathrm{d}\gamma}{\mathrm{d}t}$$

が成立する．このモデルでは，$t=0$ から一定の応力 σ_0 を作用させたとき，ひずみ (γ) は，

$$\gamma = \frac{\sigma_0}{G}\left(1 - \exp\frac{-Gt}{\eta}\right) \tag{2.27}$$

に従って時間と共に連続的に増加しクリープ現象を示す．

実際の高分子の粘弾性を近似するには，この二つのモデルを直列に組み合わせた四要素モデル(**図 2.6**)で行う．

粘弾性体としての高分子物性の表現では，G^* で複素弾性率を表す．その実数部を貯蔵弾性率 G'，虚数部を動的損失弾性率 G'' で示せば，

$$G^* = G' + iG'' \tag{2.28}$$

となる．線形粘弾性体である高分子固体に定常流動的に正弦波のひずみを加えるときの応答応力との関係から複素弾性率 G^* が次の

$$G^* = \frac{\sigma_0}{\gamma_0}(\cos\delta + i\sin\delta) \tag{2.29}$$

のように表される．したがって，

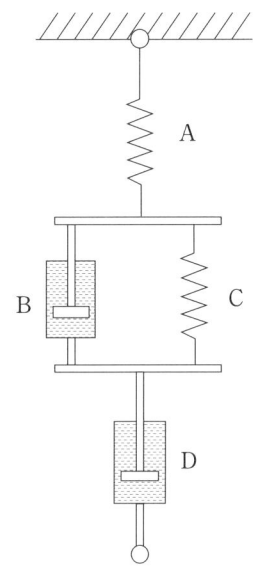

図 2.6 粘弾性を示す四要素モデル

$$G' = \frac{\sigma_0}{\gamma_0}\cos\delta, \qquad G'' = \frac{\sigma_0}{\gamma_0}\sin\delta$$

と表現できる．これらの式を用いて実験から高分子の粘弾性特性としての3種の弾性率(G^*, G', G'')を算出する．

3 高分子材料のための副資材

　高分子を実用的に使うためには，様々な特性を与える必要があるので，副資材と呼ぶ多くの添加剤や強化剤が併用される．その役割は大きく分けて二つある．第一は成形加工時に働くもので，成形加工温度域のポリマーの安定性を保つ安定剤や，溶融成形加工性を容易にする流動性向上剤などがこれに当たる．第二には使用条件下での働きのために添加するもので，難燃性付与剤，酸化防止剤，剛性向上剤，紫外線吸収剤，帯電防止剤など様々な効果を持つものが含まれる．添加剤の種類と働きについての代表的な具体例を，表 3.1 に要約して示す．

3.1　副資材を選択する基礎的な事項

(1)　目的とする作用効果と副作用とのバランス
　ある種の特性や物性を改良する副資材といえども万能薬ではなく，どこまで改良するのかを見極める必要がある．しかも添加剤は，毒性，着色性，他の物性の低下などの副作用を伴う．改良する物性のレベルをどこに置くか，副作用はどこまで認めることができるか，を考えてバランスをとって最適なものを選択する．

(2)　コストパフォーマンス
　基礎研究的，あるいは科学的に目標とする特性の改良を続けていけば，際限なく有用な作用を持つ化合物には出合う．材料としての限度内の物性が保証されれば，安価であるほど良い添加剤である．作用効果を見極めたうえで，材料

表 3.1 添加剤の種類と機能と具体例

種類	機能	具体例
可塑剤	成形加工性向上 製品表面の滑性向上	アルカン酸アミド，脂肪酸エステル，アルケン酸アミド，フタル酸エステル
安定剤	耐久性向上 光・熱・せん断応力などによる酸化劣化の防止	ヒドロキシベンゾフェノン誘導体，ヒンダードフェノール，Niフェノラート，有機亜リン酸エステル
難燃剤	難燃化	ハロゲン化有機化合物，ポリリン酸アンモニウム，Mg・Al水酸化物
充填剤	剛性向上 機能付与	タルク，ガラス繊維，セライト，カーボンブラック，圧電材
造核剤	剛性向上 透明性向上	有機リン酸部分金属塩，ジベンジリデンソルビトル誘導体
帯電防止剤	帯電防止	グリセリンモノ脂肪酸エステル
着色剤	着色 美装性付与	カーボンブラック，酸化チタン，ベンガラ，金属フタロシアニン
アンチブロッキング剤	フィルム同士の固着防止	微粒シリカ

コストを最適にするのが副資材選択の最重要課題である．

(3) 添加プロセスの選択

副資材は，高分子の重合のときから添加するとプロセス上のコストが減るが，実用例は稀である．ほとんどの場合，材料化のプロセスで添加されるので，その方法の選択もコストを左右する大きな因子となる．

3.2 成形加工助剤

もの作りの大切な工程である溶融成形加工の効率を上げる改良剤は，樹脂用の添加剤の中で 10～20% の比重を占めている．その機能は，成形不可能な高

分子を加工可能な成形材料に仕上げる改良剤と，成形効率や成形サイクルを向上させることで生産性，収益性を改善するものの二つに分かれる．その効果は材料の加工プロセスにもよるので，作用効果別に加工プロセスとの関連を付けて述べる．

(1) 可塑剤

可塑剤はプラスチック，ゴムなどに添加して，柔軟性を付与したり，成形加工性を改良する物質の総称である．剛性が高く比較的に加工しにくいという特性を持つ，相互作用が比較的強い高分子鎖の間に働く力を制御して，有用な材料とするために可塑剤が重要な役割を演じる．例えばPANやPVCなどはその典型例である．このような剛い高分子鎖間へ可塑剤を添加すると，高分子材料としての，軟化点，ガラス転移温度（T_g），熱的・機械的性質が変化する．あらゆる高分子鎖において，可塑剤の量を増すと，引張伸びや耐衝撃特性が向上し，T_g，流動粘度，弾性率，引張強さは減少する．可塑剤効果は，可塑剤と高分子鎖との親和性の大小で可塑剤が高分子鎖の間に入る程度の差があるが，ポリマー間の間隔を広げ摩擦力を低下させることで発揮される．PVCの鎖の間に有効に入って働く可塑剤には，フタル酸エステル，リン酸エステル，脂肪酸エステルなどがある．使用量は軟質PVCで30〜60％および，硬質PVCでは3％前後である．

①流動性付与剤

主に溶融射出成形で樹脂の流動性を向上させ，成形サイクルを短くしたり，成形圧力を下げて樹脂への負担を軽くする働きのある可塑剤である．重合時に副生するオリゴマーなどや，同じ分子構造を持つ低分子化合物も添加剤の一成分として可塑剤の役割を演ずる．特にポリエスチレン，ポリオレフィンなどでは，エステル類よりも副作用の少ない炭化水素化合物が流動性付与剤として常用される．

②粘度調節剤

可塑剤作用のある添加剤にもこの呼び方が用いられるが，通常は熱硬化性樹脂の成形や，モノマーキャスト法での原料充填時の増粘剤の呼び名に使うこと

が多い．工業的な成形加工工程で均質に分散させるという，安定性向上が主な働きである．

(2) 安 定 剤

成形加工助剤としての安定剤の役割は，熱に対する安定化と，形状に対する安定化の二つがある．有機高分子は，金属やセラミックスと異なって，成形加工温度が分子の分解温度に近く，成形品として用いられる実用温度からもそれほど離れていない．熱安定剤は加工温度を下げると同時に，熱分解性を抑えて加工温度幅（processing window（成形加工の窓）と呼ばれる）を広げるのが目的である．ポリ塩化ビニル，ポリプロピレンで典型的な例が見られる．他のポリマーでも大型成形品では，成形時の高温での安定化が必要な場合が多い．形状寸法安定剤には，型内での冷却時，または型からの取り外し時などに起こる不具合を取り除くことを目的とするものが多い．

①離型性の向上

射出成形で金型から成形品を取り出す際の離型性も製品の質を大きく左右する．離型剤として使用されているものには滑剤と呼ばれるものが多い．滑剤は，一分子中に長鎖アルキル基と極性基とを含んでいる．代表的な化合物の例を挙げるとステアリン酸，ステアリルアルコール，グリセリンモノアルキル鎖エステル類，グリセリントリエステル類，金属セッケン類，特殊エステル類などがある．コストを勘案しながら樹脂と成形品形状によって最適なものを選ぶ．

②バリ発生の防止

結晶性ポリマー，特にポリエステル樹脂は，溶融射出成形加工時の高流動性のためにバリの発生が問題となることが多い．溶融状態にあるポリエステル樹脂の粘性を高めてバリの発生を防止する方法として，メラミン・シアヌル酸付加物，あるいはPTFE樹脂を添加するなどの制御法がある．

③結晶化速度の促進

プラスチックに溶融射出成形法を用いる最大の特徴点は，成形に要する時間，すなわち加工のサイクルが短いことである．結晶性ポリマーでメルト状態

から析出して結晶化する速度が遅い場合には，これを待つための冷却時間が比較的に長くなる．これは生産性の低下につながることになるので，結晶性ポリマー，特にエンジニアリングプラスチックでは，結晶性(速度と結晶化度)の向上のための手段が重要となる．タルクやマイカなどに代表される無機化合物の結晶核剤がこの目的に利用されている．黒着色物で用いられる黒鉛微粉末は核剤としての効果も大きい．

④ヤニ発生の防止

溶融ポリマーを押出機を用いて成形する押出成形では，メルト状態で吐出してくるポリマーの出口(通常はこれをダイ，またはダイスと呼ぶ)付近に汚れが付きやすい．ダイには得ようとする製品の形状に合わせて一定の断面を持たせている．ここからポリマーが連続的に押し出されてくる．押出成形品の外観を良好に保つために，ダイ部の汚染防止が重要である．ダイの汚染は吐出口周辺部(これはリップ部と称される)への異物の付着が原因となる場合が多い．異物は樹脂中に添加した配合物，すなわち副資材がポリマーから析出してきたり(高分子材料を扱う場合には，この現象をブリードアウトと呼ぶのが常識となっている)，ポリマーの劣化で生成した副産物であったりする．ダイ部汚染の防止のための安定剤はケースバイケースで選ばれるが，効果のあるものには，金属セッケン系の滑剤がある．

⑤ドローダウン防止

押出成形で大きな用途の一つにブロー成形がある．押し出された溶融樹脂(この加工方法固有の呼び方として，これをパリソンと称する)を金型内に取り込み，その上下をピンチで挟んで(この操作をピンチオフと呼ぶ)，中間に空気などを吹き込んで成形する．この際にパリソンが自重で垂れ下がることをドローダウンと呼ぶ．これを小さくするためのポリマーの改良が望まれている．メルト状態でのポリマーの溶融張力を上げるために，分子量を大きくしたり高分子鎖上の分岐度を多くしたりという，材料そのものの改質も進んでいる．今では混合性のよい安定な他の樹脂を加える，ポリマーアロイ化の方法が技術の中心になりつつある．

(3) 発泡剤

プラスチック材料中に，空気など各種のガスを細かく分散させて成形することを発泡成形という．プラスチックは，その成形品中に気泡を含ませること(すなわち発泡させること)により，断熱性，吸音性，弾力性，軽量性，高剛性などの性質が得られる．この成形方法は，一種の高分子材料の高機能化方法である．この成形では必ず発泡剤を用いる．発泡剤の要件は，樹脂に均一に溶解し，成形品中でガス化発泡して気泡を形成する特性を持つ低分子化合物である．ほとんどすべての発泡剤は，プラスチックに対する可塑化効果もあり，溶融樹脂の粘度を下げ成形加工性も向上させる．

①揮発性発泡剤

プラスチック自体や配合する副原料などにあらかじめ吸収させておいて，成形時の加熱によって気化させて発泡体を作る方法に有効な発泡剤の総称である．この方法では，気体あるいは液体をそのまま発泡剤として用いるので，作業性，経済性に優れている．代表的な揮発性発泡剤，および発泡用ガス体の特性を**表3.2**に示す．化合物としての沸点を示しているが，溶融プラスチック中に含まれていてガス化するので，実際の気化温度はこれよりも大幅に高くなっている．表3.2に示した化合物のうち，押出発泡成形方法で良好な発泡剤として作用するフッ素系化合物(各種フロン類)や塩素系化合物(例えば二塩化メチ

表3.2 高分子材料への揮発性発泡剤として使われたものの特性

	発泡剤	分子量	沸点[℃]	蒸発潜熱	オゾン破壊係数
過去に使われていたもの	フロン142b	101	-10	51	0.06
	フロン22	87	-41	56	0.05
	フロン152a	66	-25	76	0
	フロン134a	102	-26	52	0
	塩化メチレン	85	-40	79	―
過渡的に使われているもの	n-ブタン	58	-0.5	59	―
	n-ペンタン	72	36	70	―
将来主流になるもの	N_2 ガス	28	-196	48	0
	CO_2 ガス	44	-79	137	0

レンなど)は,大気圏のオゾン層を分解するという性質を持ち,現在ではその利用が制限されている.発泡成形技術が広く展開されていくことにより,オゾン層の分解に対して無害なCO_2,N_2などのガスを利用する方向に進んでいる.

② 分解性発泡剤

発泡技術のうち,添加物の熱分解で誘導されるガスで発泡体を得るのに用いる化合物である.熱を加えると分解してガスを発生する化合物をプラスチックと混合する予備工程を含み,発泡技術としては難しいところが多い.実用に際して用いられる他の可塑剤,安定剤など配合剤と発泡剤との相互作用も発泡条件に無視できない影響をもたらす.樹脂の特性と発泡剤の分解温度との関連を調節するために発泡助剤を用いることもある.代表的な発泡剤となる化合物には,炭酸アンモニウム,重炭酸ナトリウム,2,2′-アゾビスイソブチロニトリル,アゾジカルボンアミド,ジアゾアミノベンゼン,p-トルエンスルホニルヒドラジド,N,N′-ジニトロソペンタメチレンテトラミン(DNPT),テレフタルアジドなどがある.

③ 反応生成ガスによる発泡

一般に重縮合反応により硬化するプラスチック類,すなわちポリウレタン,フェノール樹脂,ユリア樹脂などに適した発泡方法である.液状の原料が,重縮合反応によって樹脂化する際に放出する副生成物が発泡剤となる.例えば,炭酸ガス,ホルムアルデヒド,水蒸気などの反応生成物が気泡生成を起こす.ポリウレタンの実用発泡成形は,この具体例である.冷蔵庫の外板と内装板との間に,原液を注入して架橋反応と発泡反応とを同時に行う方法がポリウレタン現場発泡技術の名で親しまれ大量に利用されている.

④ 超臨界ガス(CO_2,N_2)による発泡

プラスチック発泡体中の気泡(セル)が限度以下に小さくできれば,成形体全体の物性が向上する.ガス体の特性に,一定の温度,圧力以上では液化が起こらない臨界条件があることはよく知られている.臨界条件の温度,圧力以上を用いる工業的条件を,超臨界状態での操作と呼ぶ.比較的低温,低圧で超臨界状態が得られるCO_2,N_2などを発泡剤として,超臨界条件のガスを溶融プラスチック中に注入する操作を行うと,気泡核の発生が非常に多くなると共に,

3 高分子材料のための副資材　61

セルの合体を防止できる．これはセル径を小さく，セル密度を大きくした発泡体を得る好条件に近づくことになる．セル径 10 μm 以下，セル密度 10^8 個/cm^3 以上のプラスチック発泡体が，MCP（マイクロセルラープラスチック）と命名された．さらに，セル径を 100 nm 程度にまで小さくしたナノセルラー発泡体技術も開発されている．これらは，少ない資源量で，高剛性，物性の信頼性などが付与されると共に，断熱性，電気絶縁特性なども活かせる．未来型の発泡技術として工業的な発展が期待される．

3.3　特性付与剤

　成形品を実用的に使用して寿命になるまでの間，酸化を防ぎ，劣化を防止し，機能を発揮させるなどの材料特性を保持し続ける目的で添加するのが，特性付与剤である．

(1)　酸化防止剤
　有機系の高分子材料（ゴム，プラスチック，繊維）は，空気中の酸素による影響を受けやすい．成形加工時の高温での影響による劣化が特に大きい．こうした劣化を防止する添加剤を，酸化防止剤または抗酸化剤と呼ぶ．これは，高分子の酸化過程で酸素原子の働きで有機分子の上に生成する活性ラジカルを捕足し安定化させる．すなわち，ラジカルが連鎖的に高分子鎖を切断して劣化を促進する反応を停止する分子が選ばれる．実用的酸化防止剤は，アルキルフェノール系化合物が主である．その代表的な化合物を**表 3.3** に示す．他にもヒンダードアミン系光安定剤（次項）や，硫黄系，リン系の有機金属化合物などの，ヒドロパルオキシド分解剤なども酸化防止剤効果を持つので使用できる．

(2)　紫外線吸収剤
　長期間使用すると，有機高分子は主に太陽光線の影響を受けて激しく劣化する．光線の中で主に劣化を促進する働きを持つのは紫外線である．すなわち，高分子材料の物性や色調を保持するために使われるのが紫外線吸収剤である．

表 3.3 フェノール系酸化防止剤の具体例と性質

化合物	分子量	外観	融点[℃]	慣用名
2,6-ジ-t-ブチル-4-メチルフェノール	220	白色結晶	>69	BHT
2,2′-メチレン-ビス-(4-メチル-6-t-ブチルフェノール)	341	白色粉末	>120	MBMBP
4,4′-ブチリデン-ビス-(3-メチル-6-t-ブチルフェノール)	383	白色粉末	208〜212	BBMBP
n-オクタデシル-3-(3′,5′-ジ-t-ブチル-4′-ヒドロキシフェニル)-プロピオナート	531	白・淡黄色粉末	50〜54	Irganox 1076
トリス(3,5-ジ-t-ブチル-4-ヒドロキシ-ベンジル)イソシアヌレート	784	白色粉末	208〜212	MARK AO20
テトラキス-[メチル-3-(3′,5′-ジ-t-ブチル-4-ヒドロキシフェニル)プロピオナート]-メタン	1178	白・淡黄色粉末	110〜125	Irganox1010

着色剤には，紫外線防止効果の大きいものが多くある．無色または透明なプラスチックの用途では，紫外線吸収剤の使用は必須である．紫外線吸収剤は，波長 300〜400 nm 以下の紫外線を吸収し，吸収剤自体は分解しないで安定な形を保持できることが条件である．代表的な紫外線吸収剤として，次の 5 系統のものが用いられている．ベンゾフェノン系の一例を**表 3.4** で示す．

① ベンゾフェノン系(Benzophenons)
② ベンゾトリアゾール系(Benzotriazols)
③ シアノアクリレート系(Cyanoacrylates)
④ サリチレート系(Salicylates)
⑤ ヒンダードアミン系光安定剤(Hinderd amine light stabilizer)

(3) 着 色 剤

プラスチックを着色するための着色剤には，装飾としての色の付加と共に，

表3.4 ベンゾフェノン系安定剤の具体例と性質

化合物	分子量	外観	融点[℃]	慣用名
2,4-ジヒドロキシベンゾフェノン	214	淡黄色針状結晶	142〜145	KEMISCRB 10
2-ヒドロキシ-4-メトキシベンゾフェノン	228	淡黄色針状結晶	63〜64.5	SESSORB 101
2-ヒドロキシ-4-n-オクトキシベンゾフェノン	326	淡黄色針状結晶	47〜49	バイオソーブ 130
2-ヒドロキシ-4-メトキシベンゾフェノン-5-スルホン酸	308	淡黄色粉末	110〜120	UVINULM-40

外界からの光の遮蔽,反射,吸収などを通じて材料に耐候性を与えるという役割もある.

着色剤の材質としてはほとんどが有機顔料か無機顔料であるが,一部に染料も使われる.着色剤の要件には,①少量で鮮明に着色することができる,②高分子材料に微細に分散することができる,③人体や周辺環境への毒性が少ない,④耐熱性でプラスチックの分解に関与しない,⑤実用途において接触する他材料や内容物への移行性を持っていない,⑥耐溶剤性,耐薬品性がある,⑦耐候性に優れる,などがある.有機顔料は①〜③に優れるが,④〜⑦では無機顔料に及ばない.

有用な着色剤は,その着色力を増すために材料粒子の微細化が図られる.高分子に添加する通常の着色剤では,10〜20 μm程度の大きさのものが多いが,1 μm前後まで小さくすると,1/10〜1/50の量で同等の効果が得られるケースもある.金属類を含む着色剤の中には毒性を指摘されるものもあることから,有機系など安全性の高いものへの切替えが進んでいる.個別の特性については,色調,用途などによって非常に多彩なものがある.

(4) 難 燃 剤

プラスチックの燃焼は複雑な反応の組み合わせで起こるが,要点は次の三つ

に絞られる．①燃焼反応は高温でラジカル的に進行する酸化反応である，②高分子状態では直接燃焼はしないが，熱分解によって生じた可燃性の低分子物が燃焼する，③有機物の発火温度は500～600℃にあるから，これ以下の温度では燃焼しない．

高分子材料の燃焼性を低下させる実用的な難燃剤は，このいずれかを燃焼条件外に移すことに対応させるものである．ハロゲン化合物は，炭素とハロゲン原子とを結ぶ結合が容易にラジカル的に解離して，燃焼過程でのラジカルと反応する．これが酸化反応を止めるので燃焼防止につながる．高分子鎖の分解によるガス化防止の働きをするのがリン化合物である．リン化合物はラジカルの発生などによって，高分子上のラジカルと反応して架橋反応を促進するので，全体を高分子量化して揮発しにくくする．酸化アンチモンは単独では難燃剤としての効果はないが，燃焼条件下でハロゲン化合物と反応して揮発性のハロゲン化アンチモンとなる．この気化熱で周囲温度を下げつつガス状膜を形成して酸素を遮断する．添加して効果を発揮するのは低分子量の難燃剤ばかりではなく，高分子の主鎖あるいは側鎖に結合させて離脱しにくくして使用する反応性の難燃剤もある．難燃剤の種類とその代表例とを**表3.5**に示す．

(5) 帯電防止剤

電気絶縁性に優れるプラスチックの特徴は，一方で，成形品の表面への静電気の発生とその滞留を伴う．静電気による問題は，成形現場や組立工場などで起こるほかに，エレクトロニクス製品（ビデオ，パソコン，OA機器など）での誤作動などにも及んでいる．帯電防止剤は初期には塗布型で使われたが，塗布ムラの発生や周囲への移行などが起こりやすかった．現在ではほとんどが帯電防止剤の練込型となり，添加剤が成形品表面に滲み出して効果を出す方式である．滲出しすぎると表面汚染や帯電防止性寿命の短期化を招くなどの問題が起こるので，高分子材料との適度な親和性が大切である．帯電防止剤には，アニオン系，カチオン系，非イオン系，両性系の4種があり，材料によって工夫して使われている．

帯電防止剤のより高度なレベルへの発展として，その高分子化がある．高分

表3.5 難燃剤の分類と代表例

分類	具体例
有機臭素系	テトラブロモビスフェノールA デカブロモジフェニルエーテル ヘキサブロモシクロドデカン
有機リン系	トリクレジルホスフェート トリス(β-クロロエチル)ホスフェート ポリリン酸塩
有機塩素系	塩素化パラフィン 塩素化ポリエチレン ポリ塩化ビニル
有機窒素系	窒素化グアニジン
無機系	水酸化アルミニウム 三酸化アンチモン 水酸化マグネシウム

子材料となって働く帯電防止剤は，主たる高分子材料成分100部に対して15〜30部の量を添加したケースで，成形加工時のせん断力を受けて表面に配向し，永久帯電防止効果が発揮される．ABS，ポリスチレン，PPなどで使われている高分子系の帯電防止剤には，アニオン系，カチオン系，非イオン系の他に，ベタイン系，高分子電荷移動錯体系などがある．

(6) その他

微生物の繁殖を防いで高分子材料の物性や色調を保持する防菌剤，防かび剤なども広く使われる．これらは水系や湿気の多い用途向けの材料に必須の添加剤である．

3.4 強化剤・充填剤

有機高分子材料の一つの欠点である，分子鎖の柔軟性からくる剛性(硬さ)の

低さを補強することを目的に，強化剤・充填剤が使用されている．

(1) 強化剤

繊維を補強材として使用した複合プラスチックは，強化プラスチックと総称され用途の拡大に大きく貢献している．強化剤の必要特性には次のようなものがある．

①引張強さが大きい．
②弾性率が大きい．
③マトリックス樹脂との接着性がよい．
④耐熱性，耐蝕性，耐磨耗性に優れる．
⑤取り扱い性がよい．
⑥材料コストが安い．

最も一般的な強化剤はガラス繊維(GF：glass fiber)である．長い歴史を持つガラスの紡糸技術で，各種の GF 材料が得られるうえに取り扱い性もよく，工業上利用可能な程度に安価なためである．ガラスと親和性のあるシラン系の官能基を持つ処理剤を使用して，GF とプラスチックとの接着性が向上できる．これらはシランカップリング剤と呼ばれ，高分子材料ごとに様々なものが使われる．GF は，紡糸後の処理で多数のフィラメントを束にして得られるものを，GF のヤーンやロービングと呼んでいる．GF と熱可塑性高分子材料とを混合するには，通常は押出機を用いて高分子を溶融押出しする工程に GF を加える．それらには，GF をロービング状で投入混合して強化プラスチックを得る方法と，ヤーンやロービングを適当な長さに切断したチョップドストランドとして添加する方法とがある．いずれの方法でも，GF の添加量を 5～50% の範囲に制御することができる．

熱硬化性樹脂の補強で大きな力を発揮するものに，紡糸した糸をシート状にしたものや，ヤーンを織った布，ロービングを織った布などがある．用途に応じてこれらの最も適した形状のものが選ばれ利用されている．

先端複合材料(advanced composite materials)として使用される強化プラスチックには，炭素繊維(CF)など，より高度な繊維が単独または GF と組み合

わせて利用される．各種の補強材として使われる繊維の物性を**表3.6**に示す．エポキシ樹脂をマトリックスとする複合材料の物性を，硬化剤別に**表3.7**に示す．化学に関しては2章を，実用化例は11章を参照．

表3.6 プラスチック補強用繊維の例と物性

繊維		密度	引張強さ [GPa]	引張弾性率 [GPa]	引張破断伸び [%]
ガラス繊維(GF)		2.48	4.6	87	5.7
炭素繊維(CF)	高強度	1.74	2.7	235	1.3
	高弾性率	1.84	2.1	392	0.6
アラミド繊維(AF)		1.45	3.6	124	2.9

表3.7 ビスフェノールA型エポキシ樹脂硬化物の物性

物性	アミン硬化物	酸無水物硬化物
熱変形温度[℃]	160	155
曲げ強さ[MPa]	950	1100
曲げ弾性率[GPa]	27	27
引張強さ[MPa]	720	460
引張破断伸び[%]	4.4	1.5
硬さ	M106	—
透電率[60Hz]	4.1	3.1

(2) 充填剤

加工性を向上させたり，増量してコストを下げたり(経済性を上げたり)する無機系の添加剤を総称して充填剤と呼んでいる．高分子材料用の充填剤は，その混合時の技術に大きな影響を持つ「かさ密度」を重視する．これは材料の真比重ばかりでなく粒子の形状や空気による充填性などで大きく変わる．各材料にもバラツキが大きいので範囲で示すのが通例である．代表的な粉末状充填剤の例として，慣用的な呼び名(性状)とかさ密度を**表3.8**に示す．充填剤によって向上させることのできる物性はたくさんある．その第一は，①補強効果であ

表 3.8 粉末状充填剤

充填剤	性状	かさ密度
炭酸カルシウム (CaCO₃)	重質 軟質 極微細	0.9〜1.3 0.45〜0.55 0.59〜0.71
炭酸カルシウム・マグネシウム (CaMg(CO₃)₂)	白色粉末	1.05〜1.20
ケイ酸マグネシウム (タルク)	白色粉末	0.5〜0.8
ケイ酸マグネシウム (焼成クレー)	白色粉末	2.2〜2.6

表 3.9 無機質で強化した PP の特性一覧

	ホモポリマー	タルク 40 wt%	CaCO₃ 60 wt%	マイカ 40 wt%	ガラス繊維 30 wt%	タルク強化耐衝撃
密度 [g/cm³]	0.906	1.22	1.53	1.21	1.14	1.07
MFR(230℃, 2.16 kg) [dg/min]	10	8	10	5	2.5	5
射出成形金型収縮率(縦) [%]	1.3	0.9	0.8	0.7	0.2	1.0
引張破断応力 [MPa]	35	32	13	43	85	28
引張破断伸び [%]	700	5	5	5	5	150
曲げ弾性率 [10² MPa]	13	40	39	80	55	27
曲げ強さ [MPa]	38	50	33	85	115	37
アイゾット衝撃強さ [10 J/m] (ノッチ付き, 4 mm)	2.5	3	3	3	8	15
硬さ (ロックウェル, R スケール)	96	100	82	100	110	85
熱変形温度 (4.6 kg/cm²) [℃] (18.5 kg/cm²) [℃]	114 64	145 95	131 80	150 100	162 150	126 75
線膨張係数(20〜60℃) [× 10⁻⁵/℃]	11	6			3	

る――ゴムに対するカーボンブラックの例のように化学的に結合すると著しい補強効果を示す．一般のプラスチックと無機充填剤の場合には，表面の親和性

とか無機物の粒子径などが補強の効果を左右している．充填剤に用いる無機物の違いによって発揮される物性の差異(評価法と測定法は次章を参照)をPPをマトリックスとする材料特性を通じて**表3.9**に示した．その他にも，②荷重たわみ温度の向上，③耐ガス透過性の向上，④帯電性の防止，⑤摺動特性の付与，⑥電気絶縁特性の向上，⑦溶融時の樹脂の流下防止，⑧耐候性の向上，⑨印刷性，接着性などの表面特性の向上等々の物性改良効果に合わせて，⑩増量による経済性の向上も工業的には重要な効果である．高分子材料への強化剤・充填剤の添加はこのように大きな効果を伴って，広く実用に供されている．

4 高分子材料の評価技術

　高分子材料(プラスチック材料)の試験方法は，その製造者と使用者とが特性に関する共通の認識を持ち，取引に際しての条件を定めるために必要である．

　評価技術の標準化のレベルには，1：1での取引での取り決めに始まり，業界内の規格，国内規格，国際規格などがある．プラスチックに関しては，国内規格として統一された，JIS規格(日本工業規格)が完備されている．JIS規格は，国際規格であるISO規格との整合性を得ているが，開発途上国には規格が未整備のところも多い．

　「研究・開発段階の評価」と「工業的な量産段階での評価」との間には，実質的に差異がある．これは要求レベルや評価にかけるコストによる．前者は簡略な比較法でよいことも多い．論文などの記載や市場の評価に進む際には，規格化された試験法に合わせるとよい．国際規格であるISO規格は，1947年発足の国際機関によって運営されている．新しい特性試験以外は永年の積み重ねで評価規格が詳細に定められている．材料の試験・評価結果の表示には，どの基準で行ったかを付記する習慣をつけるとよい．

4.1　試験法と規格

　規格化されている試験項目のうち，一般的なものには次のようなものがある．具体的な用語表記，試験方法の概略といくつかの実例を次項以下に示す．評価項目の数はすべてを挙げれば膨大な量にのぼるので，ここには代表的で基礎的なもののみを例示する．

(1) 物理的・力学的試験方法

比重(密度)試験，引張試験，圧縮試験，曲げ試験，衝撃試験，硬さ試験，曲げ剛性試験，引裂試験，せん断試験，疲れ試験，クリープ試験，摩擦・磨耗試験，動的粘弾性試験，面圧試験などがある．

(2) 熱的試験方法

熱膨張性試験，熱収縮試験，熱変形試験，耐寒性試験，脆化温度試験，熱伝導試験，燃焼性試験などがある．

(3) 光学的試験方法

屈折率試験，光透過率試験，光沢試験，曇価試験，色堅牢度試験，色差試験などがある．

(4) 化学的試験方法

静的耐薬品性試験，吸水性試験，耐熱水性試験，吸湿性試験，ガス透過率試験，揮発分分析試験などがある．

近年になって登場した高吸水性材料(紙おむつなどに使用される樹脂)にも，それらに対応する新しい吸水量試験方法が規格化された．

(5) 電気的試験方法

抵抗率試験，絶縁抵抗試験，絶縁耐力試験，放電劣化試験，熱刺激電流試験，誘電率および誘電正接試験などがある．プラスチックは，一般には絶縁体として絶縁抵抗試験を行う．導電性プラスチックの登場で，静電気対策から電極材料まで実用に供されている．特殊な用途での評価については，そのつど，専門書によるのがよい．

(6) 耐劣化試験方法(材料の寿命推定試験方法)

熱老化試験，耐候性試験，耐光性試験，環境応力亀裂試験，応力下での耐薬品性試験，環境暴露試験などがある．

実際には，使用しようとする条件下での各種の力学的試験と組み合わせて，時間経過での減少から寿命を推定する方法が用いられる．

(7) 流動性試験方法

流れ試験，成形収縮試験，成形法などがある．実用材料の流動性については，成形加工特性試験が別にある．

(8) 非破壊試験方法

超音波探傷試験，X線透過試験，アコースティックエミッション試験などがある．熱硬化性樹脂の成形品や大型のFRP，CFRPなどの成形品は，製造工程を経た後の実物での特性評価が大切となる．そのために非破壊試験方法が重要視され各種の方法が開発されている．

(9) リサイクル関係の材料試験・評価

再生材料規格は，本来は通常の試験に準ずることが望ましいが，循環型社会への取り組みとして，使用ずみフィルムを再生した材料の規格が作られている．

4.2 物理的・力学的性質

試験方法については，日本の工業規格(JIS)が完備され，国際規格との整合性もある．測定の基準は，目的とする試験法を確認して行うとよい．

(1) 比重・密度

比重は，同温度における同体積の水に対する物質の同体積の質量の比である．密度は物質量のつまり方の程度を示すが，プラスチックの場合は，単位体積($1\,cm^3$)当たりの質量[g]をいう．すなわち，単位は[g/cm^3]で表され，一定温度における物質の単位体積当たりの質量である．比重および密度の測定法は実用的に4種類がある．仮にA法からD法と称し，対応できる材料の形状ごとに，その方法をまとめて表4.1に示す．具体的な実験方法の詳細は各々の試

表 4.1　比重および密度の測定方法

種類	方法	適用する試料の形態
A法	水中置換法	シート，棒，管，成形品など
B法	ピクノメーター法	粉状，小球状，薄片状，液体材料など
C法	浮沈法	A，B法に適用できるもので固形のものなど
D法	密度勾配管法	A法に適用できるもの，ペレット状のものなど

験法の解説を参照してほしい．

(2) 引張試験

　測定機器の進歩により，最近では引張試験によって，治具の交換をすると，圧縮試験，曲げ試験，せん断試験なども実施できる万能試験機が提供されている．JIS あるいは ASTM では，プラスチック材料の特性によって試験片の形状と試験条件が規定されている．図 4.1(a)，(b) に JIS K7113 に規定されてい

単位 mm

A	全長	175
B	両端の幅	20 ± 0.5
C	平行部分の長さ	60 ± 0.5
D	平行部分の幅	10 ± 0.5
E	肩の丸みの半径(最小)	60
F	厚さ	1～10
G	標線間距離	50 ± 0.5
H	つかみ具間距離	115 ± 5

(a) 1号型試験片（JIS K7113）

単位 mm

A	全長	115
B	両端の幅	25 ± 1
C	平行部分の長さ	33 ± 2
D	平行部分の幅	6 ± 0.4
E	小半径	14 ± 1
F	大半径	25 ± 2
G	標線間距離	25 ± 1
H	つかみ具間距離	80 ± 5
I	厚さ	1～3

(b) 2号型試験片（JIS K7113）

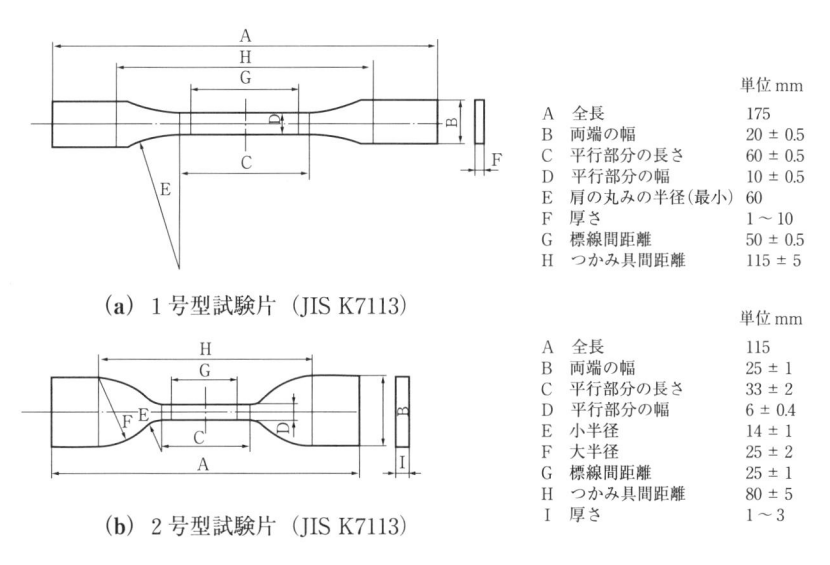

図 4.1　プラスチック評価試験片の形状例

74　I　基礎編

表 4.2　引張試験における材料と試験片作製方法

試験片の形状	試験材料	試験片作製方法
1 号型 (図 4.1(a))	硬質熱可塑性樹脂成形材料 熱可塑性強化プラスチック	射出成形 圧縮成形
	硬質熱可塑性樹脂板 熱硬化性樹脂板(積層板を含む)	板から機械加工
2 号型 (図 4.1(b))	軟質熱可塑性成形材料 軟質熱可塑性樹脂板	射出成形 圧縮成形 板から機械加工 板から打抜加工

る 2 種類の試験片形状を示す．図中の寸法の表示から概略の形を読み取れればよい．**表 4.2** に，試験材料によって選択される試験片形状の例と試験片の作製方法とを示す．プラスチック材料が示す引張応力-ひずみ曲線(S-S カーブ)の概念図を**図 4.2** に示す．ここで縦軸は引張応力，横軸はそれに対応するひずみを示す．引張弾性率は，初期の立ち上がりの傾斜から読み取る．硬くて降伏点を持つ材料では左側の曲線 A の補助線が対応し，軟らかい材料では曲線 B が示されるので，右側の補助線が対応する．降伏点を示す曲線 A では，引張降伏強さ，引張破断強さ，引張強さは図中に示した縦軸の値で表す．降伏点を持たない軟質材料は，曲線 B の変形となるので，規定ひずみに対する降伏強さ，引張耐力を図中から読み取る．ひずみのうち，引張破断時のひずみは「破断伸び」として定義されている．

(3)　圧縮試験

試験片の形状は，目的に合わせて，正四角柱，角柱，円柱および円管を用いる．圧縮強さの計算は規格に示される方法に従って計算して行う．圧縮弾性率は，引張試験と同様に，応力-ひずみ曲線の初期直線部分の勾配から計算する．

(4)　曲げ試験

この試験は，成形品から機械加工により切り出した試験片を用いるのが常で

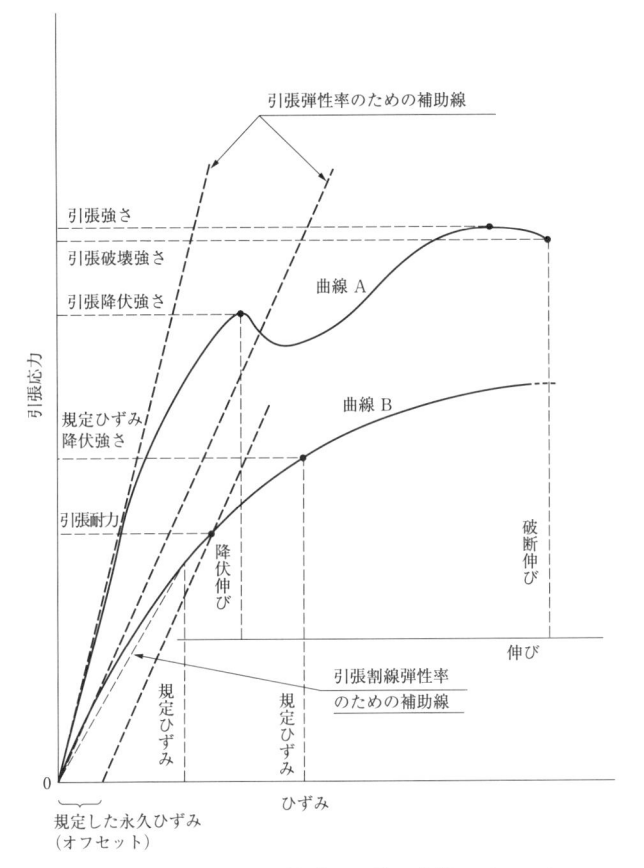

図4.2 代表的な引張応力-ひずみ曲線 A および B
A は硬質材料，B は軟質材料(成澤郁夫：プラスチックの機械的性質，p.87，シグマ出版(1994))

ある．他材料での状況と同様だが，曲げ試験では曲げる試験片の表面では圧縮力が，裏面では引張力が働く．具体的測定方法には，支点の数に応じて3点曲げ法と4点曲げ法とがある．通常3点曲げ法によるデータで判断するが，常にせん断力の影響を排除することは難しい．実用上の特性として曲げ弾性率，曲げ強さを重視することが多いので，データの再現性を得るために試験片の長さ，厚さなどに細かい規定がある．

(5) 衝撃試験

衝撃によって高分子材料が破断する際に要するエネルギー量を測定するものである．規格化されているものには，アイゾット衝撃試験，シャルピー衝撃試験，落錘衝撃試験がある．最もよく使われるのがアイゾット衝撃試験であり，装置の概略を**図4.3**に示す．試験片は試験片支持台の間に片持ちで設置する．振り上げたハンマーによる衝撃を受けて，上部が飛ばされる．試験片の片側に切欠きを入れるノッチ付きと，入れないノッチなしとがある．耐衝撃値は，図4.3中の振り上がり角度から計算する．容易に理解されるところだが，振り上がり角度が小さいほど，材料試験片によって吸収されたエネルギーが大きいことを示している．同様の試験で，シャルピー衝撃試験は試験片を両持ちにした衝撃試験方法である．落錘衝撃試験は，試験体（通常は平板）の上方から鋼体を落下させる試験方法で，実用的だが試験結果のバラツキも大きく，再現性など

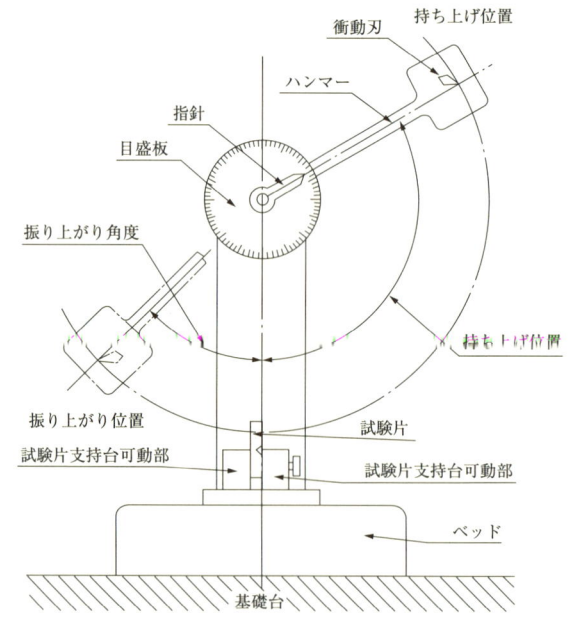

図4.3 アイゾット試験装置

(6) 摩擦・磨耗

摩擦特性，磨耗特性はプラスチック表面が関与する性質である．摩擦係数は水平に置いた相手材料(B)の広い板の上に，負荷(P)をかけた試験片(A)を置く．ロードセルを片側につなぎ，反対側に滑車を通過させて荷重を増加させながらかけて行く(**図 4.4**)．動き始めたときの最初の最大荷重(W_1)を静摩擦力と呼ぶ．動き始めると荷重減少に転じる．最大荷重後から摩擦距離 70 mm までの平均荷重(W_2)を動摩擦力と呼ぶ．この略図を図 4.4 に示す．データの処理はロードセルが記録した値を用いて行う．これらの力を接触力(P)で割ったものがそれぞれ静摩擦係数($\mu_1 = W_1/P$)，動摩擦係数($\mu_2 = W_2/P$)である．

磨耗試験では，一般に円板状試験片の表面上に所定の荷重をかけた車輪状の磨耗輪を置き，試験片を回転させて 1000 回転後の試験片の磨耗による重量の減少量を磨耗量[mg]として示す．この試験方法はテーバー磨耗試験と呼ばれ，JIS の K7204 に詳しく説明されており，多くの材料データ表に採用されている．他にも滑り磨耗試験(JIS K7218)，化粧板の耐磨耗性試験(JIS K6902)などがある．

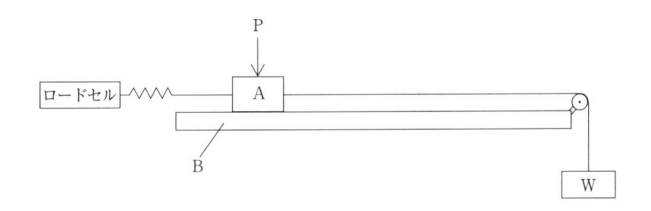

図 4.4 摩擦係数測定原理図

(7) 長時間特性

プラスチックはその高分子性に由来する粘弾性によって，クリープおよび応力疲労が起こる．両者共に，温度と時間に依存する緩和現象である．

①クリープ変形試験

プラスチック試験片に一定応力を長時間負荷し続けた場合に時間と共に増加する変形量を測定する．引張クリープ試験は，試験片に衝撃荷重がかからないように瞬間的(1秒以上5秒以内)に，引張りの一定荷重を負荷する．荷重は少なくとも3個以上のレベルで行う．例として，$\sigma_1 \sim \sigma_3$ の荷重によるクリープひずみを経過時間ごとに模式的に示したのが**図 4.5**(a)である．クリープ破断強さの測定には，7個以上の荷重レベルを引張強さの10〜90%範囲内から選定して行う．例としてクリープ破断強さを縦軸に，破断までの時間を対数で横軸にプロットしたのが**図 4.5**(b)である．曲げクリープ試験も同様に行う．応力緩和は一定ひずみを与え続けた場合に応力が減少していく現象で，これは応力-時間線図で示される．

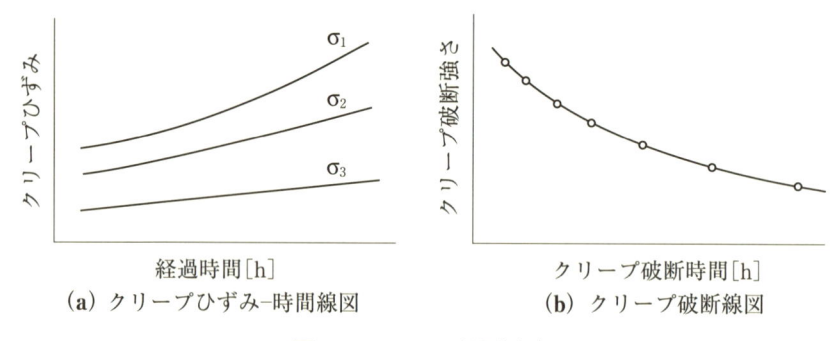

(a) クリープひずみ-時間線図　　**(b)** クリープ破断線図

図 4.5 クリープ試験評価

②疲労試験

プラスチックに破壊応力以下の繰り返し応力または繰り返し変形を与えて，**図 4.6** に示す S-N 曲線図を描く．ここで縦軸は応力を示し，横軸は破壊までの繰り返し回数を対数で表す．理論的には無限回の繰り返しに耐える上限の応力を求めるが，プラスチックでは 10^7 回における時間応力を疲れ限度として用いるのが一般的である(JIS K7118, K7119 など)．

③耐候性試験

プラスチックの屋外使用で，太陽光線や風雨による劣化の程度を調べる試験

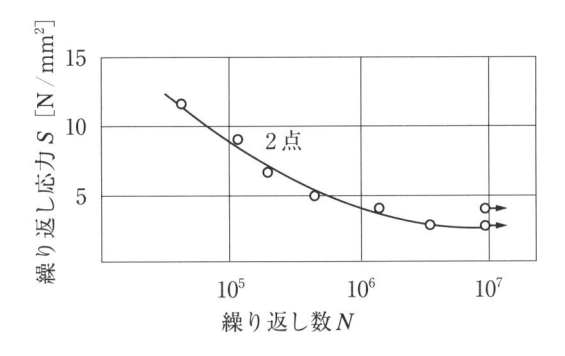

図 4.6 疲労試験における S-N 曲線

である．自然条件下に暴露して評価する屋外暴露試験と，機械設備で条件を設定して行う促進暴露試験がある．促進暴露試験は，光源ランプの工夫で200時間の暴露で自然条件の1年間に匹敵する．耐候性試験の評価項目は，形状，寸法，外観，引張強さ，伸び率の変化などの中から，その実用途において重要となるものを選んで実施する．

4.3 熱的性質

実際の成形品を使用する温度が，材料の耐熱温度に近い場合の多いプラスチックでは，特に熱関連の試験が重要である．

(1) 熱変形試験

プラスチックの耐熱性を示す試験に，たわみ量を測定する荷重たわみ温度と，針の進入量を測定するビカット軟化点の二つが用いられる．ほぼ同一な装置を使うので，一例として図4.7に荷重たわみ温度の試験装置の概要を示す．自動測定，記録，データ処理が可能な装置が市販されている．

①荷重たわみ温度

加熱浴槽中に試験片を保持して，規定の曲げ応力(高荷重と低荷重の2種類がある)を加えつつ，一定速度で昇温させる．規定のたわみ量に達したときの

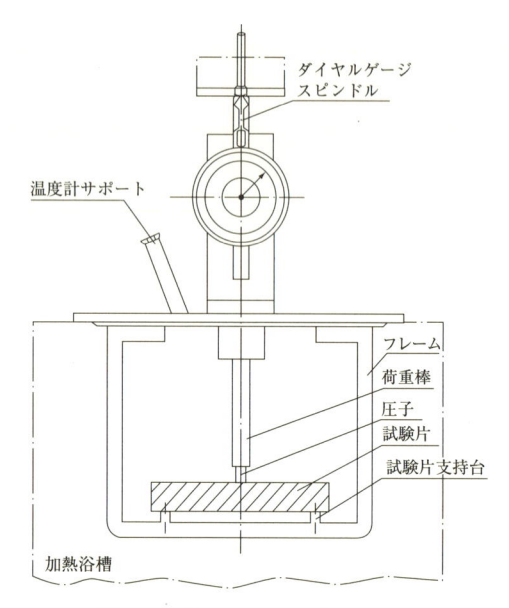

図 4.7 荷重たわみ温度測定装置

温度がその材料の荷重たわみ温度である．熱変形温度とも呼び，硬い熱可塑性樹脂や熱硬化性樹脂を対象とした試験法である．

② ビカット軟化点

成形品の表面への針の侵入量が 1 mm に達したときの温度を，その材料の軟化点とする試験法である．熱可塑性材料，軟らかいプラスチックに適した方法である．方法は荷重たわみ試験と同様に，加熱浴槽中に保持した試験片に垂直に立てた直径が 1 mm の円柱状圧子に所定の荷重を加えて，一定速度で昇温する．そして 1 mm だけ針が進入したときをもって軟化点とする．

(2) 熱分析

プラスチック試験片の温度を変化させながら，温度または時間の関数として質量変化，温度変化，熱量の変化を測定するものである．

① **熱重量測定（TG）**

熱分析測定では最も古くから行われているもので，温度の関数として質量の変化を測定する．得られる TG 曲線から，見掛けの質量変化の開始温度，中点温度，終了温度（炭化して一定となる温度）を求める．理論的な研究も進んでおり，反応の状況の把握や活性化エネルギー値も求めることができる．

② **示差熱分析（DTA）および示差走査熱量分析（DSC）**

プラスチックの重要な特性である融解温度，結晶化温度，ガラス転移温度などやそれに伴う転移熱が得られる試験法である．DTA 曲線は，試験片と標準物質の温度をあらかじめ規定されたプログラムに従って変化させながら，その温度差を温度または時間の関数として得る．DSC 曲線は，同様の操作で試験片と標準物質の温度を等しくするための単位時間当たりの熱エネルギーの入力差を測定して得る．標準的な操作は次のように行う．融解温度を求める場合には，標準物質であらかじめ温度補正を行った後，試料約 5 mg を容器に詰めて予想される融解温度より約 100 ℃ 低い温度で装置を安定するまで保持する．安定後に加熱速度毎分 10 ℃ で融解ピーク終了時より約 30 ℃ 高い温度まで加熱して，DTA 曲線または DSC 曲線を描かせる．得られる DSC 曲線から高分子の融点を求める方法の一例を図 **4.8** に示す．図中の T_{im} が融解開始温度，T_{pm} が融解ピーク温度，T_{em} が融解終了温度である．融解熱量は図に示される曲線で

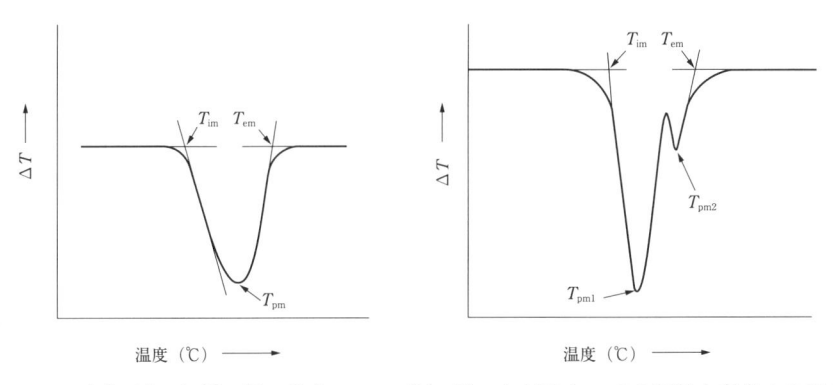

(a) ピークが 1 個の場合　　(b) ピークが重なって 2 個以上存在する場合

図 **4.8** 熱分析における DSC 曲線から融解温度を求める図

囲まれる面積から計算する．

比熱容量(C_p：単位[J/g℃])は，標準物質の比熱容量(C_p'：単位[J/g℃])を用いて，DSC 曲線における h, H の比，および試験に用いた試験片の質量(m)と標準物質の質量(m')の比から，式(4.1)

$$C_p = \frac{h}{H} * \frac{m'}{m} * C_p' \tag{4.1}$$

によって算出することができる．ここで h は空容器と試験片入り容器の DSC 曲線の縦方向の差であり，H は空容器と標準物質入り容器の DSC 曲線の縦方向の差である．

(3) 熱機械分析
①線膨張率試験
円柱状または正四角柱状（長さ 10 mm，直径または 1 辺の長さが 5 mm）の試験片を用いて測定する(JIS K7197)．検出棒の先端にかかる力は約 4 kPa とし，毎分 5 ℃ 以下の昇温速度で加熱する．$T_1 \sim T_2$ の 2 点の温度間で試験片の長さの変化(ΔL_{spm} と記す)および校正用の試験片の長さの変化(ΔL_{Refm} と記す)を測定し，式(4.2)

$$\alpha_{\mathrm{sp}} = \frac{\Delta L_{\mathrm{spm}} - \Delta L_{\mathrm{Refm}}}{L_0(T_2 - T_1)} + \alpha_{\mathrm{Ref}} \tag{4.2}$$

により平均線膨張率(α_{sp}：単位[℃$^{-1}$])を算出する．

②熱伝導率試験
プラスチックの断熱性の評価に熱伝導率(λ：単位[W/(m・K)])を用いる．各種テスト法の中で平板比較法(JIS A1412)を代表例として示す．試料の寸法は 200 mm 角，厚さ 10～25 mm とする．標準板には PC 板，PTFE 板などが使われる．測定には低熱源板，標準板，試験片，高熱源板の順に水平に重ねて加熱し，定常状態における試料および標準板温度($\theta_1 \sim \theta_3$)を計測する．ここに θ_1 は標準板の低温側の温度，θ_2 は標準板と試験片の接点の温度，θ_3 は試験片の高温側の温度を表す．標準板の熱伝導率 λ_0，標準板の厚さ l_0[mm]，試験片の厚さ l[mm]と実測した温度とを用いて，式(4.3)

$$\lambda = \lambda_0 \cdot \frac{l}{l_0} \cdot \frac{\theta_2 - \theta_1}{\theta_3 - \theta_2} \tag{4.3}$$

で試験片の熱伝導率λを算出する．

(4) 耐 熱 性
①連続使用温度試験
　電気部品の使用部位に応じて長時間の耐熱性を調べる測定法である．四つの温度水準のオーブン中で長時間放置した後，各水準で試験体および比較物（連続使用温度既知の物質を使う）の物性が50％劣化した時間を求める．それぞれの時間と温度とをプロットして，その直線から試料の連続使用温度を求める（UL 746B）．試験すべき物性は，材料を使用する場所ごとに UL 746C に規定されている．

②脆化温度試験
　軟質のプラスチックが低温でその衝撃特性を失う温度を求める試験法である．試験片が全数破壊する最高温度（T_h）から全く破壊しない最低の温度との間 ΔT を 2℃（または 5℃，10℃）きざみで温度を変化させ各温度での破壊する個数を記録する．それぞれの温度での破壊数の百分率を算出し，その総和を S で表す．ΔT と S を用いて，式(4.4)

$$T_b = T_h + \Delta T \left(\frac{S}{100} - \frac{1}{2} \right) \tag{4.4}$$

により脆化温度（T_b：試験片の50％が破壊する温度）を算出する．

(5) 難 燃 性
　プラスチックは，その用途によって要求される難燃性のレベルが様々に定められている．ここには材料の本質に近い酸素指数法と電気用途で広く採用されている UL 94 の二つの試験法について記す．他に建築用材料，自動車用材料，船舶用材料，発泡材料などにも難燃性レベルや火災に際しての発煙性などについて別々に規格がある．

①酸素指数試験法

図 **4.9** に示す試験装置を用いる(JIS K7201)．試験片を試料ホルダーに垂直に取り付け，酸素と窒素の混合ガスを流しながら試験片の上端に点火する．着火後，点火器の炎を取り去り，直ちに燃焼時間と燃焼長さの測定を開始する．酸素濃度を変化させて何回か試験を行い，燃焼時間が 3 min 以上か，燃焼長さが 50 mm 以上に達するのに必要な酸素濃度を決定する．式(4.5)

$$OI = \frac{[O_2]}{[O_2]+[N_2]} \times 100 \tag{4.5}$$

により酸素指数(OI)を求める．

② UL 94 試験法

水平燃焼(HB)性試験と，垂直燃焼(VB)性試験とが含まれる．難燃性材料の評価には，後者のうち 94 V 法が適用される．94 V 法の試験は，まず 5×1/2×1/2 in 以下の試験片を垂直に立てる．滴下燃焼性粒による発火の判定のため(綿に着火を起こす火の玉が落下すると V-2 と判定する)に，外科用綿を真下

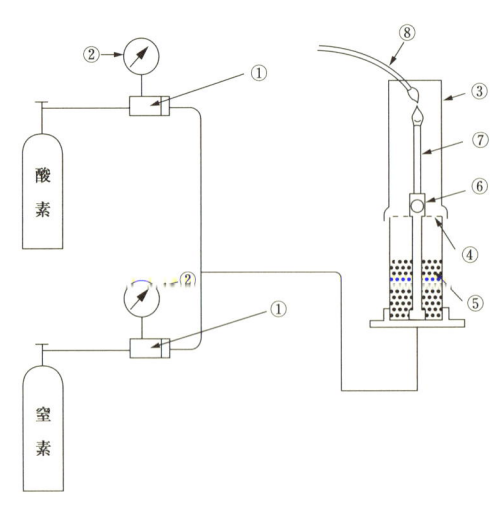

図 4.9 酸素指数試験装置
①圧力調整バルブ，②圧力計，③ガラス管，④金網，⑤ガラスビーズ，
⑥試料ホルダー，⑦試験片，⑧点火器

に離して置く．試験片下端に 10 sec 間着火後，有炎燃焼時間を測定する．燃焼が終わった直後にまた 10 sec 間炎をあてて取り去り，2回目の有炎および無炎燃焼時間を測定する．これらの結果(すなわち燃焼時間と綿への着火の有無)から，**表 4.3** の要求水準に照らして認定を行う．

表 4.3　UL94 試験における判定基準

要求項目＼判定	94V-0	94V-1	94V-2
炎を取り去った後の有炎燃焼時間	10 sec 以内	30 sec 以内	30 sec 以内
燃焼距離	クランプまで有炎または無炎で燃焼しないこと	同左	同左
外科用綿への燃焼粒の滴下	綿が発火しないこと	同左	滴下により綿が発火する
第2回目の炎を取り去った後の無炎燃焼時間	30 sec 以内	60 sec 以内	60 sec 以内

4.4　電気的性質

プラスチックは特有の電気絶縁性から電気用途に多く使われる．電気的性質は温度や湿度の影響を受けやすいので，測定操作は試験法に従って入念に行う．

(1)　絶縁抵抗試験

プラスチック内部の示す絶縁抵抗性を体積抵抗率と呼び，プラスチック表面の電気抵抗性を表面抵抗率と表す．二つの測定における電極の配置と結線とを **図 4.10**(a)，(b)に示す．

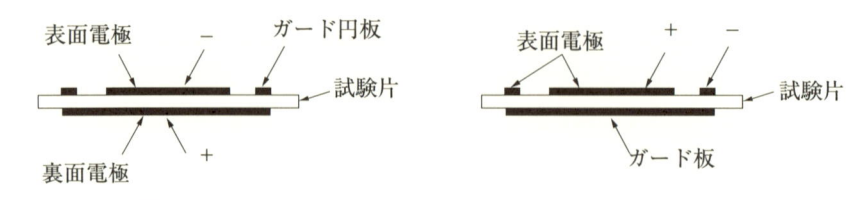

図4.10 電気抵抗測定における体積抵抗(a)と表面抵抗(b)の結線

① **体積抵抗率**

体積抵抗率(ρ_v：単位[Ω・cm])は，一定の直流電圧(通常 500 V)を印加し，1分後の体積抵抗(R_v：単位[Ω])を測定する．図4.10(a)中の表面電極の内円の外形[cm]を d，試験片の厚み[cm]を t として，式(4.6)

$$\rho_v = \frac{\pi d^2}{4t} \times R_v \tag{4.6}$$

により算出する．

② **表面抵抗率**

表面抵抗率(ρ_s：単位[Ω])は，一定の直流電圧(通常は 500 V)を印加し，1分後の表面抵抗(R_s：単位[Ω])を測定する．図4.10(b)中の表面電極の内円の外径[cm]を d，表面の環状電極の内径[cm]を D として，式(4.7)

$$\rho_s = \frac{\pi(D+d)}{D-d} \times R_s \tag{4.7}$$

により算出する．

(2) 絶縁破壊試験

所定の方法で試験片に電圧を印加していき，絶縁破壊を起こす電圧を測定する．材料の使用目的によって，直流，交流，高周波，衝撃波などの電源を選択して用い，絶縁破壊強さは，試験片が絶縁破壊したときの電圧を試験片の破壊点近くの厚さで除した値[kV/mm]で表す．この値は，試験片の厚さ周囲の媒

体の種類，電極の形状，寸法，電圧上昇速度などに大きく左右される．条件の設定は，成形品を実際に用いる条件に合わせて，提供者と使用者の当事者の間で決める．例えば，厚さ 0.1 mm と 1 mm の試料の絶縁破壊強さの比較では，前者は後者の約 3 倍の値を示す．

(3) 誘電率

交流電圧を印加した場合の絶縁材料の単位体積に蓄えられる静電エネルギーの大きさを表す量を誘電率（ε'）という．一般の絶縁材料として使用する場合には誘電率は小さいことが望まれ，コンデンサー用途での誘電体では大きいことが望まれる．一般の高分子材料では ε' は 2〜10 程度である．この測定方法には種々な方式が提案されているが，JIS K6911 に示される共振法を利用した方法が簡便でよい．

(4) 放電劣化特性

耐アーク性試験は試験片（平板）の上部に定められた間隔でタングステン電極を配置して，高電圧，微小電流(12,500 V，10〜40 mA)を飛ばす．その配置図の概略を**図 4.11** に示す．時間の経過と共に試料の表面が炭化して，絶縁性がなくなるまでの時間を測定する．耐アーク性の単位は sec で表す．通電する条件は，1 分経過ごとに過酷にしていくように決められており，試験結果を判定するときにはこれを充分に考慮しなければならない．

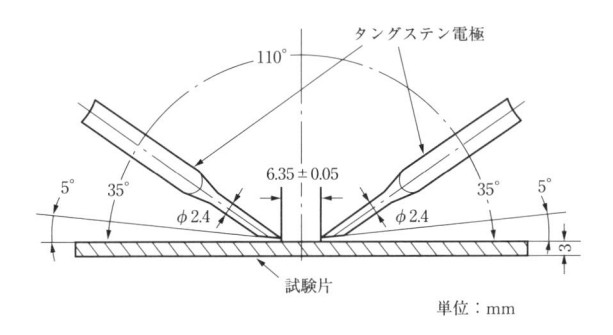

図 4.11 耐アーク性の試験片と電極配置

プラスチックを電気絶縁材料として長時間使用すると，表面にイオン性塵埃，金属粉などが堆積し表面抵抗率が低下する．これによる表面の漏れ電流で形成される炭化劣化による導電路軌跡をトラッキングと呼ぶ．すなわち，耐トラッキング性試験は，絶縁物の表面に塵や電解質などの汚染物質が付着した状態での耐アーク劣化を測定する試験で JIS C3005 法がある．

4.5 成 形 性

プラスチックの実用にとって重要な成形加工工程を決めるために，高分子材料の成形性を調べる試験が必要になる．以下のいずれかの方法でポリマーが溶融している状態での流動性を評価する．

(1) メルトフローレート(MFR)試験

熱可塑性プラスチックの流動特性を測定するものであり，品質管理にも重宝な方法として採用されている．しかし，この試験は静的な流れを測定しているものなので，比較としては使えるが必ずしも実成形とは一致しない．シリンダ(内径 9.55 mm，長さ 160 mm)の下に内径 2.095 mm，長さ 8 mm のダイをつなげる．シリンダの中に試験材料を入れ，ピストンで上から蓋をする．規定の温度で 6 min 加熱して溶融した後，ピストンの上に規定の重さのおもりを載せるとダイの先から試験材料が溶融して流出する．規定の時間，流出させて切り取った材料の重量を測定する．10 min 当たりのグラム数に換算して MFR とする．MFR 値は，流れやすいほど大きくなる．上記の規定温度，規定荷重，規定時間は，JIS K7210 で定められている．

(2) キャピラリーレオメーター試験

溶融樹脂の粘度はせん断速度に強く依存するので，金型内などの流動性を解析するには一定のせん断速度下での見掛け粘度のデータが必要になる．図 4.12 は，押出荷重(F)と溶融張力が上下のロードセルで測定されるキャピラリーレオメーターの原理図である．バレル内で加熱溶融されたポリマーは，定速で

下降するピストンに押されてキャピラリーから流出する．ここで得られる値から溶融状態での粘度，弾性，張力などが算出できる．一例として，溶融時の見掛け粘度（η_a：単位[Pa/s]）を求める方法を示す．計算には，F：ピストンにかかる力[N]，r：キャピラリーの半径[m]，R：バレルの半径[m]，l：キャピラリーの長さ[m]，V：押出容積[m³]，t：押出時間[sec]の値を使い，式(4.8)

$$\eta_a = \frac{F \cdot r^4 \cdot t}{8 \cdot R^2 \cdot l \cdot V} \tag{4.8}$$

を用いて数値を得る．

　図4.12に示したダイスウェルとは，圧力を開放された溶融ポリマーが不規則に円周方向に膨張する現象である．溶融紡糸による繊維形成などで重要になる特性で，キャピラリーレオメーターでも基礎的な評価ができる．

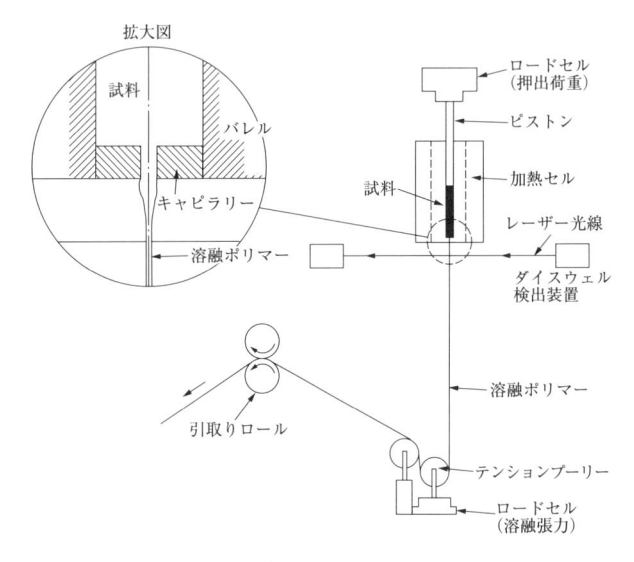

図4.12 キャピラリーレオメーターの原理

(3) スパイラルフロー

　これは熱可塑性樹脂の金型内での流動性の難易を，実用成形に近い条件で試

験するものである．射出成形やトランスファー成形などに実際に取り付けた渦巻状の金型中に成形を行う．条件を変えて成形金型の中を流れるポリマーの流動長を読み取って判定を行う．

4.6 特殊試験

プラスチックには用途に応じた様々な特殊試験を必要とする．

(1) 化学的性質

化学的に受ける変質についての試験が水と薬品に分けて実施される．

①吸水率

プラスチック自体が吸収した水分を測定する試験法で，目的に応じて温度および時間を規定して行う(JIS K7209)．水に溶出する物質を考慮しない A 法と考慮する B 法とがある．高分子材料は，すべてが疎水性という訳ではなく，親水性のものも多い．また材料評価であるので数々の添加剤を含むケースがある．その中には水に溶出する物質を含んでいる場合がある．予備実験などをとおして，A 法を選んでよいか B 法にしなければならないかを決める．表 4.4 に示す M_2[mg] は吸水処理後の質量を，M_1[mg] は試験前の質量を，M_3[mg] は吸水処理後に一定条件で乾燥処理した絶乾質量を，S は試験片の元の総面積

表 4.4　吸水率および沸騰吸水率の計算方法

結果の表示方法＼試験方法	A 法	B 法
(1) 試験片の元の質量と吸水前後の質量増加分の比から求める場合	$\dfrac{M_2-M_1}{M_1}\times 100$ [%]	$\dfrac{M_2-M_3}{M_1}\times 100$ [%]
(2) 試験片の総面積当たりの質量増加分から求める場合	$\dfrac{M_2-M_1}{S}$ [mg/cm^2]	$\dfrac{M_2-M_3}{S}$ [mg/cm^2]
(3) 規定の試験片に対する質量増加分で表す場合	M_2-M_1 [mg]	M_2-M_3 [mg]

[cm^2]を表す．吸水率は表4.4の式に従って算出する．試験片の状態調節は，50±2℃，24±1時間で行う．発泡製品以外のすべてのプラスチックに適用できる．

②耐薬品性

プラスチックの化学薬品に対する抵抗性の試験方法で，静的浸漬試験(JIS K7114)と，負荷浸漬試験(環境応力亀裂試験)(JIS K7107，K7108)とがある．代表的な試験液は規格に定められている．これらは，一般的な耐酸性，耐アルカリ性，耐アルコール性などについての性質の表示にはよいが，実用途に合わせての評価は，他の試験でも採用されているように，当事者間で条件を定める方がよい場合が多い．

③静的浸漬試験による耐薬品性

状態調節後の試験片を密閉容器内の試験液に完全に浸漬させた状態で23±2℃，7日間静置後に評価する．質量の変化，寸法の変化，および光沢損失，変色，亀裂などの外観変化を測定し，物性保持性の耐薬品性として評価する．

④環境応力亀裂試験

定引張変形下，定引張荷重下，定曲げ変形下などの条件で行われる耐薬品性試験である．条件，評価方法共に実用途との関連で決められる．この試験は，徐々に変化していく材料の老化試験(いわゆる寿命試験)とは異なり，突然に破壊が起こる条件を予知するものであり，実用上の価値が極めて大きい．

(2) 光学的性質

透明性や外観を重視するプラスチックの実用特性の評価として大切なのが光学特性であり，JISでは12の項目に分けられている．ここでは具体的な試験方法の例を四つ取り上げる．

①屈折率

測定には，プリズム部分の保温ができる屈折計を用いる．プラスチックより高い屈折率を持つ液体を接触液として用いて測定し，小数点以下3桁まで表示する(JIS K7142)．

② 光沢度

プラスチック表面の反射率分布に起因して，入射光束より低下する反射光束の比率で表される鏡面光沢度を用いる．プラスチック光沢度として JIS が採用しているのは，屈折率 1.567 のガラス表面を基準面とし，これに対する比（％）で示す光沢度である．標準は入射光角度 60° を用い，表示は「$Gs(60°)=76\%$」などと整数で示す．

③ 光線透過率および全光線反射率

プラスチックが透明であるか否かは，その表面に入射した光が透過するか，反射するかによる．したがってここに示すものは透明性の尺度となるものである．JIS には，積分球式測定装置（**図 4.13**）を用いる方法が規定されている（JIS K7361-1）．測定はまず規格に従って，設備に添付されている標準白色板を取り付ける．実験のための入射光量を調整した後に，試験片の光線透過量（全光線反射率は別の試験法で測定する）を実測し，計算により全光線透過率を算出する．

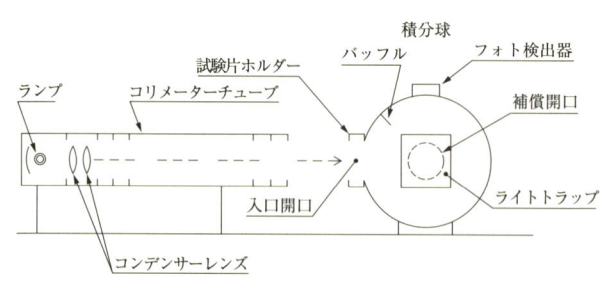

図 4.13 積分球式光線透過率測定装置（JIS K7361-1）

II

応用編

5 高分子材料総論

5.1 高分子材料の位置付け―用途と特性

　合成高分子はその使われる形態から，プラスチック，ゴム，繊維，接着剤，その他に分類される．基本となる高分子鎖は同一であっても，分子量，分子量分布，共重合の有無，添加剤の種類と量などを変え，材料としての用途に合わせている．それぞれに作られた組成物（プラスチック分野で混合物に使われる特有の呼称）は，成形加工を経て用途に適した材料になる．本章では高分子（ポリマー）が材料となるルートを用途と特性から考える．各用途の解説をする前にまず二つの例を挙げる．

　スチレン・ブタジエン共重合体は，広い範囲で実用されている合成高分子として知られている．両成分がランダムに含まれるSBランダム共重合体では，汎用ゴムの用途が広い．両成分がブロック状に結合したSBブロック共重合体は，軟質のエラストマーから硬質で衝撃特性に優れるプラスチックまでが結合様式を変えることで得られる．SBブロック共重合体のポリブタジエン成分の二重結合を水素で還元して得られる，水添SBブロック共重合体の用途はさらに広い．エラストマーやプラスチックとしての用途の他に各種の高分子材料に混合して，特性を付与する改質剤や接着剤としても応用される．

　ポリエチレンテレフタレート（PET）は，今では汎用エンプラとしても知られているが，一軸に延伸しての結晶化，強度の安定性などから合成繊維としての用途開発が早かった．この特性は二軸延伸による産業用フィルム分野でも活かされ記録媒体に占める位置付けが不動になっている．PETボトルは独特の射出ブロー成形法の開発に乗って高強度の容器になっている．多くの内容物に

対応する技術開発で，その市場は急拡大して世界中で安全な飲料供給に役立っている．エンプラ用途では，ガラス繊維などで補強した材料の高い剛性が評価されて，射出成形材料として産業用などに重用されている．

(1) プラスチック

①まず天然品の代用品としてスタートした．石油化学と結びついて量的に発展し，プラスチックの独自性，優位性が認められる固有の用途を広げるようになった．

②現在プラスチックが使われているほとんどの分野で，他の材料を使うことと比較すると，エネルギー消費が大幅に節約されている．家電やコンピュータなどの産業自体が，プラスチックがなければ生まれなかった可能性も大きい．電話線や光ファイバーの被覆材，水道管やガス管など，生活のすべてにわたる用途でも，他の材料によっては全く置換できない．これらは生産から消費，廃棄に至るまでのすべてを含めると，プラスチックを利用することによって最大の省資源を実現しているからに他ならない．

③プラスチック材料相互間でも，より省エネルギーの方向に使用材料が移動している．このことで，さらに同じレベルの利便性付与に対するエネルギー節約が進む．新規な用途でプラスチック化をする場合には，エンプラ(7章参照)を使うことから始める場合が多い．その後で強度，耐久性，安全性などを見極めながら，プラスチック間でエネルギー負荷の小さい材料(一般には四大プラスチック(6章参照))への移動が起こるのである．

④高分子材料と無機材料との複合化が，大きく用途を広げる技術になっている．加工しやすく柔軟性に富むプラスチックから，高性能材料にアプローチする硬さと剛性を備えたプラスチックの展開がこれである．無機材料の添加は，合成高分子の初期の熱硬化性樹脂材料の時代から始まり，FRPと呼ばれて発展した．この技術を発展的に熱可塑性樹脂に応用した複合材料が，FRTP(繊維補強熱可塑性プラスチック)である．これらの材料は，狭義のポリマーコンポジットと定義されている．

⑤プラスチックを単独で利用していく時代から，これらを組み合わせて特徴

を出す方向に大きく変化している．高度な特性の付与や，硬くて脆い材料に靭性を与えることなど，ポリマーとポリマーを組み合わせる複合化がポリマーアロイ，ポリマーブレンドとして進んだ．こうして高分子 ABC（アロイ，ブレンド，コンポジットの頭文字から命名された．10 章で詳しく述べる）材料は，すでに 21 世紀のプラスチック技術開発の主流になった．

⑥機能性プラスチックは，解析と特性評価の両輪が大きく寄与して進歩してきた（8 章参照）．例えば，ナノ構造ポリマーとして，はっきり区別できるほどに解析技術が進歩している．従来からブロック共重合体や高分子とフィラーとより成る複合系などのケースで推定によって論じられていた，分散形状の大きさを直接観察できるようになった．プラスチック ABC 材料の微細構造の内サブミクロン以下（100 nm より小さい）に分散することにより μm 以上の大きな構造の分散複合系と異なる特性が現れる．この特性を具体的に狙っての開発が始まっている．成形品の内部構造を分子・原子の大きさ（0.1～1 nm）までコントロールする時代の幕が上がっている．ナノの世界では有機と無機とのハイブリッド化も容易となり，ABC と呼び分ける材料間の差異が少なくなる．すなわち，アロイ（A）か，ブレンド（B）か，コンポジット（C）かを区別して論じなくてもよくなった．

⑦自己修復性という，自然界で自在に行われている高分子の挙動に学ぶ技術の開発の芽も出始めている．未だ基礎的な知見が得られている段階ではあるが，長時間の使用で水和分解したポリマー主鎖を，成形品内部での酸化反応で再結合すると，特性を回復できることも認められている．

(2) 繊　　　維

①天然繊維をそのまま利用していくことは，人類の歴史と共にあった．セルロースを主体とする植物繊維としては，綿，麻を初め，身の周りに材料が広く使われている．蛋白質を主体とする動物繊維は，羊毛やカシミヤに代表される獣毛繊維と蚕の繭から取り出す絹が利用されている．天然繊維は歴史的な技術の積み上げがあり，比較的簡単な工程で紡績することができる．分子量が大きいこと，複雑な高次構造を持っていることで，吸湿性，染色性，風合など衣料

用として優れた特性を持っている.

②再生繊維は，天然に存在する高分子物質を，化学反応を伴う処理を含んで適当な溶媒に溶解して紡糸することで得られる繊維の呼称である．工業的に実用化して生産されている再生繊維は再生セルロースだけといってよい．再生セルロースの製法には，(a)アルカリセルロースを二硫化炭素と反応させたビスコースを紡糸する方法と，(b)銅アンモニウム溶液にセルロースを溶解させて紡糸再生する方法の2種類がある．フィラメント状(すなわち長繊維状)に得られる再生繊維は，そのままで利用できる．ステープル状(すなわち短繊維で得られるもの)は紡績して使われる．

銅アンモニア法の再生セルロース繊維は，中空糸ろ過膜を得て人工腎臓などとして利用されている．この中空糸というのは，紡糸して繊維を得る際に繊維の内部に連続した(繊維方向の)空間を形成すると同時に，空間を取り巻くフィルム状のポリマーにろ過するための孔を開ける技術で得られる．中空糸の中を流れる流体を膜面にある孔を使ってろ過するのが，中空糸ろ過膜の原理である．人工腎臓では，中空糸の中を汚れた血液が流れ，血中の不純物分を膜の孔を経由して除去分離する．この中空糸製造技術は，さらに合成高分子からの糸製造プロセスの紡糸にも応用されている．人工腎臓への応用だけでなく工業的に大規模な水処理技術などにも広範に活用できている．

③合成繊維は，1935年のカローザスによるナイロン繊維の発明(デュポン社)によって始まった．合成高分子からの紡糸技術が数多く試みられて，多数の材料の繊維化が行われた．後に実用的に使われる工業技術が確立されたポリエステル繊維(PET)と，アクリル系合成繊維(PAN繊維)を合わせて，二大合成繊維(合繊)と呼ばれている．

④炭素繊維はいくつもの製造方法が提案されて実用化も進んでいるが，その中でも，PAN繊維からの炭素繊維は突出して重要な技術である．PAN繊維を原料として，空気中200〜400℃で架橋化し，不活性雰囲気中800〜1500℃での加熱処理で炭素繊維とする．さらに2000℃以上での高温処理で，炭素分99.9%以上の黒鉛繊維とすることで高強度，高弾性率を有する炭素繊維が得られる．

⑤合成高分子を紡糸してから,その糸を織るという工程を経ないで直接織物を得るのが不織布と呼ばれる技術である.これは用途によっては安価に得られるので,合成繊維が次の発展に進む一つの原動力となると考えられる.不織布化の技術には紡糸された糸を相互に機械的な処理,接着剤による接合,あるいは熱融着力などで繊維を接合させる方法などがある.不織布の主な用途にはワイパー,衣料芯地,カーペット基布,フィルターなどがあり,工業的な用途への拡大が進んでいる.ポリプロピレン製不織布では,おむつ,おむつカバーが主力用途となっている.

(3) ゴ ム

ゴムの定義は,室温付近で次の3条件を満たすものである.①元の長さの3倍まで伸ばしても破断しない,②1分間元の長さの2倍に伸ばして放すと10分以内に元の長さの1.5倍まで戻る,③0〜100%伸びの間で30 MPa未満の力が働く.

高分子材料としての構成は,非結晶質でガラス転移温度が室温より低い高分子より成るのがゴムである.

①天然ゴム

原料は東南アジアを中心に大規模に栽培されているゴムの木から得られ,20〜45%のラテックス状水分散液である.主成分は,化学構造がシス-1,4-ポリイソプレンである高分子より成る.高分子鎖の物理構造としての立体規則性が良いので,適度な結晶性をも備えている.天然ゴムは,加硫(ゴムは硫黄を用いて化学的に架橋反応を起こして三次元構造となる.この反応に由来してゴムの架橋反応は一般的に加硫という名称を使う)した後に物性に優れ,各種の用途で合成ゴムや合成樹脂用のブレンド剤として必須成分となる.特に強度,弾性率が大きく,耐疲労性が高いので高級タイヤでは主成分となる.自動車用のタイヤでは,天然ゴムはブレンド成分として欠かせない構成要素である.

②合成ゴム

化学的に合成されたゴム状弾性を示す高分子であり,主にポリブタジエンとその共重合体から成っている.合成ゴムの一つの分類法として,タイヤ用途向

けの汎用ゴムと特別な性能の特殊ゴムに分けられる．もう一つの分類法は架橋するための技術による分け方で，主鎖に二重結合を持っていて硫黄で架橋できるジエン系ゴムと，二重結合を持たずに架橋剤を用いて架橋する非ジエン系ゴムとに分ける分類である．

汎用ゴムの代表例には，ブタジエンゴム(BR)，スチレン-ブタジエン共重合ゴム(SBR)，イソプレンゴム(IR)，ブチルゴム(IIR)，エチレン-プロピレンゴム(EPM，EPDM)がある．特殊ゴムの例にはアクリロニトリル-ブタジエン共重合ゴム(NBR)，クロロプレンゴム(CR)，シリコーンゴム(PMQ)，フッ素ゴム(FKM)などがある．

③熱可塑性エラストマー(TPE)

高温での成形加工領域では，可塑化されてプラスチック加工機で成形できるうえ，常温では加硫ゴムの性質を示す高分子材料を TPE(thermoplastic elastomer)と称する．TPE は，1本の高分子鎖中にエントロピー弾性を有するゴム成分と，塑性変形を防止する硬い構成成分とを共に持っている．TPE の例には，PS-PB-PS ブロック共重合体，ポリスチレン系，ポリオレフィン系，ポリエステル系，ポリウレタン系，ポリアミド系など多様なものがある．

④耐油性ゴム

油との接触使用に耐えるゴムの総称である．代表的な耐油ゴムはアクリロニトリル-ブタジエン共重合ゴム(NBR)であるが，他にもアクリルゴム，エピクロルヒドリンゴム，クロロプレンゴム，フッ素ゴム，クロロスルホン化ポリエチレンなどの例がある．

(4) 接 着 剤

高分子化合物特有の性質である，高い粘性と各種の物質への接着性とを利用することで，2種類の固体表面の間に高分子化合物を介在させて接合させるのが接着剤である．人類の歴史の中で，永い間使われてきた接着剤は，天然高分子の水懸濁状態の液，または乳化液という生命由来のものであった．合成高分子もそれぞれの特性に合わせ，用途に合わせてエマルション状態などを形成し広く使われるようになっている．

(5) 塗　　料

物体の表面に塗ることで，連続した塗膜を形成する高分子材料を塗料という．塗料材料には，実際に成形品として使用する場合の要求に合わせて，硬さ，美しさ，耐水性，耐油性，耐候性など，数多くの特性，機能が求められる．こうした高度化していく要求を満たすべく表面加工する塗料は，ますますその用途を拡大し続けている．塗装後に物性を示す高分子材料の特性の重視は，当然のことながら，塗料として使われる際の溶媒の変換も進んでいる．有機溶媒による環境汚染の問題から，水系溶媒塗料への要求が大きくなっている．塗料媒体の地球環境への対応を重視していくのが今後の課題である．

(6) 天然物を手本とする高分子材料への挑戦

生命の生み出す材料の構造解析から，ようやく基礎研究が始まったのが，天然物を手本とする高分子材料への挑戦である．天然物の示す性質から，次の二つの方向が将来の高分子材料に結びつくと考える．

①自己組織化による構造形成と高い機能の発現

弱い相互作用としての水素結合やファンデアワールス力を媒介として，低分子化合物の自己会合で高分子量化と機能発現構造を形成する．

②自己修復性による構造の長期保持特性の付与

ごく少ない主鎖切断の反応だけで，高分子鎖は強度の弱いオリゴマー(低分子物)へと変換される．成形された製品の中で逆反応を起こして補修しようとするのが自己修復性である．

5.2　重合反応プロセス

高分子合成反応は，連鎖重合と逐次重合とに分けられる．これらは工業的プロセスとしては明らかに別々に考察しなければならない．その理由は，前者は重合の進行中はポリマーとモノマーとが共存するものであり，後者は系全体が二量体化，三量体化というように反応がステップを踏みながら進行するものだからである．

実用化されているプラスチックは，本項で解説する7種類のプロセスから1種または2種以上が選択利用されている．各々の重合プロセスの特徴を，長短を含めて考察する．各プラスチックごとに，主に使われているプロセスを考察するのは重要なことである．

表 5.1 実用プラスチックが用いる重合プロセス

プラスチック種	塊状重合法	溶液重合法	溶媒懸濁重合法	水懸濁重合法	乳化重合法	重縮合法	in situ 重合法
PE　　　高圧法	◎						
中圧法			◎				
低圧法	◎	○	○				
メタロセン触媒法	○	○	○				
PP　ホモポリマー	◎		○				
ブロックPP	◎	○	○				
EPDM(R)		◎	○				
メタロセン触媒法	○						
PS	◎	○		◎	○		
ABS	○			○	◎		
PVC		○		◎	○		
PMMA	◎	○		◎	○		◎
POM			◎				
開環重合 PA6				○			○
PA	○					○	
PET, PBT	○	○				○	
PC	○	○				○	
PPE		○				○	

(伊澤槇一：プラスチック材料活用事典，p.708，産業調査会(2001))

ここではプロセス構成はブロックフローシートで示す．実用化されているポリマー合成方法に選択されているプロセスを表5.1にまとめて示す．表中の◎印は，特に利用度が高いプロセスを示している．これらの選択と工業としての発展には，数知れない試行錯誤の繰り返しがあり現在でもそうした検討が毎日のように行われている．

(1) 塊状重合法（バルク重合またはマス重合）

モノマーからポリマーへの変換工程(すなわち重合反応工程)を，媒体を使わずに行うもので，プロセスは極めてシンプルである．この方式は究極の重合プロセスとして常に目標とされる．代表的な例はポリスチレンの製造である．スチレンは，熱ラジカルにより重合するので塊状重合に適する．プロセス的には，重合熱を除去しながらの反応が暴走しないように制御しつつ，反応末期における重合系の高粘性物質の取り扱いも可能にしなければならない．

高圧法・低密度ポリエチレン(LDPE)や，低圧法・高密度ポリエチレン(HDPE)の重合プロセスにも応用例がある．最近では，重合触媒技術の進歩で重合終了後に触媒成分などをポリマーから除去するプロセスをなくする(広く無脱灰方式と呼ばれる)方式に到達している．この延長として，汎用で安価なポリプロピレン(PP)などの重合プロセスにも使われている．

(2) 溶液重合法

ポリマーの良溶媒中で重合させる．高重合体へのポリマー転換率が20%以上では，反応溶液の粘度が高くなって取り扱いが難しい．実験室規模では，低い転換率(1～20%程度)で重合を止めて解析するには重宝な重合方法である．溶液重合法の原料供給からポリマー取り出しまでのプロセスフローの概要を示すと，図5.1のようになる．エチレン-プロピレン共重合体を得るプロセスとして知られる．

(3) 溶媒懸濁重合法

モノマーは溶解するがポリマーを溶解しない溶媒を用いる重合法である．ポ

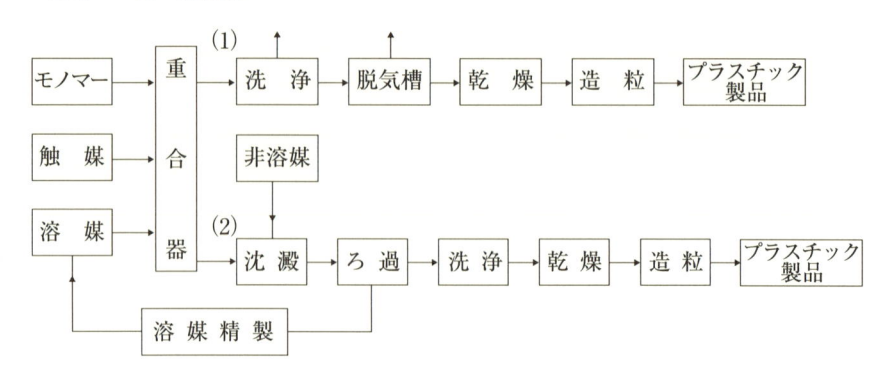

図 5.1 溶液重合プロセスの概略を示すフローシート(伊澤槇一:プラスチック材料活用事典,p.704,産業調査会(2001))

リマー製造技術の初期段階で選択されることが多いプロセスである.工業的にも数多くのポリマーの生産に利用されている.プロセスの概要をブロックフローシートの形で**図 5.2** に示す.このプロセスは,溶媒の存在下に重合を行うので重合熱を除去することが容易なうえ,ポリマーがスラリー状で得られ高粘性な溶液を取り扱わないですむ.チグラー触媒を用いる溶媒懸濁重合法による低圧法 PE の工業化プロセスが,1954 年にイタリアの Montecatini 社で確立された.

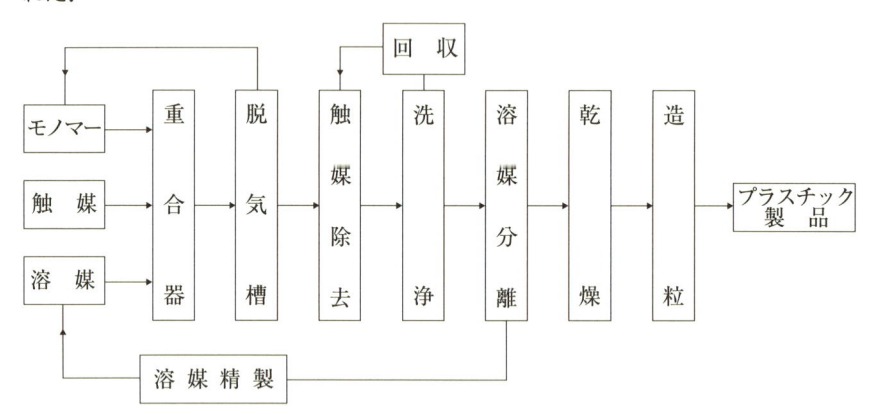

図 5.2 溶媒懸濁重合プロセスの概略フローシート(伊澤槇一:プラスチック材料活用事典,p.705,産業調査会(2001))

(4) 水懸濁重合法

水中にモノマーを加えて強くかき混ぜ，小さな粒子状に分散(懸濁)させる．この分散粒子の中で，ラジカル重合開始剤を働かせて重合するのが懸濁重合法である．用いるラジカル重合開始剤はモノマーに可溶で水に不溶なものを選び，加熱して重合反応を行う．水懸濁重合法のブロックフローシートを図 5.3 に示す．多量の水を存在させることにより重合熱の除去が容易である．生成するポリマーは小球状粒子として得られる．重合温度を高くすれば，重合速度は速くなり，生成するポリマーの平均分子量は小さくなる．逆に温度を低く保てば，速度は遅いが，分子量を大きくすることができる．

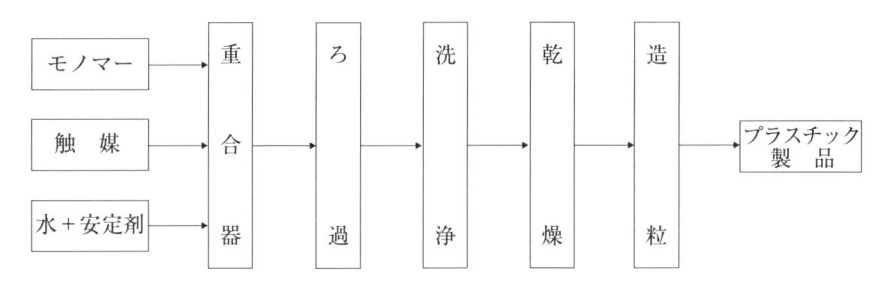

図 5.3 水懸濁重合プロセスの概略フローシート(伊澤槇一：プラスチック材料活用事典，p.706，産業調査会(2001))

(5) 乳化重合法

水を媒体とするラジカル重合法の一つで，乳化剤の水溶液が形成する微細分散粒子(水系の乳化液では，これをミセルと呼ぶ)内で重合反応が進む．ラジカル開始剤は水溶性のものを用い，重合開始反応は水中で起こる．ラジカルは水中でポリマーと反応して成長しながらミセル内に移行して，ポリマーへの成長反応を続ける．重合前に乳化剤が水中で生成するミセルの大きさは直径 5〜10 nm 程度であるが，重合の終期にはポリマーを含んで 80〜200 nm 程度までに大きくなる．この方法の特徴も，水が多量にあるので重合熱の除去が容易で，重合反応を速くできることである．乳化重合のプロセスフローシートを図 5.4 に示す．重合後のポリマーは乳化状態で得られるので，天然ラテックスに対比

して合成ラテックスと呼ばれる．このラテックス状態，すなわち重合後の乳化液から，高純度のポリマーを取り出すのに塩析，凝固，ろ過，水洗，乾燥などの工程を経ることになる．

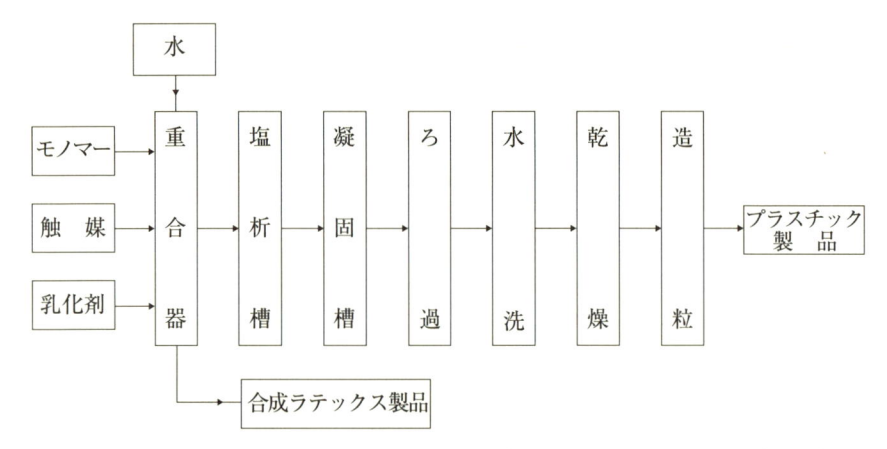

図 5.4 乳化重合プロセスのフローシート(伊澤槇一：プラスチック材料活用事典, p.706, 産業調査会(2001))

(6) 重縮合法

脱水，脱アルコールなど，縮合反応を繰り返してポリマーを得る反応が重縮合反応である．この反応では，重合の途中には分子量の急な上昇が認められず平均的に進み，最後に高分子量体となることがプロセスを特徴づける．ナイロン-66，ポリエステル(PBT，PET)，ポリカーボネート(PC)，ポリフェニレンエーテル(PPE)など，汎用エンプラ類の製法がこれに属する．生産量の少ない耐熱エンプラ，スーパーエンプラなども重縮合反応によっている．

この逐次反応による重合は，各回ごとにモノマーからポリマーに至る回分的な重合方式(バッチ重合方式)を取るのが好ましい場合が多い．

(7) in situ 重合法

用語としての in situ 重合法は，ようやく日本の学会や業界で受け入れられ

てきた．日本語に翻訳して「その場重合」と呼ぶ人もいるが，この表現法は定着していない．成形品を得るための型の中で原料プラスチックの成形加工までを取り込んで，一段で重合と加工を実現するのがこの呼称の方法である．初期の合成高分子はすべて熱硬化性樹脂であったので，その重合は製品の金型中で行われた．重合で発生する熱の除去のために1回の成形にかかる時間が長い．高度な物性(強さ，靭性，信頼性，耐久性など，ほとんどすべての物性が高い)を保持するためには，分子量は大きいほどよい．これを成形性と両立させるのに in situ 重合法が役に立つ．これまでに実現している in situ 重合の例を**表5.2**にまとめた．モノマーキャスト重合や先端複合材料などが，この重合法の範疇に入っている．

表5.2 合成高分子の in situ 重合例

---
① PMMA（Polymethyl methacrylate）のキャスト重合
② 熱硬化性樹脂による成形体
③ RIM（Reactive Injection Molding）
 (1) 封止剤としてフェノール系，エポキシ系を用いる
 (2) 構造剤としては不飽和ポリエステル系もある
④ RRIM（Reinforced RIM）：補強材を用いる RIM
⑤ 有機-無機複合材：結晶構造間での重合も含む
⑥ モレキュラーコンポジット：他種ポリマー存在下での重合
 2種以上のポリマーを分子レベルで分散させることが可能

(伊澤槙一：プラスチックス，**48**(9)，28(1997))

天然の生命が創り出す高分子構造体は，モノマーの状態で現場に配られ，重合(一次構造の形成)と同時に二次元，三次元の高次構造も形成している所に特徴がある．竹，木材，骨，貝殻等々，いずれもが in situ 重合の産物である．将来の合成高分子による構造形成法の手本となるであろう．

5.3 高分子の材料化プロセス

材料として実用に耐えるように仕上げる第一段のプロセスは，原料となる高

分子に対して，選択された多くの副資材成分を混合する工程である．目的に合致する特性を備える材料を安定に作り上げる装置と，プロセスの選択が工業化にとって重要である．

(1) 材料化プロセス

材料として形成するためには，以下に示すいくつかの段階がある．目的によっては，これらのすべてを必要としないものもある．こうした工程は直列につないだ装置を流しながら目的を達成することもあるし，単独の装置に連続的に原材料を供給して行うことができるものもある．

①予備混合

材料化に必要な成分を計量して混ぜる段階で，樹脂以外の材料の物性によって，固体/固体の系では粒子，粉体，ペレット，繊維などがある．固体状の高分子に液体を加える系もあり，熱硬化性樹脂では樹脂成分自体もオリゴマー領域であると液体状なので液体/液体の系もある．

②ホモジナイジング工程

成形加工にかける前にすべての原材料成分を均一な組成にすることである．材料化プロセス中での位置づけとして最も重要な工程であり，ポリマーを溶融させつつ混練する．押出機を用いる溶融混練方法が一般的であり，プロセッシング知識を最も高いレベルで要求される．

③カラーリング

これは文字どおり，用途に合わせて着色できるというプラスチック固有の特徴を発揮させる工程である．染料類，顔料類から目的とする色目を出すのに合致する必要なものを選択して均一に混合する．この工程はマスターバッチ化する方向にある．マスターバッチとは，成形に際して計量混合するときに使う高濃度(10～50倍程度)に着色したペレットのことである．

④溶融混練工程

材料化の最終工程では，通常溶融した樹脂の混練を行っていたが，カラーマスターバッチを含めての混練は，成形加工プロセスの中に移行してゆく傾向にある．熱硬化性樹脂では材料の性質上，この工程は採用しない．

⑤その他の材料化プロセス

高分子から材料への段階に狭義の複合化(補強する繊維材料と樹脂とをあらかじめ混ぜること)，ポリマーアロイ化，揮発分の除去処理，リアクティブプロセッシングなどがある．これらのプロセスは，より高度な材料へのアプローチに必要であると共に，成形加工工程の前半部に取り込まれていく方向でもある．

(2) 材料化プロセスに応じた混合機械
①予備混合装置

主要なものにタンブラーミキサー，リボン型ブレンダー，高速ミキサーがある．タンブラーミキサーは，容器自体が回転することで内容物を単純分配させる．リボン型ブレンダーは，らせん状のリボン型撹拌翼を回転させるバッチ式混合機で，粉体や液状物の添加に用いる．高速ミキサーの概略図は**図 5.5**に示すとおりで，周囲に加熱または冷却が可能なジャケットを有する円筒形の槽を持つ．その底部には高速で回転(500〜2000 rpm)する2枚の撹拌翼があり，短

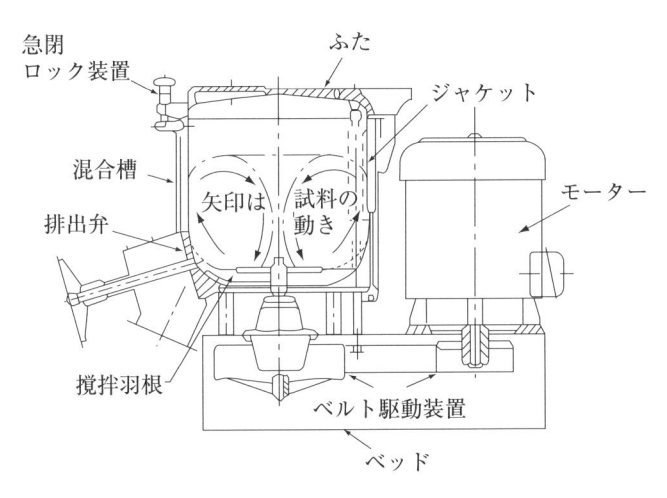

図 5.5 高速ミキサーの概略図(中村幸男：実用プラスチック成形加工事典，p.79，産業調査会(1997))

時間(数分以内)で均一に混合することができるのが特徴である.

②溶融(メルト)混練を中心とした機械

溶融混練機械には，図5.6に示すようにバッチ型と連続型とがある．ポリ塩化ビニルやゴムの混練に多用されているのは，上段に示したバッチ式のロールやニーダーである．樹脂混練では，連続フィード連続取り出し(ペレット化)を可能にする下段に示した押出機が中心であり，以下の③から⑤に説明を加える．メルト押出機による材料化が主流であるのは，ペレット化することに次に示すような利点が多いからである．

(a) 見掛けの比重が増す．
(b) 取り扱い，計量性，輸送性，貯蔵性などが増す．
(c) 成形加工工程での作業性が上がる．
(d) 樹脂や副資材に含まれる揮発分(水分，溶媒，モノマーなど)が除去できる．

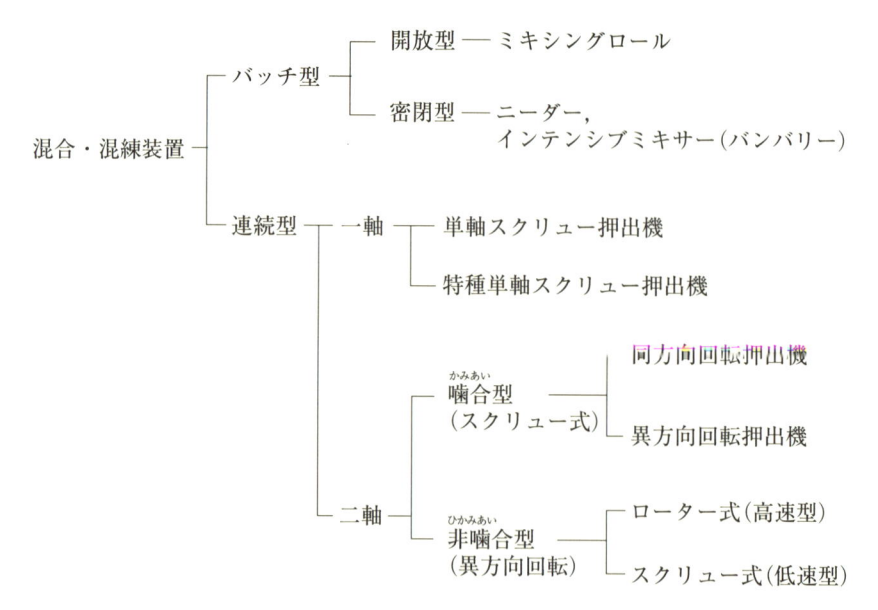

```
                ┌─ バッチ型 ─┬─ 開放型 ── ミキシングロール
                │            └─ 密閉型 ── ニーダー，
                │                          インテンシブミキサー(バンバリー)
混合・混練装置 ─┤
                │            ┌─ 一軸 ─┬─ 単軸スクリュー押出機
                │            │        └─ 特種単軸スクリュー押出機
                └─ 連続型 ─┤
                             │        ┌─ 噛合型     ┬─ 同方向回転押出機
                             │        │ (スクリュー式) └─ 異方向回転押出機
                             └─ 二軸 ─┤
                                      └─ 非噛合型    ┬─ ローター式(高速型)
                                        (異方向回転)  └─ スクリュー式(低速型)
```

図 5.6 溶融混練に用いられる機械(中村幸男：実用プラスチック成形加工事典, p.79, 産業調査会(1997))

(e) 含まれる異物(金属，ゲルなどの固形分)の除去が容易である．

③ **単軸スクリュー押出機**

最も古くから使用されてきた機械で，構造は単純であるが，スクリュー形状の工夫で混練性を上げており着色剤混合には適している．そうした中で，混練の度合いを上げるための各種のミキシングスクリューも導入されている．それでも高度なメルト混練を必要とするものは，特殊な押出機や二軸の押出機に移行している．

④ **二軸スクリュー押出機**

図 5.7 に概念図で示すように，2本のスクリューで成り立っていて，この間をポリマーが混ぜられ練られて前に進む．スクリューの噛合を持たせながら，2本の軸を同方向，または異方向に回転させる押出機である．二軸スクリュー押出機の特徴は，スクリューのセグメントが交換可能になっていて，混合・混練の程度に応じて最適な形状のスクリューディメンジョンを選択できることである．これは，実験規模の押出機での形状選択がスケールアップにも応用でき

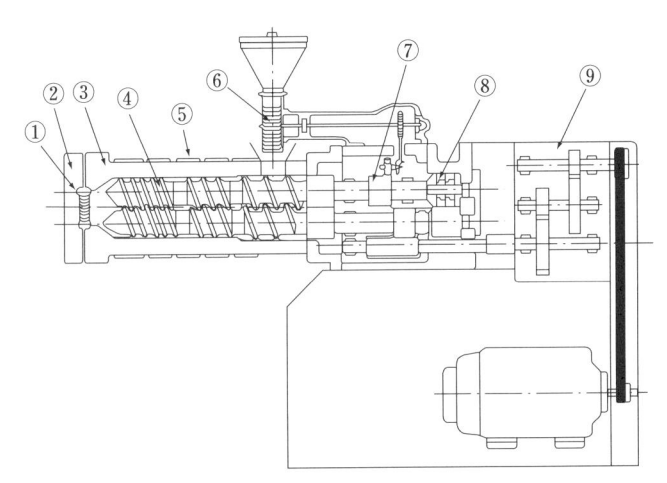

図 **5.7** 二軸スクリュー押出機の概念図(前田純，早川誠：プラスチック材料活用事典，p.81，産業調査会(2001))
① ブレーカープレート，② アダプター，③ シリンダーバレル，④ スクリュー，⑤ ヒーター，⑥ 計量，⑦ ギア，⑧ スラスト軸受，⑨ 減速機

ることで特徴を倍加させている．現在では，「同方向回転嚙合型二軸スクリュー押出機」が，工業的に実用される高性能な混練機の主流である．

⑤非嚙合型二軸スクリュー押出機

2本のスクリューを嚙み合わせず，平行に配置した異方向回転の二軸押出機である．合成ゴム，ポリオレフィン，ABSなどの汎用樹脂向けに使用されることが多い．

(3) 混合機械の選び方

混合するための機械の選択は最終製品の機能，性能を左右することになるので慎重に行われなければならない．混合と一言で表現しているが，高粘度の溶融ポリマーを一成分とする混合は大きく分けて二つある．一つはポリマー同士やポリマーとゴムなど高粘性流体の混合操作で，液体の流動が層流での混合となる．これを分配混合(distributive mixing)と呼ぶ．一方，ポリマーに充塡剤，着色剤などの添加物を加える場合は，凝集塊を潰したり，分散相の粒子を小さくするために，大きなせん断力を作用させることになる．この混合を分散混合(dispersive mixing)と呼ぶ．これらを区別することが機械選びでの出発点となる．その他の項目を含めてチェックすべきポイントを列記すれば，以下のとおりである．

①目的に応じた混合性すなわち分散性，あるいは分配性を有していること．
②原材料の供給機能を万全に備えていること．
③設備費用，ランニングコスト，耐久性など，生産性が充分に高いこと．
④運転操作性，機器の制御が目的に合致していること．
⑤保全，信頼とアフターケアが充分に備わっていること．
⑥信頼できるエンジニアを持っているメーカーから入手すること．

先進国，開発途上国共に，機械メーカーの間の競合が激しくなっているけれども，技術には大きな格差が存在している．選択する場合には，自ら技術を評価することが大切である．単に安価だけに目を向けてはいけない．長く使用できる設備投資としての考え方を重要視していく姿勢を持つことである．

(4) 材料化プロセスの将来展望

高分子材料は各種の複合化を伴いながら，急速に利用範囲を広げている．したがって，材料化するためのプロセスにも今後の大きな変化が期待される．プロセス技術によってすでに実現している方向をいくつか示すことにする．

①副資材のマスターバッチ化によるトータルコストの削減．

②無機系の充塡材(GF, マイカや炭カルなど)を成形機の中へプラスチックと同時に直接オンラインで供給する方法．これは混合と成形とを一台の成形機で実現する一体化であって，コンパウンドレス成形とも呼ばれる．

③二軸同方向回転押出機は，スクリューの選択，バレル長さの調節などが可能なうえに，高速回転，高生産性(スクリューの深溝化による)など技術が広がっている．高分子材料化プロセスに必須の加工機械として，独走しつつさらなる革新を採り入れていく気配である．

④これらの他に独自の混練理論やフィード，取り出しのメカニズムを備えた新しい機械の発明も発表され将来のプロセス化技術として期待される．

5.4 高分子材料の成形加工プロセス

プラスチックを形にするプロセスは熱硬化性樹脂から始まった．これは重合反応，架橋反応などのすべてを加工用の金型内で行う in situ 重合である．これはモノマーの重合反応も含むので当然加工時間は長くなる．一方，石油化学と結びついて発展した熱可塑性プラスチックは，加工プロセスとして金属の加工法を受け継いで発展した．「溶かす，流す，固める」という基本が共通項目になっている．この基本に加えて，プラスチックならではの工夫により数々の加工方法が生み出された．熱可塑性プラスチックの成形加工は第Ⅲ編にまとめて述べる．成形加工技術の概略は**表 5.3** に示した(それぞれの詳しい説明は 12 章を参照)．プラスチックの成形は材料を活かすという点では，現在は発展途上である．すなわち機械技術も，応用していく分野の広がりもこれから大きく発展していくであろう．

成形加工はかなり長い間，技能として職人的に受け継がれてきた．成形加工

表5.3 プラスチックの成形加工技術の概要

材料特性	加工特性	加工方法			対象材料	製品形状	参考事項
熱硬化性	溶融↓硬化成形	注型法			PMMA, シリコーン, エポキシ	任意	遠心注型法
		◎圧縮成形			フェノール, ユリア, メラミン, ポリウレタン	任意	BMC, SMC
		射出成形			ポリウレタン, フェノールなど	任意	BMC, SMC
		積層成形			ポリウレタン, フェノール, メラミン, エポキシ	板, 丸棒, パイプ	充填材とも
		トランスファー			フェノール, ポリウレタンなど	任意	
熱可塑性	溶融↓固化成形	ロール成形			PVC, PMMA	シート類	ブレンドなども可
		圧縮成形			全般	任意	テスト用, 別冷却
		◎射出成形	全般		全般	任意	一般成形品
			フロー		PP, PE, PET	びん, ドラム缶など	
			特殊		PS, PMMA, ABS, PE	厚物, 発泡製品	サンドイッチなど
		◎押出成形	一般		全般	板, 丸棒, パイプ	長尺
			延伸		PP, PE, PET		インフレーション
			フロー		PP, PE, PET	びん, 箱状物など	
			特殊		PVC, PE		異形押出し
	固相加工	焼成加工			PTFE, UHMWPE	任意	
		粉末加工			PEなど	大型容器, 網目構造	スラッシュ法
		真空加工			ABS, PVC, PP	箱, 容器, 看板など	
		圧空加工			ABS, AS, PVC	厚物容器	
		塑性加工	延伸		PET, PVC, PPなど	シート, フィルム	
			鋳造		PVC, PCなど	任意	
			絞り		PVC, PCなど	容器類	ローラー, 歯車
			押出		PE, POMなど	棒状など	
			曲げ		PVCなど	板, 丸棒	

(伊澤槇一:プラスチック材料活用事典, p.721, 産業調査会(2001))

を行う企業形態も，一台の成形機だけで生産する小企業から，百台以上の大企業までいろいろなレベルの成形加工業者が混在している．成形加工技術の解説書は散発しているが，こうした内容の蓄積が系統化された歴史は短い．

成形加工の専門家の学会は，世界では，1984年にPolymer Processing Society (PPS) としてスタートした．少し遅れて日本でも，1988年にプラスチック成形加工学会が誕生した．従来から外形上に発生するヒケ，ソリ，変形などの成形加工における不具合をいかに少なくして形状を安定させるかが，成形加工の第一歩の問題として存在していた．

今後はプラスチックの特性をより高く発揮させる成形加工に進んでいく．加工手段の中で材料化や複合化を行ったり，加工工程でのポリマー鎖の配向や結晶のコントロールも行える．高分子産業を支える事業形態も，技術の集積や向上を受けて変化が起きようとしている．長い歴史の間に，素材メーカーから組み立て産業までをつなぐ何段もの分業化が定着していた．最終製品の品質保証が最も大切なので，業態も集約する方向にあり，極端な場合には一段になろうとしている．すなわち，川下の組み立てメーカーが成形の内製化を進め，材料メーカーが原材料を混合したり着色する工程や成形加工工程も取り込もうとしている．こうした高分子産業の構造変化を示すのが表5.4であり，左側に旧来の分担していた業界とそれぞれの役割分担を示した．右側がこれから集約されていく方向を表している．

5.5 高分子製品の評価

合成高分子の製品は，衣食住医などに関わる生活用品に深く浸透している．機械，エラストマー，ITなど，システムを含む工業用品にも広く使われる．実用化に際して欠かせないのが成形品の評価である．第Ⅰ編「基礎編」に述べた高分子の解析，物性評価と実用性評価とを組み合わせて，製品の評価が完成する．

製品評価は，用途ごとにその使用される条件での寿命までを含めて項目とレベルとを定めなければならない．評価項目と品質レベルを決定し保証するの

表5.4 高分子産業の分業形態の変化

現状		未来の役割分担
業界	役割	
素材メーカー コンパウンダー モールダー 加工メーカー 組立産業 （ユーザー）	ポリマー合成（変成を含む） 着色・コンパウンド （ブレンド・アロイを含む） 成形─┬─流す 　　　├─形にする 　　　└─固める 加工─┬─二次加工 　　　└─後加工 組立	基幹ポリマー，副資材 成形加工 ├─メルト ├─混合 ├─反応 ├─脱気 ├─流しつつ形にする（構造形成） └─固める （構造コントロール） 全体として機能を付与する
①業界間に分業意識(壁)が大きい ②品質保証のあなたまかせ(多段)		①業界の境を取り払う ②品質保証を独立して行う

（伊澤槇一：産業構造の変化と高分子材料開発の課題，TBR産業研究会(1997)）

は，最終段階の製造者に委ねられるのは他の材料の評価と共通している．

(1) ワンウェイ用途での評価

　高分子材料の用途の内でおよそ半分は，安価，安全に内容物を消費先へ届けるものである．これは帰り道のないワンウェイ用途である．形状や大きさは千差万別ではあるが，こうした用途は包装，容器が主である．ワンウェイ用途分野に共通する評価項目のいくつかを記す．

①加工特性

　トータルコストに大きく影響する項目である．チェックポイントは，主に成形に際しての流動性に起因する性質で，薄肉成形性，成形サイクルの短縮可能性などが含まれる．

②強伸度特性と剛性

　薄肉成形品としての強度が高く，シート成形での深絞りに耐え，成形されたボトル，カップ，容器などに要求される剛さを備えていること．

③軽量化

金属などに比べた軽量性が最大のポイントであるプラスチックの中でも，ポリオレフィン類は，比重の小さいことが一つの特性としてワンウェイ用途での存在価値が高い．発泡成形法を用いることで，全体のプラスチック使用量を減らして同等の剛性を出すのも有利となる．一つの例を示すと，ワンウェイ用途で急速な拡大を続ける PET ボトルも，同一の内容量の容器が2分の1の重さにまで軽量化されている．

④デザイン性

ワンウェイ用途では，最終消費者に直接購入される場合が多いので，透明性，外観光沢性，着色性などが評価に占める割合が大きいのも特徴である．

⑤バリヤー性

O_2(酸素)，H_2O(水)，有機溶剤などの透過性が小さいことが一つの評価項目として重視されることも多い．一方では，ある種のガスに対して透過性が特別に大きいものを求めることもある．ワンウェイ用途によってバリヤー性への要求が多様であると認識するとよい．

(2) 産業用途での評価

この分野は，長期にわたって使われてきた金属やセラミックスを置換する場合と，全く新しくプラスチックを用いて製品の開発を検討する場合の，大きく二つに分けられる．こうして実用化に進む産業用途での評価の視点は共通である．すなわち，産業用途では，信頼性と商品寿命に合わせた耐久性試験を用途ごとの実用評価試験として手間を掛けて行う．

①機能重視の産業機械での評価

特性で必要最低限の要求項目に入るのは，強度，剛性，寸法安定性，耐衝撃性，耐熱性などである．これらの他の項目でも用途によって重要となる代表的なものは，耐薬品性，耐水性，耐磨耗性，電気絶縁性，耐電圧性，難燃性，電磁波シールド性，着色性，柔軟性，防振性などである．

②安全性および寿命を重視する用途での評価

耐候性，耐熱水性，耐溶剤性，耐汚染性(表面の汚れ難さ)，耐クリープ性

(長期寸法安定性)，耐荷重性，耐疲労性(曲げ疲労，引張疲労などの長期寿命)，ねじり剛性，摩擦・磨耗による減量，摩擦係数，振動吸収性などのなかから，用途ごとに利用する者が重点付けを行って評価する．

(3) 土木，建築向け用途での評価

この分類では屋内，屋外を初め大型品，小型品などによる差が大きいし，パイプ，異形押出品など特異な成形条件を経て得られるものも多い．こうした極めて広範囲のプラスチック製品をカバーするので，いくつかに分けて主要用途とその重点評価項目を挙げる．

①建築内装

浴室ユニット，配管材料，床材，壁紙，人工大理石，洗面台などがある．特性として耐熱水性，耐薬品性，外観意匠性，接着性，メンテナンス性，軽量性，成形性などが重要視される．

②建物外装

板状材料，ルーフ，ドーム，窓ガラス，窓枠，雨樋，看板，屋上緑化用材料，断熱材，保温材などがある．主要な特性として，耐候性，耐衝撃性，耐溶剤性，機密性，耐食性，成形性，断熱性などがある．

③防震装置

地震国日本ならではの技術として，大型ビルディングなどの防震構造を支える装置がある．主に合成ゴムと鉄板との複合材料であって，実用評価を重視している．原子力発電所，博物館，公共機関の建造物などにも採用が広がっている．

④接着，シーリング材

土木，建築用途のすべてで共通に使われている材料で，強度，耐水性，耐熱性が重要になる．

6 プラスチック材料(1) 基幹プラスチック材料

6.1 四大プラスチックの位置付け

すべての高分子材料の大部分を占めるプラスチック材料は，ポリエチレン，ポリスチレン，ポリプロピレン，ポリ塩化ビニルの4種類である．これらは，四大プラスチックとも，基幹プラスチックとも，汎用プラスチックとも呼ばれている．表6.1に示したのは，これら四大プラスチックの日本における生産量の推移である．世界全体でのプラスチックの生産量は，21世紀に入っても5%/年以上の速度で拡大を続けているが，日本国内での生産は1997年をピークに減少または横這いとなっている．四大プラスチックは，それぞれが用途に対応して数多くの材料を備えている．単にポリエチレンといっても1種類ではない．材料メーカーごとにも広範囲の材料が提供されているので，すべての物性

表6.1 日本における四大プラスチックの生産量推移[千トン/年]

プラスチック材料	1992	1995	1998	2001	2004
ポリエチレン(PE)	2,981	3,193	3,143	3,294	3,238
ポリスチレン(PS)	1,375	1,481	1,356	1,225	1,151
ポリプロピレン(PP)	2,038	2,502	2,520	2,696	2,908
ポリ塩化ビニル(PVC)	1,983	2,274	2,457	2,194	2,153
小　計	8,377	9,450	9,476	9,409	9,450
構成[%]	78.9	78.2	77.8	77.4	75.1
熱可塑性プラスチック総計	10,621	12,084	12,184	12,149	12,578

表 6.2 四大プラスチックの代表的な 7 種の物性例

物性	ポリエチレン HDPE	ポリエチレン LDPE	ポリスチレン GPPS	ポリスチレン HIPS	ポリプロピレン IPP	ポリ塩化ビニル 軟質	ポリ塩化ビニル 硬質
透明性	透明〜不透明	透明〜不透明	透明	不透明	半透明〜不透明	半透明〜不透明	透明〜不透明
比重	0.95〜0.97	0.92〜0.93	1.04〜1.05	1.03〜1.06	0.90〜0.91	1.16〜1.35	1.30〜1.58
引張強さ [MPa]	23〜31	8〜31	36〜52	13〜43	31〜41	11〜25	41〜52
破断伸び [%]	10〜1200	100〜650	1.2〜2.5	20〜65	100〜600	200〜450	40〜80
引張弾性率 [MPa]	1070〜1090	180〜280	2300〜3300	1100〜2600	1100〜1600	—	2400〜4100
圧縮強さ [MPa]	19〜25	—	82〜89	—	38〜55	6〜12	55〜89
衝撃強さ [J/m] アイゾットノッチ付	22〜216	NB	19〜24	51〜380	22〜75	—	22〜1200
硬さ ロックウェル ショア	D66〜73	D44〜50	M60〜75	R50〜82	R80〜102	A50〜100	D65〜85
線膨張率 [×10⁻⁵/℃]	5.9〜1	10〜22	5.0〜8.3	4.4	8.1〜10	7〜25	5〜10
荷重たわみ温度 [℃]	—	—	76〜94	77〜96	49〜60	—	60〜77
誘電率 [10⁶Hz]	2.3〜2.4	—	2.4〜2.7	2.4〜3.8	2.2〜2.6	3.3〜4.5	2.8〜3.1
吸水率	<0.01	<0.01	0.01〜0.03	0.05〜0.07	0.01〜0.03	0.15〜0.75	0.04〜0.90

を知ることはできない．表 6.2 に，各種の四大プラスチックの代表的な物性を示す．材料としてのプラスチックの物性は，表 6.2 に示したものに限定されず，用途ごとに重要度も異なる．ここでは教科書的に数例を挙げておく．日本におけるプラスチック生産量に占める四大プラスチックの割合は，75〜80％に達している．

プラスチック材料を使いこなしているユーザー市場は非常に広い．用途ごとの要求する特性に合わせて材料の選択を行うが，四大プラスチック材料でほとんどの要求が満たされる．プラスチックを用いた製品開発を考える場合には，まず四大プラスチックのいずれかで可能か否かを検討する．難しい様々な条件がある場合に，エンジニアリングプラスチック材料（7章），あるいは機能性プラスチック（8章）で検討することになる．

四大プラスチックの強みには次のようなものがある．第一に，大量生産されている材料なので比較的安価に得られること，第二には歴史が長く広い範囲での使い勝手，すなわち，成形加工機械が幅広く用意されたり成形加工条件の知見が積まれていて加工しやすいこと，三番目には世界中のどこでも同じ性能を持つプラスチック材料を入手できることなどである．四大プラスチックの弱点は，100℃を超える温度での長時間使用に耐えるものが少ないことである．ポリプロピレンでは，その改質や複合化技術でこれが補われ始めた．四大プラスチックのそれぞれの特徴を知れば，その住み分けの意味が判る．

6.2　ポリエチレン（PE）

最も単純な構造を持つポリエチレンは，その製造方法の違いで異なる物性を持つ材料を与える．さらに，共重合法を活用するとその範囲が広がる．PE を区別する一つの基本は，成形体となった状態での高分子の鎖の充塡具合を反映する密度によるものである．結晶構造の部分は密に充塡されるので，その割合が多いと高密度となる．結晶性は成形条件によっても少しは変わるが，影響が大きいのは高分子鎖の枝分かれ（分岐構造）の程度である．メタロセン触媒を用いる重合では，分子量分布の狭い単分散ポリマーや枝分かれ構造を自在に制御

したポリマーを目的に合わせて作り出すことができる．このメタロセン触媒による重合技術を工業的に活用することで，PE 材料が密度，剛性などの物性を広い範囲で選択できるようになった．それらの材料を密度と曲げ弾性率を尺度として説明しているのが**図 6.1** である（図中の略語は巻末の略語索引を参照）．

先述したように，PE はその密度を尺度にして表現される．工業的には kg/m^3 の単位を用いるが，ここには実験室表示の g/cm^3 で示す．PE は密度が高いときは，結晶化度が高いので剛性が高い．図 6.1 の中の円形内ごとに分類されるので順に説明する．右上の COC は，メタロセン触媒により均質な材料が得られるようになったエチレンとシクロオレフィンとのコポリマーである．二番目の HDPE は，チグラー触媒による重合体で，次の第 2 項で解説する．この中には超高分子量 PE も含まれていて用途が異なるので，別にして第 4 項で解説する．三番目（上）の LLDPE は，同じくチグラー触媒を用いる共重合で得られるもので，第 3 項で解説する．三番目（下）の HPLDPE は，最初に実用化された高圧法による PE で，第 1 項で解説する．LLDPE から左下に続く 4 種，すなわち，VLDPE，ULDPE，エラストマーはメタロセン触媒による共重合で得られる LDPE である．第 5 項で解説するように，PE の範囲を極めて広くする

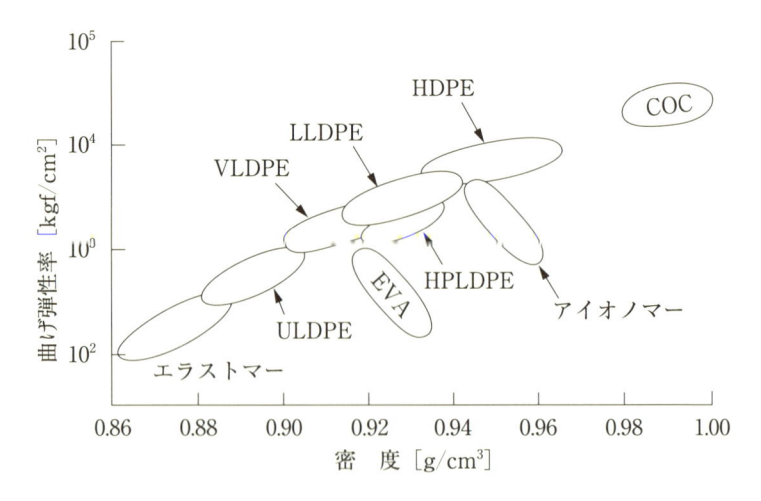

図 6.1 PE における密度と曲げ弾性率（潮村哲之助：プラスチックスエージ，**40**(1)，147(1994)）

ことに成功した最新の技術でさらなる展開が進んでいる．

　ここから先での説明は，各種 PE の特徴とその主要なマーケットの歴史的な命名法による分類に従った解説である．

(1)　高圧法・低密度ポリエチレン(HPLDPE)

　HPLDPE は，単純に LDPE とも呼ばれる．最初に工業的に実用化された PE の重合方法は高圧法である．生成しているポリマーの構造解析が進んだことにより，重合中に生成する長鎖分岐の多さが結晶化度を低くして低密度になっていることが判った．

　PE の大きな用途であるフィルムには LDPE の優れた特性が活かされ，加工機械などの周辺装置も LDPE の加工性に合わせて開発された．LDPE は溶融時の粘弾性挙動がインフレーション成形(12 章参照)でのフィルム形成時の安定性保持に合致し，フィルムへの加工特性は抜群である．

(2)　低圧法・高密度ポリエチレン(HDPE)

　チグラー触媒技術の開発とその進歩で工業的に生産されるようになった HDPE は，構造の規則性が正しいことから結晶化度が高く，結晶化速度も速い．線状高分子として密度の高い構造を持っているので，LDPE よりも成形品となった後の物性には優れるが，成形加工は難しい．溶融粘弾性の調節のために分子量分布に二つ以上の山を持つように制御した製品の開発が市場拡大に活用されている．この手法は，LLDPE 全般にも受け継がれて PE の品種拡大につながっている．

　HDPE の物性上の優れた特徴は，剛性，機械的強さ，低温での特性，電気特性，耐薬品性，耐水性などである．主な用途は，ごく薄いフィルム(レジ袋や包装用の各種フィルムなど)，ブロー成形による容器類(灯油の缶，タンク，大型ドラムなど)，取っ手の付いたびん，大型のコンテナ類などがある．産業用途では，パイプ(水道管やガス管など)，テープ類，複数の繊維状の PE でできているヤーン，太めの PE の 1 本の繊維から形成されるモノフィラメントなど，生活周辺での目につく所に使われている．

(3) 低圧法・低密度ポリエチレン(LLDPE)

すでに工業化されてから長い年月を経過した高圧法・低密度のポリエチレン(HPLDPE)の製造設備は，更新したり新規増設するには設備投資が大きいために困難となっている．HDPE の重合法として開発された触媒重合によって，LDPE の長所である加工性を付与したのが LLDPE である．エチレンと α-オレフィンとの共重合体で，結晶化度と密度を共に低下させて LDPE に近づけているが，分子量分布や分岐度が違い成形加工性を一致させることには必ずしも成功していない．HPLDPE に比べて工業的な生産性としては，設備投資で 2 分の 1 以下，エネルギー消費量は 4 分の 1 以下となっているので，未来型の PE 重合プロセスであるということができる．

成形品の物性上の特徴は，引張強さ，剛性，耐衝撃性，耐ストレスクラッキング性，耐熱性，低温特性，ヒートシール性などで LDPE(高圧法)より優れている．押出成形加工の温度条件は，160～230℃で LDPE より高めである．

具体的な用途例としては，一般の包装用フィルム，ラミネートフィルム原反(他のフィルムと重ね合わせるための一方の材料という意味)，農業温室用フィルム，重量物用の袋材(重袋)などが挙げられる．その他の成形方法による使われ方は多岐にわたる．すなわち，射出成形，回転成形，パイプ，電線被覆など広い応用が可能である．

(4) 超高分子量ポリエチレン(UHMWHDPE)

一般に広く用いられている HDPE の分子量を，1 桁以上上げた材料である UHMWHDPE は，商業的に提供されるものは 100 万～400 万程度の分子量を持つものがある．成形加工が難しく用途拡大が遅れているが，近年潤滑油を上手に使って機械内で流れやすくしたり，機械の力の向上やスクリューの工夫など技術進歩で多様な加工が可能になっている．公表されないたくさんのノウハウの蓄積もあって，圧縮成形の他に，押出成形，射出成形，連続シート成形，ホットスタンピング成形なども可能になっている．成形品が得られれば分子量が極めて大きいので，次のような物性上の特徴を活用できる．①耐衝撃性が高く低温でも低下しない，②耐磨耗性に優れ自己潤滑性も良い，③吸水性がなく

耐化学薬品性にも優れる，④電気特性が良い，⑤耐寒性に優れる，⑥無毒である，などである．

具体的な用途例は，農業用途を中心とした各種のホッパやサイロ（いずれも草，肥料，あるいは生産品などの貯蔵用の装置）のライニング（主に金属を腐食から守るための内部被覆に使う）がある．同じように食品加工向け機械の原料ホッパや混合するためのロールなどの表面処理，化学機械向けにはバルブ，ポンプ，ガスケットなどに大量に使われている．製紙機械でも金属の耐腐食性ライニングの形で数多くの用途がある．それらの他，UHMWHDPE を単独で用いる各種フィルム用途などにも市場が広がっている．今後は，エンジニアリングプラスチック材料が，現在使われている領域での用途をも充分にカバーするようになるであろう．

(5) メタロセン系低密度ポリエチレン(m-LLDPE)

ここに記す LLDPE は，第 3 項の LLDPE と区別するために，m- を先頭に付けて標記する．メタロセン触媒によるオレフィンの重合は，当初の予想に反して PE ファミリーに革命をもたらすことになった．その代表例となったのが m-LLDPE である．メタロセン触媒は 1 種類の活性点が継続的に働くので，得られるポリマーの分布が少なくなる．エチレンの単独重合での分子量分布も狭くなるし，LLDPE を得るエチレンと α-オレフィンとの共重合でも α-オレフィン成分がほぼ均等に入る．これは，チグラー–ナッタ(Z-N)触媒による共重合において，α-オレフィン成分が低分子部分に偏って入るのと対照的である．均一な組成のポリマーが得られることで，加工性と物性保持とのバランスを採ることが容易になる．メタロセン触媒では，α-オレフィン成分を高分子部分に多目に入れることも技術上は可能であり，物性を犠牲にせずに成形加工性を大幅に向上できる．m-LLDPE は，加工性に優れるので均質なフィルム，成形品が容易に得られる．密度は必要に応じて共重合成分の質と量とを変えることでコントロールできる．物性的には，剛性と耐衝撃性が共に高いのが m-LLDPE の特徴である．

メタロセン系触媒は，活性点の活性向上と選択性とに注目した改良が，なお

精力的に進められているので，これからも共重合性を拡大してPEの幅をさらに広げることに役立つであろう．

6.3 ポリスチレン(PS)

ポリスチレンは，スチレンモノマーの重合でポリマーを得ることが容易であるうえ，成形加工しやすい優れた材料として発展を続けている．透明性と表面光沢の良さが売り物のGPPS(General purpose PS)は，スチレンの単独重合体または少量の共重合などの変性品である．スチレンは，共重合性に富みゴムとの共重合でHIPSを生成し用途を拡大している．アクリロニトリルとの共重合体(AS樹脂)や，アクリロニトリル-ブタジエンとの共重合体(ABS樹脂)なども大きなマーケットを持っている．これらについて以下に解説する．

(1) GPPS

GPPSは非結晶性材料の代表であり，四大プラスチック中の硬い材料の筆頭である．そして熱可塑性プラスチックのうちで最も射出成形による加工に適している．ポリスチレンの分解温度は350℃以上であり，溶融成形可能な温度が200℃以下からも選べるので，成形に最適な溶融粘度を選択する自由度が大きい．プラスチックは，得られる成形品の大きさ，形状などの因子によって成形条件の範囲は異なる．射出成形では特に大幅に変わることもあるので，PSの特徴が広く活かされることになる．

PSの成形加工性のよさが，射出成形技術の向上に大きく貢献した．PSを用いた用途拡大のために，成形法も発展し続けたからである．PSの成形加工の最適温度域は180～260℃の範囲にある．PSの物性上の特徴は，剛性が高い(硬い)ことにある．この反面，衝撃に弱く壊れやすいのが欠点となる用途もある．しかし，無色透明で比重が1.06と低いことを特徴として用途を広げた．水系の溶液や酸，アルカリなどには抵抗性が大きく，生活の周辺で安心して使われる．有機溶媒には弱く，ベンゼン，トルエン，クロロホルムなどには溶解する．アルコール類やエステル類と接触する用途では成形条件の選択を含め注

意を要する．電気絶縁性などの電気特性は，四大プラスチック中で最も優れている．誘電率，誘電正接，絶縁破壊電圧などは，プラスチック中で最高の性質を示す．

GPPSの具体的な用途には，次に示すようなものが含まれる．

①工業用途での電気絶縁部品ではあらゆる所に使われ，テレビキャビネットやコンピュータハウジングなどの外装部品もPSの独壇場である．

②日用品では，特に食品包装を中心とするワンウェイで捨てられる巨大な用途を持っている．

③透明な成形品，板，コップ，容器などの雑貨も大きな市場である．

④発泡成形品，特に魚箱に代表される断熱成形体も安価なワンウェイとして発展した．近年ではリサイクル技術への取り組みが始まっている．

⑤フィルム，シート類などとしての市場も大きい．特に熱成形による加工での二次加工製品の実用例が多い．

(2) HIPS(High Impact PS)の開発と用途例

GPPSの持つ衝撃に弱いという欠点を改良するために，PSのモノマーであるスチレンの優れた共重合性を活かして，ゴムとの共重合で開発したのがHIPSである．これがスチレン系プラスチック用途の大きな部分を占めるようになっている．重合と同時に行う分散でゴム成分が微小な粒子としてPSマトリックス中に分散し，透明性は失われて白色の樹脂となる．PSの成形加工性と耐衝撃性の良さとを併せ持つのがHIPSの長所である．これを活かして，押出成形で得られるシートを熱成形(真空成形，または圧空成形を用いる成形)することで数多くの日用品分野に利用されている．ワンウェイでの使い捨てのコップ類とか，生鮮食料品の流通でのトレイなどにも使われている．GPPSと同ように，工業品にも市場を広げており，耐衝撃性を必要とする電気機器のハウジングなどにも使用されている．

(3) スチレン−アクリロニトリル共重合(AS)樹脂

スチレンモノマーに対してアクリロニトリル(AN)をランダム共重合させる

ことで，PSの耐薬品性と耐熱性を向上させて用途拡大につながったのがAS樹脂である．AS樹脂の化学構造式は，式(6.1)

$$\left[CH_2-CH \right]_m \left[CH_2CH \right]_n \quad (6.1)$$
$$\bigcirc C\equiv N$$

で示すとおりで，商品化されている共重合モノマーの比率に占めるANの割合は15～35%の範囲である．四大プラスチックの分野ではコストアップを極力抑えて，少しだけの物性向上を図ることが大切な改質技術である．用途によっては，AS樹脂はPSよりも高い耐衝撃性があり，PSの持つ透明性と加工特性が保持されているうえ，耐候性も良い．AS樹脂の用途例には，使い捨てのガスライターのケースがよく知られている．自動車のバッテリーケースはAS樹脂の耐薬品性を活かしており，他の材料に置き換えられることはほとんどない用途として持続している．他にもテールランプカバー，メーターカバーなど大型の自動車部品も多い．

　電気機器部品の分野は，スチレン系樹脂の得意なところであり，AS樹脂も多く使われている．例としては，扇風機の羽根，積算電力計のカバー，ジューサーやミキサーの部品などがある．日用品・雑貨として分類される各種の文房具，食卓周辺の用途，化粧品容器などの用途例も多い．

　熱可塑性プラスチックへのガラス繊維(GF：glassfiber)補強の草分けとしてもAS樹脂は知られている．この材料は，GF補強されたAS樹脂という意味でASGFの略称が使われる．GF補強プラスチック全般にいわれる剛性の大幅向上は当然のことである．そのうえ，ANの持つ極性がGFとの相互作用にプラスとなって，GFと樹脂とが剥離しにくくなり，衝撃強度の向上や成形収縮率，線膨張率の大幅な低下など実用物性の改良に役立っている．高剛性と耐熱性とを有するプラスチック材料として，四大プラスチックの中に独自の地位を占めている．ASとASGFとの物性の一部を比較して**表6.3**に示す．ASGFの用途には，大型のものでは自動車のインストルメントパネルやバンパーの骨材などがある．

表 6.3 AS と ASGF の物性比較

物　性	AS	ASGF
透明性	透明	不透明
比重	1.06〜1.08	1.18〜1.22
成形収縮率[％]	0.3〜0.5	0.1
引張強さ[MPa]	69〜82	73〜89
破断伸び[％]	2〜3	1〜2
引張弾性率[MPa]	3300〜3900	5100〜7000
圧縮強さ[MPa]	96〜104	90〜100
衝撃強さ[J/m] アイゾットノッチ付	22〜32	60〜80
硬さ（ロックウェル）	M80，R83	M85〜98，R107
荷重たわみ温度[℃]	101〜104	100〜105
線膨張率[$\times 10^{-5}$/℃]	6.5〜6.8	2.0〜2.1

(4) スチレン-アクリロニトリル-ブタジエン共重合(ABS)樹脂

　AS樹脂の破壊時の脆さを補うために，ポリブタジエン系のゴムを第二成分としてブレンド型で出発したのがABS樹脂である．不透明であってもよい着色成形品向けの耐衝撃性プラスチックとして市場が広がっている．単なるブレンド法から重合時の反応を含むポリマーアロイ化法に製法が改良されて，グラフト共重合体を得るようになり，物性の向上と安定化が図られた．ABS樹脂独自のマーケットが確立されると共に，重合反応時に各種のゴム成分などを加えることで材料としての多様化が図られた．ABSの基礎的な技術の上に組み上げられたこれらのバリエーションで，メーカー各社が特殊ABSとして材料開発を競った．拡大一途であった日本のプラスチックマーケットが変質した1998年以降，コストパフォーマンスの見直しなどで特殊ABS類もグレード統合と差別化に進んでいる．グレード統合には，近い性質のものの統合や，同じ

ものをユーザーごとに分けていたもの(例えば,トヨタグレード,日産グレード,マツダグレードなど)を統合することを広く含んでいる.ABSの性質の特徴としては,経時変化の少ないことや寸法安定性の良さが挙げられ,車両,電気などの用途が多い.ABS樹脂の用途例の中には,含有ゴム粒子を上手に使った二次加工が広がっている.例えば,塗装性,ホットスタンプ性,メッキ付着性などに特徴が活かされている.

射出成形分野でも,加工性に優れる(加工温度領域は190〜280℃と広い)うえに,耐衝撃性と剛性のバランスが良い.グラフト共重合により制御される含有ゴム粒子の径が150 nm前後と,HIPSのゴム粒子と比べて5分の1から10分の1程度と小さいので,成形品の表面光沢が良いという優れた特徴を併せ持っている.AN成分,ゴム成分などの比率を変えることで,樹脂としての範囲を広げる自由度が大きい.組成の広がりに合わせて染顔料も広い範囲から選択することができる.したがってABS樹脂は,着色性の良い外観向けプラスチック材料の代表として評価されている.

①車両向けには,四輪車ではインストルメントパネル,コンソールボックス,ドアパネル,メーターケース,ラジエーターグリルなどの内装部品を中心に使われている.二輪車のフェンダーやフロントカバーには,耐衝撃性と外観の美しさで多用されている.

②電気機器では,いわゆる家庭電気器具のすべてにわたって外装材として使われている.それらの代表例をいくつか挙げると,冷蔵庫,掃除機,扇風機,ラジオ,テレビ,VTR,ドライヤー,洗濯機,電話器,ファクシミリ,プリンタなどがある.

③一般の機械類でも,事務機,ミシン,編み機,時計,光学機械など,そのほとんどに含まれるプラスチック部品にABSが使われている.

④家具,住宅部品,建材などの住関連の用途も多い.

⑤文房具,玩具,スポーツ用品,鞄類,家庭用品など,いわゆる雑貨分野も得意としており,日常の生活周辺の用途に網羅的に存在している.

6.4 ポリプロピレン(PP)

　繰り返し単位の中に側鎖(メチル基)を持つ，最も単純なポリオレフィンがPPである．この構造から立体規則性の差異が生じることになり(2章2.5「高分子の構造」参照)，そのことで物性に大きな差異が発生する．ポリプロピレンの持つ3種類の立体異性体の中で，実用になっているのは結晶性が充分に発揮されて物性も満足できるアイソタクチックポリプロピレン(IPP)だけである．触媒技術および重合プロセス技術の進歩を伴って，これが大量生産されている．

(1) PPの製品化

　製品物性を向上させる研究開発の中心は重合触媒の改良であり，立体規則性も究極のレベルにまで達している．現状のチグラー–ナッタ系触媒でのアイソタクチック構造の選択としての立体規則性は98%以上である．すでに物性面からいえばほとんど限界に近いレベル(これ以上選択性を上げても物性が変わらないというレベル)に達している．これは，アタクチックで低分子量なオリゴマーの除去も不要とするレベルでプロセスを簡明にしている．

　PPの重合プロセスと重合触媒活性も気相法が定着し，無脱灰という極限の高さの活性(プロセス上で触媒を除去しないですむ—製品としてのPPの性能に悪い影響を及ぼさない—ほど高い触媒活性のレベル)にまで到達している．

(2) PPの性能の特徴

　PPの実用上の強みの第一は経済性であって，比重(IPPの比重は0.90〜0.91)が軽いことがそれを支えている．kg単位で(すなわち重量によって)取引されるプラスチック材料の商習慣からいえば，最も安価な成形品を得られる利点がある．第二の特徴は，IPPの結晶融点が約160℃と高いことである．結晶領域の特徴を活かせる使い方をすれば100℃以上の温度での実用に耐える．この結晶の持つ特性を充分に働かせるという技術には充塡材や補強材との併用，および成形加工法など多様なものが含まれている．今後もさらなる新技術が

次々と開発されて実用的に展開するであろう．100℃以上で使用可能なのは，四大プラスチック中でPPが唯一であり用途のさらなる拡大へとつながる．

(3) PPの用途例

立体規則性が充分に高く，T_m が160℃付近にある結晶性ポリマーとしての用途が広がっている．これを可能にした主要な技術は，成形加工時の酸化劣化を防止できる安定剤の発見にあった．以下に示すように，これまでエンジニアリングプラスチックを用いていた分野を含めた用途が多い．プラスチック以外の材料との競合はもとより，プラスチック間での競合にも勝って，産業用から日用品までの幅広い分野に使われている．PPを実用している五つの大きな用途の例を説明する．

①射出成形品

自動車向けの部品として実用化されてから信頼性が増し，各分野で使われる非常に多くのプラスチック部品が，他のプラスチック材料からPPに置き換えられている．長い使用実績を持っている，PPの用途に射出成形品の薄肉部分の持つヒンジ特性（180度まで曲げても折り曲げ部分が元に回復し，それを繰り返せるという特性）を利用した蓋付きの食器や箱などがある．この特性は日用品・雑貨の分野でも活かされている．PPは結晶性を持ち，その融点が160℃程度にあるので，無機物を添加する補強法によって使用温度を大幅に上げることができる．粉末状のタルクやガラス繊維などの無機フィラー入りPP材料が古くから利用されているのは，主に成形品の剛性を補うためであった．PP/無機フィラー混合の複合材料は，近年になってフィラーの超微粒子化，ナノコンポジットの形成，発泡成形による構造形成など技術に著しい進歩があり，用途拡大に貢献している．PPの発泡成形品は，一般の断熱材や緩衝材としての用途に加える形での射出成形品開発で，すでに機能材料技術として実現している（9章参照）．それらを支える技術内容にはLCP（液晶ポリエステル）によるセル膜補強や，粘土鉱物のnm（ナノメートル）レベルでの分散補強などがある．

②産業資材向け大型用途

日本のPPメーカーの技術が集中的に投入されて，自動車バンパー向けに開

発されたのが,The Super Olefin Polymer(TSOP)と命名された画期的な材料である．これは，PPを主成分としてPE系共重合体とタルクとを含む材料である．大型射出成形用のポリマーアロイであって，射出成形した際にnmレベルの微細構造が形成されて高い物性を発揮する(10章参照)．この技術はSOP系材料として広がっている．さらに，成形加工を何回繰り返しても成形後に同じ微細構造ができる(ナノ構造を形成する)プラスチック材料なので，再利用が可能なことが注目されている．

大型成形品分野では，住宅関連用途でのガーデンテーブル，人工芝用の枠材など，あるいは貨物搬送用のパレットなどで，ガスアシスト成形技術(13章参照)を併用することでPPの実用性が高まっている．

押出成形によるPPの板状シートの連続成形と，その熱成形との組み合わせで得られる大型成形品も用途拡大を続けている．この熱成形技術の応用分野は，自動車の軽量化，各種の機械類や家電用品などのハウジングが大きな市場である．さらに，自動車部品，冷蔵庫など製品類の内部部品などにも利用が広がっている．

③**フィルム**

インフレーションフィルムの分野では，PPの持つ高い剛性が特徴を発揮して他の樹脂のフィルム，例えばPE製フィルムなどとの競合に勝って広がっている．安価なワンウェイ用のフィルムとしてのコストパフォーマンスも優れるので，他のプラスチックフィルムからの代替が進んでいる．

④**ヤーン**

結束テープや荷造り用のヒモなどに押出成形による成形方向の強度が活かされている．これもプラスチック間の競争になりPPが勝つ分野である．

⑤**繊維分野**

PPは，その重合技術，製造技術の国内への導入に当たって，夢の合成繊維として大々的に喧伝された．合成繊維に要求される多様な染色性と吸湿性がPPに欠けていたために，一般的な合繊としては定着しなかった．PPの持つ耐薬品性や剛性を活かした不織布としての用途が開かれたことにより，繊維分野でのPPの使用量が増え続けている．不織布の製法は，短繊維，あるいは長

繊維を絡ませたシート状の繊維集合体を形成し，主として繊維自身の熱融着による接合で布化する．

PP不織布の主な用途は，使い捨ておむつ，生理用品，ワイパーなどが多い．他にも医用資材や洋服の芯地，カーペット基布，自動車用成形部材など広い分野に機能材料として使われている（9章参照）．

6.5　ポリ塩化ビニル（PVC）

重合反応後の処理によって白色粉末として得られる，比重が約1.4のホモポリマーを原料としてポリ塩ビニルは材料化される．ホモポリマー単独は65～85℃で軟化し，150℃付近で可塑化し始め，170℃で溶融する．一方，ポリマー鎖での隣接する炭素原子上にCl原子とH原子を有するので，180℃付近の温度から脱塩化水素反応が起こる．この脱塩化水素反応のために高分子鎖上に二重結合が発生したり，鎖切断が起こったりして熱分解に至る．このように溶融温度と分解開始温度が近い（約10℃しか離れていない）という性質から，PVC単独では成形加工することが困難である．加工性を向上させることと各種物性をコントロールすることのために，材料化は可塑剤を添加することによって行う．PVCは，可塑剤を多く含む典型的なプラスチック材料である．可塑剤を少量添加する場合に硬質PVCが得られ，可塑剤を多量に添加すると軟質PVCとなる．

(1)　PVCの製品化

まずPVCの製品化で重要になるのが，可塑剤の種類の選択と添加量の決定である．ポリ塩化ビニルの実用化に用いられる可塑剤への要求特性はたくさんある．それらの項目だけを挙げて羅列すると，可塑化効率，相溶性，混和性，耐寒性，耐老化性，耐候性，耐揮発性，耐移行性，耐抽出性，電気特性の付与，難燃性の維持などである．成形品の使用目的に合致するように，単独あるいは複数の可塑剤を選択して用いる．一般のPVC材料での成形品では，添加した可塑剤が表面にブリードアウトしたり，接触する他材料に可塑剤が移行し

たりする．その際に発生する可能性のある問題を事前に防止するためには，特に耐候性，耐揮発性，耐移行性，耐抽出性などが要求される．こうしたブリードアウトを避けるための技術に，PVC に対して可塑剤効果を持つ高分子化合物とのポリマーアロイを使うことも多い．使われるポリマーの例には PMMA 系のコポリマーや AS 樹脂，ABS 樹脂類などがある．

PVC の実用化には，上に述べた脱塩化水素反応を起こしながらの熱分解を防止するための安定剤の添加も不可欠である．数多くの化合物が安定剤として見出されている．金属石鹸，有機スズ系の安定剤，鉛系の安定剤，アンチモン系の安定剤，非金属化合物系の安定剤などがある．複数の安定剤を併用すると相乗効果も大きい場合がある．材料としての安定化が PVC の基本的なノウハウとなっている．特に，熱時に発生する HCl 分子を受容し，連鎖的な分解を回避するための HCl 捕捉剤が大切である．

(2) PVC の性能の特徴

第一の特徴は耐候性がよいことであり，屋外での用途を広げている．次いで透明な成形体を容易に製造できること，押出成形による連続大型成形品の生産が可能なことなどの成形加工性の良さがある．製品物性では，水，酸，アルカリなどに対する耐性に優れ，水関連のパイプ，板などに使われる．硬質 PVC は，射出成形，押出成形など熱可塑性樹脂の加工性を持ち，強靭性と難燃性を備えている．軟質 PVC は，押出成形，カレンダー加工などにより柔軟な成形品が得られる．シート化やフィルム化などへの加工特性が優れ，多様な用途に使われている．

(3) PVC の実際の用途例

PVC の用途別の出荷量を表 6.4 に示す．硬質 PVC は，波板や平板などが屋外用に多く使用されている．自動車の車庫用，土建用とか農業向けの架設の小屋や囲いなど，日常的に目に入るものが多い．パイプ，雨樋，デッキ材，窓枠などの住宅建材も大きな用途である．パイプは住宅向けばかりでなく，農業用や産業用にも重宝がられ，配管，継手，バルブなどのすべてを PVC で組み上

表6.4 塩化ビニル樹脂の用途別出荷量の推移[トン/年]

年＼用途	2002	2003	2004
硬質製品用	772,371	796,439	848,732
軟質製品用	426,914	377,076	378,906
電線・その他	246,720	253,524	240,886
国内出荷計	1,446,005	1,427,039	1,468,524
輸　　出	746,576	729,128	663,886
合　計	2,192,581	2,156,167	2,132,410

(塩化ビニル工業協会による)

げて使用しているケースも多い．住宅関連のタイル，工業用ガスケットなどにも多く使用されている．軟質PVCの特徴が活かされる農業用ビニールシート，ストレッチフィルムなどは，非常に大きなマーケットを維持している．レザー用品，ホース，電線被覆なども大きな用途である．生体適合性が活きる医療用のチューブ，成形品なども得意な用途分野である．

(4) PVCの今後の展開

1980年代にPVCの使用を禁止しようというキャンペーンが世界的に起こったが，90年代以降は全くなくなっている．1980年代末期にノルウェーの環境保護団体であるベロナグループが，PVCの利用の可否について次に示す各項目について専門家との共同研究を行って「ベロナレポート」として報告した．ベロナレポートが扱った環境に対する影響に関する問題点と，その検討結果を次の①～③に列挙して示す．この報告に盛られた結果に基づいて，現在のPVCに対する世界共通の認識は「現在の化学工業の中でPVCの使用量を削減すると，環境を悪化させることになる」というものである．現在ではすべてのPVCに関するレポートにこの結論が引用されるのが世界の常識となっている．最近の日本の雑誌に紹介された例は，プラスチックスエージ誌の2005年増刊号の55～56頁の記述がある．

以下のすべてに関して専門家が検討した結果，上記の結論を得た．

① 製品としての PVC

ラッピングフィルムからの塩ビモノマーの食品などへの移行，PVC に使用される副資材(安定剤，可塑剤，着色剤など)の安全性，PVC を燃焼させた場合のダイオキシンや塩酸の発生，PVC が直接オゾン層を破壊する問題，PVC を用いることによる温室化効果(トータルとしての CO_2 発生量の問題)などPVC の製品としての課題が詳細に，科学的に実験に基づいて評価された．その結果，それまでの非科学的な推測が否定されてすべてにおいて問題なしとの判断が下され確定した．

② PVC の代替品使用

現在使われている PVC を他の材料で置き換える可能性を，以下に示す大分類で 5 種類の代替可能な材料を候補として比較検討された．

(1)金属(鉄，アルミニウム，マグネシウム，銅など)，(2)他のプラスチック(PP，PET，PE など)，(3)紙，(4)セメント/コンクリート，(5)その他(木材，ガラスなど)．その結果，5 項目すべての材料共，PVC の代替として用いた場合に，品質上の性能低下と環境に対する重大な汚染をもたらすと結論された．

PVC 以外の材料を使用する場合に，PVC を使用する場合に比べた欠点を列挙する．それらは，原料製造のエネルギー消費が多い，高い輸送コストとそのためのエネルギー消費が多い，製造プロセスや製品化の加工プロセスにおいてエネルギーの消費が多いうえ，多量の飛散物が出る，品質が不良である，製品の寿命が短い，高額の投資を要する，廃棄物焼却時に多量の CO_2 を発生する，などがある．他材料を使用するすべての場合，複数の因子を含んでおり，PVC の優位性は明らかである．

③ PVC の製造プラントおよび成形加工プラントからの環境汚染

ダイオキシンの発生，塩ビモノマーなどの漏れなどは限度内と判定された．
21 世紀には PVC の材料としての際立った良さが多くの競合材料に勝り，生活上の安全で安心な材料として発展を続けていくことは確実である．

7 プラスチック材料(2) エンジニアリングプラスチック

合成高分子材料のうち，縮合系の反応で初期に工業化されたものは，まず合成繊維としての用途を開いた．その後，石油化学を原料とするビニル系高分子が高度成長を遂げた．その四大プラスチック材料の用途の中で，100℃以上の耐熱性が要求される分野がクローズアップされた．こうした背景で繊維分野からナイロン，PETなどがプラスチック分野にも使われ始めた．これがエンジニアリングプラスチック(エンプラ)である．実用化されている五大エンプラは，ナイロン，ポリエステル，ポリオキシメチレン，ポリカーボネート，ポリフェニレンエーテルである．それぞれが広がりを持つ材料を提供しているので，その一部を取り上げて物性を表7.1に示す．これらの物性は代表的な一部を例示しているもので，実用性を評価する場合には，それぞれの用途に合わせてさらに詳しい評価を必要とする．

表7.1 五大汎用エンジニアリングプラスチックの物性例

物性	ナイロン-66 非強化	ナイロン-66 GF33%	ポリカーボネート	ポリアセタール	PBT 非強化	PETGF 30%	変性PPE
透明性	半透明	不透明	透明	不透明	半透明	不透明	不透明
比重	1.07〜1.09	1.33〜1.34	1.20〜1.21	1.41〜1.43	1.30〜1.38	1.55〜1.70	1.04〜1.09
引張強さ[MPa]	48〜67	125〜140	64〜66	67〜69	55〜59	138〜166	65〜68
引張破断伸び[%]	55〜200	4〜7	110〜120	25〜75	50〜300	2.0〜7.0	50〜80
引張弾性率[MPa]	—	7700〜8100	2400〜2700	3100〜3600	1900〜3000	9000〜10000	2500〜2600
アイゾット衝撃強さ[J/m]	900〜1000	170〜240	680〜850	64〜123	37〜53	85〜118	250〜280
硬さ	R100	R100	M70〜72	M92〜94	M68〜78	M90〜100	M118〜120
荷重たわみ温度[℃]	66〜68	230〜243	121〜132	124〜136	50〜85	210〜227	107〜149
吸水率[%]	1.0〜1.3	0.7	0.15	0.25〜0.40	0.08〜0.09	0.05	0.06〜0.12

7.1 ナイロン

結晶性エンプラの代表の一つがナイロンである．ナイロンは化学構造としてのアミド結合間の脂肪族鎖，芳香族核の選択で相当広い範囲の物性のものが知られている．エンプラとしての需要が量的に多いのは，ナイロン-6とナイロン-66の2種である．

(1) ナイロンが発揮する実用化につながる特性

成形品の物性としては，耐熱性，力学特性，耐薬品性，耐ストレスクラック性，クリープ特性などが特徴的である．ナイロンは，流動時の粘度が低いという結晶性ポリマーの特性を備えており，射出成形，押出成形ともに安定して実施できる．一般に結晶性ポリマーは，溶融時の比容と結晶化後の比容に大きな開きがあるので，成形金型内での冷却時収縮が大きい．したがって成形品の寸法を目的に合わせるための，金型および成形条件の工夫が必要になる．

(2) ナイロンの具体的な用途分野

①自動車部品用途

耐熱性と耐薬品性が活かされている．大小様々な部品として自動車内に非常に多数の部品として使われている．その一部の名称を列記するが，詳しくは別途，専門書を参照．例えば，ロッカーカバー，インテークマニホールド，ガソリンやオイルなどの配管用チューブとパイプ類，エアクリーナ部品，ラジエータータンク，サージタンク類，電線や情報配線用のコネクター類，クラッチ部品などがある．

②電気・電子機器

ナイロン樹脂に適した難燃剤の配合で難燃性材料が生み出されている．これらは電気機器関連分野に安全に使用でき，用途を広げている．例えば，コネクタ，コイルボビン，スイッチ，ギア，プーリなどがある．ナイロンの分子を配向，結晶化させ物性や耐熱性を高める技術が電線被覆，光ファイバーの二次被覆などに応用されている．

③機械関係

ギア類，ブッシュ類，軸受，カム，ハウジング，結束バンドなど，強伸度特性が活かされる用途が多い．特にモーターを内蔵する機器にはGF補強したナイロンが独占的に使用されている．

④建材関係

アルミサッシのコーナー部，カーテンレール，戸車など．

⑤スポーツ，レジャー関係

ゴルフシューズ，シャトルコック，レジャーボートのスクリュー，スケートボード，ガット，テグスなど．

⑥包装関係

シュリンク包装用フィルム，各種のびんなど．

7.2 ポリエステル(PEs)

熱硬化性の不飽和ポリエステルが先輩の合成樹脂として存在していたので，エンプラのポリエステル類は総称して飽和ポリエステルと呼ばれている．これらには，PET，PBT，PCT(ポリシクロヘキシルテレフタレート)，PEN(ポリエチレンナフタレート)，PTT(ポリトリメチレンテレフタレート)などが含まれている．他に飽和ポリエステルにはプラスチックとして使われる全芳香族ポリエステルや脂肪族ポリエステルもある．

エンプラのポリエステルでは，PETが最大の生産量，消費量を支えている．特に，加工性と物性のバランスが非常に優れているので，繊維，フィルム，ボトル，成形材料の四分野に幅広く活用されている．PETは高機能性高分子材料の用途展開の優等生である．近年原料モノマーの製造方法の改良も進み，安価に供給されるようになって優位性がさらに増している．

ポリエステルの用途でほとんどPETだけが使われているのは，繊維とフィルムである．プラスチック用途にもPETがいち早く投入されたが，結晶化速度が速くて加工しやすいPBTが成形(特に射出成形)用材料として伸びている．

電子部品向けの耐熱性材料としてPCTが特徴を認められている．PEN，

PTT などもそれぞれ特徴を認められる用途を広げつつある．

(1) PEs が発揮する実用化につながる特性
　熱可塑性を持ち成形加工しやすいプラスチックの中で，比較としては高い融点を持つこととプラスチック材料の中で比較的高い結晶化度を持っているので，成形加工した後の成形品が優れた寸法安定性を示す．同時にこれらの特徴に裏付けられて吸水率や熱膨張係数が小さいことにもつながっている．ポリエステルは，機械的性質の中の耐衝撃性がやや劣る以外は，非常に優れたバランスを示している．成形時の金型表面転写性が良いので，表面平滑性，光沢ある外観の成形体が得られる．電気的性質（電気絶縁性など），耐候性などのバランスも良く使いやすい材料である．

　結晶性プラスチックの持つ一般的な弱点の改質のために，ポリエステル材料の低ソリ化，高耐衝撃化，流動安定化などが，ポリマーアロイ化の手法を広く用いることで進んでいる．別のポリマーを加える改良以外にも，GF，CF，タルクなど無機材料との複合化もよりきめ細かく行われるようになっていて，今後の発展の余地は大きい．

(2) PEs の具体的な用途分野
①電気関係
　TV やステレオの部品，電子レンジの部品，コイルボビン，スイッチ類，ソケット類，コネクタ類，回路部品，アイロン部品など．
②自動車関連
　ランプ部品，ディストリビュータ部品（例えば，キャップ，ロータ，ハウジングなど），モータ部品，スイッチ類など．
③機械関係
　ポンプのハウジング，火災報知器のカバー，ギア類，カム類，カメラやミシンの部品，農業機械部品，電動工具類，OA 機器の部品，レジャー用品など．
④容器類
　飲料用ボトル，食品容器，化粧品容器，液体洗剤用容器，シャンプー容器，

酒類の容器，オイル容器，調味料(醤油など)容器など．

⑤テープ，フィルム類

磁気テープ，磁気ディスク，製図や複写用のテープ，電気絶縁テープ，包装用フィルム，金属蒸着フィルムなど．

⑥日用品，その他

くし，ブラシ，ブッククリップ，サングラス，注射筒，義歯，チェアアームなど．

(3) プラスチックとして使われるその他の PEs

全芳香族ポリエステルであるポリアリレート(PAr)は，特殊なポリエステル類に分類され，用途はスーパーエンプラの分野に位置づけられている．全芳香族ポリエステルは，液晶性ポリエステルとして低いレベルの力で流動する独特な成形性を持つことと，優れた物性とで注目される．

一方，脂肪族ポリエステル類は耐熱性が低く用途が限定されているが，生物分解性ポリマーとしての特性が注目されている(8章8.1(9)参照)．

7.3 ポリアセタール(POM)

ポリアセタール樹脂材料は，ホルムアルデヒドが重合した最も単純な構造(分子式は基礎編にも記載したが$[(CH_2\text{-}O)_n]$で示される)である．ポリオキシメチレン結合を持つ合成高分子である．高分子鎖が緻密に集合することができるので，ポリマーとしては最も高い60%以上の結晶化度を持つ．

成形加工条件下での高分子鎖の動きやすさもあって結晶化速度も速い．こうしたことで有機ポリマーとしては成形品の比重が大きい．成形品の物性には結晶性ポリマーの特徴が非常によく発揮される．以下に示す，物性上の特徴や使用範囲の広さなども POM の高い結晶性に由来する所が大きい．

(1) POM の実用化につながった成形加工性の向上

成形品物性の良さは早くから認められていたが，工業的には，製造技術の確

立のほかに成形加工技術のブレイクスルーに長い開発期間を要した．このポリマーはいったん分解が始まると，構造式から判るように不安定なエーテル結合の分解が連鎖的に起こる．解決技術としての末端の安定化とラジカル分解抑制剤を使うことで，ホモポリマーの実用化が図られた．もう一つの解決策として，エチレンオキサイドを共重合することによるコポリマー化が実施され成功した．-(CH$_2$-CH$_2$-O)-結合を入れることで，連鎖的分解が抑えられ実用的な成形加工条件に耐えられるようになった．こうして優れた成形加工性を与えられたコポリマー POM は，現在も POM の主要な一翼を担っている．このように POM は，材料としての高分子鎖の熱安定性の向上と成形加工技術との結びつきで実用化が進んだ．現在では，ホモポリマーとコポリマーとが共存して使用されている．ホモポリマーは全体の物性比較で優位にあり，成形加工性はコポリマーが有利で，実用化比率ではコポリマーの方が多い．

(2) POM が発揮する実用化につながる特性

機械的強度，耐クリープ性，長期物性安定性は，結晶性の良い POM の持つ三大特徴である．電気特性，耐疲労性，耐薬品性にも結晶部分の寄与が大きく，プラスチックの中では比較優位性の高い重要な特性である．POM で特に優れているのが耐磨耗性であり，摺動部を含む成形品の多くには POM が選ばれている．ホモポリマーとコポリマーの物性の一部は表 7.2 に示すとおり，ホモポリマーの方が全体的に優れていることが判る．POM は成形加工条件下で

表 7.2 ポリアセタールの物性（ホモポリマーとコポリマーの比較）

物　性	ホモポリマー	コポリマー
密度 [g/cm^3]	1.41	1.41
MFI（Melt Floro Index）[g/min]	2.5	1.0
引張降伏応力 [MPa]	68	64
引張破断伸び [%]	35	40
曲げ強さ [MPa]	92	85
曲げ弾性率 [MPa]	2650	2350
シャルピー衝撃強さ [kJ/m^2]	11	6

の流動性に優れ加工しやすく,全体の物性バランスがとれている.一方で,成形収縮が大きいことと,熱安定性のコントロールが難しいこととが一部で用途を制約している.使われ方の多くは金属に近い部品としてのものである.

POMによって代替されている金属の種類には銅合金,亜鉛,アルミニウム,鉄,鋼などがあり,さらに将来の用途の広がりも見えてきている.

(3) POMの具体的な用途分野
①駆動部品類
軸受,ギア,ベアリング,カム,プーリ,スイッチなどは,特に小型のものではほとんど金属を駆逐してPOM化されている.
②機械的強度を活かす部品類
自動車のドアハンドル,配管の継手部品,ファスナ,アルミ戸の戸車,カーテンランナーなどもPOMがなかった時代には金属の主要な用途であったものである.
③耐溶剤性を活かす用途
エアゾルバルブ,オイルタンク部品などはプラスチック中での最高の耐薬品性が活かされている.
④その他
板材,シート,一般機械,小型精密機械,玩具部品などがある.

7.4 ポリカーボネート(PC)

ポリカーボネートは,100℃以上の耐熱性を要求されるエンプラの中で,結晶化せずに実用されるプラスチック材料である.これは,150℃という高いガラス転移温度(T_g)を持っていることに由来する.非晶性のポリマーは,ガラス転移温度以上に加熱されると,軟化して変形するのは結晶部による補強がないからである.一般にエンプラ用として用いられるポリカーボネートは,ビスフェノールA型のPCで(構造式は基礎編を参照),分子構造に対称性を持っている.原料のビスフェノールAが,他の用途を含めて大量に使われるよう

になってコストが大幅に低下した．重合プロセスの改良も進んで，PC の工業生産性はエンプラの中では基幹ポリマーに近いものになっている．ビスフェノール A 型の PC は，AS 樹脂と高せん断速度で混練している場合に均一な（分子レベルで混ざった）構造を採ることが知られている．この AS 樹脂をマトリックスとする ABS 樹脂も，同様に PC と均一な混合性を示す．したがって PC/ABS 系ポリマーアロイは，物性と加工性を兼ね備えた大きな特徴を発揮する．

(1) PC が発揮する実用化につながる特性

PC が市場に受け入れられている最大の特徴は，透明性を持った成形物の強靭性である．射出成形品，押出シート成形品共に，アイゾット衝撃強度，面衝撃強度のいずれでも他のプラスチックと比べて抜群の強さを示す．これは成形品の厚さにも依存するが，材料の耐衝撃性試験におけるエネルギー吸収値が大きいことを示している．耐候性，耐水性，耐熱性などもプラスチック材料の中では優れている．電気，電子用途で必要となる材料の難燃性の付与も容易であり，UL 規格での V-0 グレード（表 4.3 参照）が得られている．難燃性を持つグレードでは，弱電分野への広い用途が開けている．耐熱エンプラでは唯一の透明材料としての特徴を活かした PC の用途は多い．

(2) PC の具体的な用途分野

①電気・電子，OA 機器関連

アンテナ部品，VTR シャーシ，AC アダプタケース，VTR ボディ，電動工具ハウジング，端子板，コネクタなど，難燃規格を必要とする用途が大きい．

②主に屋外で使用される照明器具関連

信号灯などは，耐衝撃性，耐候性と耐熱性を特徴として，他のプラスチックとの競合で優位にある．

③自動車関連

バンパー，外装部品，ホイールカバー，ランプレンズ類，ファンヒーター，インストルメントパネルなどは耐熱性が第一のセールスポイントであるが，耐

④精密機械分野

カメラボディ，時計ケース，顕微鏡などは歴史的な開発時代を経ているので他の材料に置換されない強さを持っている．

⑤押出成形品

耐熱性，透明性が活かされるフィルム，シート類は，二次加工工程を経て，産業用用途や事務機器，日用品にまで及んでいる．さらに耐熱性，耐候性，難燃性などを兼ね備える大型シートとして高速道路の隔壁や窓ガラス代替などにも広がっている．

⑥その他

PCの持つ射出成形の容易さが活かされて，ヘルメット，目薬容器，哺乳びん，日用品，文具など応用範囲が広い．

(3) PC/ABS系アロイの展開

ABS樹脂のマトリックスを形成するAS樹脂は，PCとの混練や混合後の材料の射出成形に際して，分子レベルで均一な一相を取ることは知られている．この特性が活かされて，PC/ABS系アロイは優れた成形品形状を与えて用途を拡大している．特にPC/ABS系アロイでは，PCの耐熱性，耐衝撃性および易難燃化性が活き，ABSの成形加工性，メッキ特性なども付加され，エンプラから汎用樹脂へと用途を伸ばしている．これはABSの用途拡大の意味も大きい．PC/ABS系材料の国内需要実績の推移を表7.3に示す．

表7.3 日本におけるPC/ABS樹脂の年間需要量の推移

年	需要量 [トン/年]
1991	10,000
1993	17,300
1995	23,000
1997	27,500
1999	29,800
2001	33,000

7.5 ポリフェニレンエーテル(PPE)

　PPEは，独特な化学反応(酸化カップリング重合)によって合成される唯一の高分子鎖であることの他にも，いくつかの差別化できる特徴がある．第一は熱的に安定であるうえに，高いT_gを持つ非結晶性のポリマーである．PPE以外にも縮合系の非結晶性耐熱ポリマーも存在するが，耐加水分解性などでPPEとは比較にならない．第二には化学的に変性することが容易で，他材料との相互作用や親和性を増してポリマーアロイ化することが可能である．こうした背景からPPEのプラスチック材料として実用化される特徴は，ポリマーアロイの成分として重要な原料となることである．ほとんどすべてのPPEを含む実用材料は，他の高分子鎖と組み合わせたポリマーアロイの形を採っている．ポリマーアロイ化は，各成分ポリマーの長所を組み合わせて価値が生み出されるもので，先述した安定で高いT_gの非晶性高分子鎖が活かされている．このPPEの優れた特性は，多くの他のポリマー，特に結晶性高分子鎖との組み合わせによるアロイ化でよりよく発揮される．以下に，具体的に開発されているポリマーアロイの技術と用途について述べる．アロイ化で使う技術のポイントは知られ始めたばかりである．ここでは最近の進歩を示すが，PPEを含む今後の実用的な新しいポリマーアロイの発展にも目が離せない．

(1) スチレン系ポリマーとのポリマーアロイ

　GPPSとPPEとは，いずれも非晶性のプラスチックで，物理的混合で分子レベルで均一に分散する珍しい組み合わせのポリマー対として知られる．この意味は，成形品として使用可能な-30℃から，成形加工に用いる300℃までのすべての温度領域で均一に混ざっていることである．加えて，混練や成形機械内での撹拌などせん断力がかかる部分においても均一混合性が保たれる．1972年に，**図7.1**に示すようなガラス転移点の加成性が，Shultzらの論文によって発表された．Shultzらの論文では，2種類の測定法で同様の結果が得られることが示された．加成性とは，PPEとPSがすべての重量比での混合で混合割合に応じた転移温度を示すことを表す性質のことである．このことは，

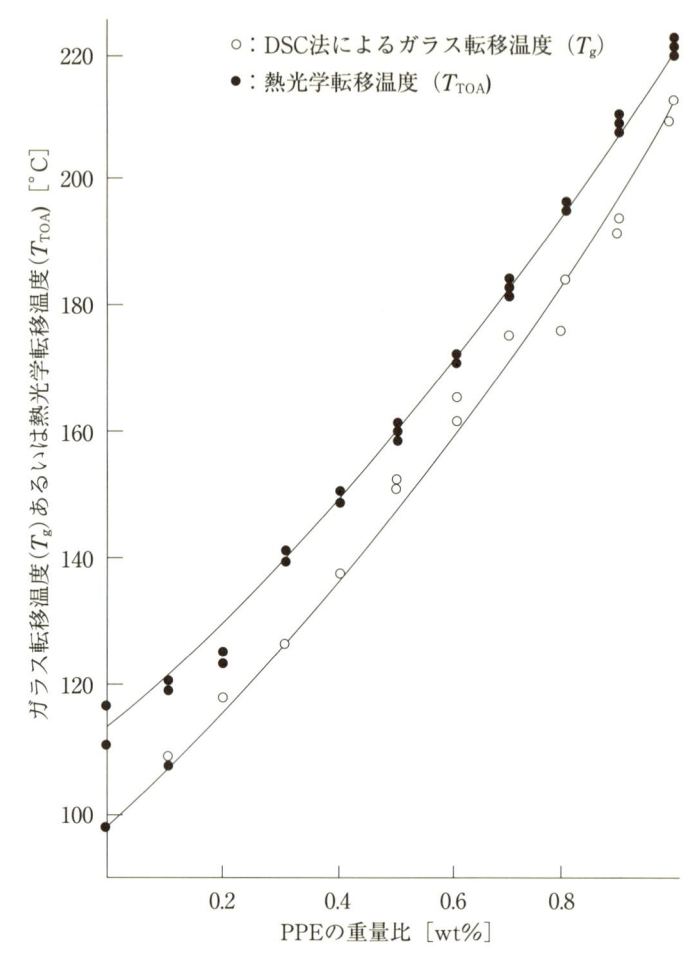

図7.1 PPE/PS 混合物の T_g あるいは T_{TOA} の組成依存性(Shultz, A. R. and Grendon, B. M.：J. Appl. Polym. Sci., **16**, 461(1972)))

PS/PPE の混合比を変えることで，任意の熱変形温度を持つポリマーマトリックスが作り出せることを示している．ゴム粒子によって耐衝撃性を付与した HIPS でも，マトリックス全体にゴム粒子が分散するので，優れた物性バランスの材料を得ることができる．

PS/PPE系のポリマーアロイの特徴は，あらゆる組成比を通じて，①耐熱性と成形加工性とのバランスが良い，②難燃性プラスチックの代表的な組成物を得ることができる，③無機フィラーとの組み合わせによる複合材料で長所が非常によく活かされるなどがある．中でもPS/PPE系のアロイは，ハロゲン系の難燃剤を使わなくても，電気・電子部品分野用に適応できる難燃性をリン系化合物の添加で得られるという特徴がある．一般には，TPP，TCPなどリン酸エステル系の難燃剤が使われる．このリン酸エステル系の難燃剤によるPS/PPE系難燃プラスチックでは耐熱性の低下という問題点がある．そのために，要求の高度化からリン酸エステルの分子量を高くし，安定性を上げ，リン含有量を下げないという改良を加えた．その結果，式(7.1)

$$\text{（構造式）} \tag{7.1}$$

で示される難燃剤に到達している．材料の成形時の安定性ばかりでなく，使用時の耐加水分解性も高いのが特徴である．リサイクルに際しても，安定に再使用できる物性が保持されるのが画期的である．

(2) PA系ポリマーとのポリマーアロイ

結晶性ポリマーであるPAの特徴と，非晶性ポリマーPPEとの特徴を組み合わせたポリマーアロイとして著名である．マトリックスであるPAの持つ耐油性と，ゴム補強されたPPEの分散による耐衝撃性および高剛性が，同時に発揮されている．このポリマーアロイは，耐熱性のエンプラでガソリンなどの油に対する耐性を持つ材料であるので，自動車分野で大型の成形部品に使われている．さらにエンジンルーム内への用途拡大が進んでいる．難燃化が困難なPAマトリックスにPPEを分散させると，容易に難燃化(V-0グレードの達成)が可能となる．このことが，電気・電子部品分野への成形加工性を持つ優れた難燃材料として用途を広げている．

(3) PP系ポリマーとのポリマーアロイ

非相溶性のポリマーアロイを構成する成分の取る構造に，連続相(海相とも呼ぶマトリックス)樹脂の中に，島相と呼ぶ分散相を持つ「海-島」構造と呼ばれるものがある(詳しくは10章を参照のこと)．非相溶な二成分のポリマーの各々と，相溶する成分を有する第三成分としてのブロックポリマーを共存させる，ポリマーアロイの相安定化法がある．これは，二つのポリマー相の間にこのブロックコポリマーが存在して界面を安定化することによる．PPE/PP系のアロイについても，PPとPPEの各々と相溶する成分を有するブロックコポリマーを共存させることで，PPE/PP系アロイが安定に得られる．このPPE/PP系アロイは成分の比率を変化させることで，PPE(海)/PP(島)構造も，PPE(島)/PP(海)構造も作り得る．いずれも工業的に有用な材料となるが，特に後者であるPPE(島)/PP(海)構造の材料の物性は，耐衝撃性，耐熱性，耐クリープ性，耐アルカリ性，耐水蒸気透過性などに優れている．これはハイブリッド自動車用ニッケル水素二次電池ケース材料など，実用化例が増している．この材料は，マトリックスがPPである特徴を活かして，オレフィン系エラストマーとの二色成形用材料としても有用である．すでに事務機器部品，自動車部品，日用雑貨などの広い実用途を獲得しつつ広がっている．

(4) PE系ポリマーとのポリマーアロイ

PE/PPE系でもブロックコポリマー構造を中心に，数々の優れたコンパティビライザーの設計とグレード開発が行われている．PPE系の持つ耐熱性や易難燃化性などの特性が活かされて，四大プラスチック(安価で大量に供給可能であるという意味)の価値を高めるポリマーアロイが広がることで，将来の汎用材料として大きな期待が持たれる．

7.6 スーパーエンプラ群

耐熱性で，汎用エンプラの範囲を超える材料への要求から生まれたポリマーを総称して，スーパーエンジニアリングプラスチック(スーパーエンプラ＝超

7 プラスチック材料(2) エンジニアリングプラスチック

エンプラ)と呼ぶ．図7.2の右側(PArから右上方)に書かれているのがこの範疇に属している．これらのポリマー鎖は，すべてその主鎖中に芳香族核結合をかなりの密度で含んでいる．この現象は基礎編に述べたように，エントロピー変化とエンタルピー変化との比に由来するもので自明である．超エンプラの合成方法としては縮合重合方法しか使えず，プロセスコストも原材料コストも高いものしか使えないので，工業的には高価な材料である．したがって使用範囲は極端に限定され，プラスチック材料でなくてはならない用途で，高耐熱性が必要な分野にのみ使われる．実用化された超エンプラのいくつかを，代表的な

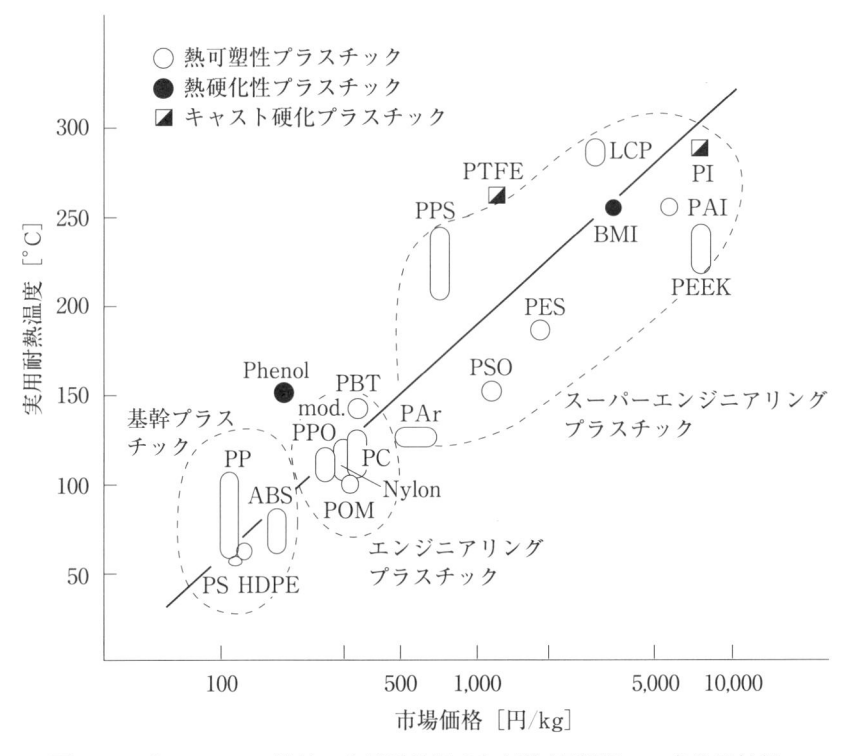

図 7.2 プラスチック材料の実用耐熱温度と価格(伊澤槇一：高分子材料の基礎，神奈川科学技術アカデミー教育講座(1997))
(図中の略語は巻末の略語索引を参照)

物性と共に表7.4に示す．図7.2で表現しているのは，耐熱性と実用に際しての市場価格との関係であり，あまり高温でのプラスチック材料の使用は考えない方がよいことが判る．

表7.4　スーパーエンプラの物性

	PPS	PEEK	PAI	PEI	PSO
比重	1.35	1.3	1.42	1.27	1.24〜1.25
引張強さ [MPa]	66〜86	71〜103	145〜155	90〜100	100〜110
引張破断伸び [%]	1.0〜3.0	30〜150	7〜8	50〜70	50〜100
アイゾット衝撃強さ[J/m]	22〜30	70〜90	120〜150	53〜64	55〜70
荷重たわみ温度 [℃]	105〜135	160	278	197〜200	174
絶縁破壊強さ [kV/mm]	15	—	23	19	17
吸水率 [%]	70.02	0.01〜0.14	—	0.25	0.30

8 プラスチック材料(3) 機能性プラスチック

8.1 機能性プラスチック概論

　プラスチック材料は，合成高分子の持つ特性を最大限に発揮させることで，他の材料との競争に打ち勝って用途を拡大し続けてきた．この流れは四大プラスチック，エンジニアリングプラスチックにも共通して，今後も続いていくことは確実である．強度や電気絶縁性などを中心に，機械・電気材料に重宝な材料である合成高分子が，これからさらに，天然高分子材料も持たない機能性プラスチックへと展開しようとしている．これは合成高分子が構成成分の主体でありながら，高次な微細構造の形成によって機能を大きく伸ばして発揮できるプラスチック成形品を与えることである．すなわち，成形体全体で機能を発揮させる方向を目指しているのである．

　プラスチック製品の機能といってもその広がりは非常に大きい．実用化という面では，目的の市場を見出しているものもあるが，一方で，未だ基礎研究レベルのものもある．石油に由来するプラスチックに新たに機能を与えるばかりでなく，原料の多様化を考えると，未来の高分子材料の宝庫はここにある．プラスチックに加工技術などを加えたり，第二，第三の成分を加えたりして新機能を活かすという視点での材料特性をいくつか挙げる．

(1) インテリジェント材料

　周囲の情報によって，自らの特性を変化させられる材料の一般名として使われる．成形品中に応答性の官能基などを持たせて，材料の機能を外部からコントロールできるような設計を目指している．材料そのものよりは，成形品とし

ての機能発揮の方向が期待されている．

(2) ゲル状高分子機能材料

含水能力が高く形状を保持できる高分子材料として，ゲル状機能プラスチックがある．固相，液相，気相という材料の相構造のどれとも異なるので，第四の構造状態として注目されている．生命体のなかで水との共存で機能を発揮している高分子ではほとんどがこのゲル状態である．未解明の問題も多く，また新しい製法も次々に発表されている．機能に関しても未知な点が多いので，将来にわたって材料開発，機能開発が進むと考える．

(3) 微細構造材料

ポリマー/ポリマー系，ポリマー/無機材料系などの複合化で材料が多く産み出されている．従来，マクロ分散，ミクロ分散などと呼ばれて，10〜0.1 μm 位の大きさに構造を制御して特性を発揮させてきた複合材料については 10 章にまとめた．さらに，原子や分子の大きさでのコントロールによる構造形成まで技術が進んできたのが，有機-無機ハイブリッド材料である．高分子材料と Si-O 結合とを直接結合させることで，高度な機能が与えられている．

(4) ナノコンポジット

微細構造をポリマーの中に取り込む技術の展開の一つとして，粘土鉱物が自然のなかで形成して持っている約 1 nm の厚みの結晶性無機材料と高分子とよりなる機能材料に，ナノコンポジットという名称が与えられている．直接的な原子間の一次結合を持つハイブリッド材料とは区別して取り扱われる．

(5) ナノ構造ポリマー

ブロックコポリマーが示す微細構造が，解析技術の進歩による解明でナノレベルのポリマー-ポリマー系の複合体として再確認され，ナノ構造ポリマーと呼ばれる機能材料の仲間に位置づけられた．この他にも，カーボンナノチューブなどの超微細な構造を持つ無機物とポリマーとの複合で得られる機能材料も

このナノ構造ポリマーの範疇に入る．

(6) 発泡構造を持つ高剛性構造材料

発泡プラスチックはこれまで，断熱性や緩衝性を主体とする用途で発展してきた．これに超微細なセルを持たせると，体積当たりの剛性がバルク材より大幅に向上し実用範囲が広がる．

(7) 導電性材料

通常は電気絶縁体であるプラスチックに，電気を通す性質を与えることが，連続的なπ電子結合をポリマー主鎖に持たせる方法で見出された．これにドーピング材を加えて実用的な材料に仕上げ，広い用途を見出しているのが導電性プラスチック材料である．

(8) 官能基含有材料

反応性，着色性，難燃性などの目的に合致する特性を発揮できる化学修飾として，官能基を主鎖あるいは側鎖に持たせられる．こうした官能基を導入した高分子材料も有効な用途に広がっていく．

(9) 生物分解性プラスチック

石油由来の高分子材料は，これを急速に分解する微生物の集積が進んでいないので，廃棄プラスチック類が蓄積する傾向にある．こうした中で，既存の微生物で容易に分解される脂肪族系ポリエステルの実用化が進んでいるのが生物分解性プラスチックの一つの方向である．もう一つの技術として，植物由来のポリマー合成とその実用化がある．現状では澱粉から合成されるポリ乳酸が実用に最も近い．

(10) 生命系に習う機能発揮材料へのアプローチ

ポリマーの合成（重合反応）と複合化と高次構造形成とを，同時に行うのが生命系の持つ機能発揮材料の特徴である．RIM, APC(advanced polymer composite)などの手法が合成高分子系でも進んでいて，生命系からの知識を活かす方向に近づいている．

8.2 ゲル状高分子機能材料

高分子はその分子が大きいために，蒸気圧がほぼゼロで気相にはならない．高分子ゲルはゲル状態であるが故に，発揮される特性が数々見出されていることで機能材料として注目されている．

(1) ゲルの定義

高分子量化合物が，三次元網目構造(架橋構造)を持ち溶媒を含んで生成する膨潤性混合物がゲルである．線状高分子や分岐状高分子は，良溶媒中には完全に分散して溶解状態となる．高分子鎖が三次元に架橋されると，分子鎖の間に入り込める溶媒の量が限定される．この膨潤状態に到達するに要する媒体の量は，高分子の架橋構造と高分子鎖と溶媒との相互作用によって決まる．高分子鎖の種類，媒体の種類，高分子の架橋構造の程度がゲルの特性を決定する．架橋構造の模式図を図8.1に示す．ジグザグの線で示しているのが直鎖状の高分

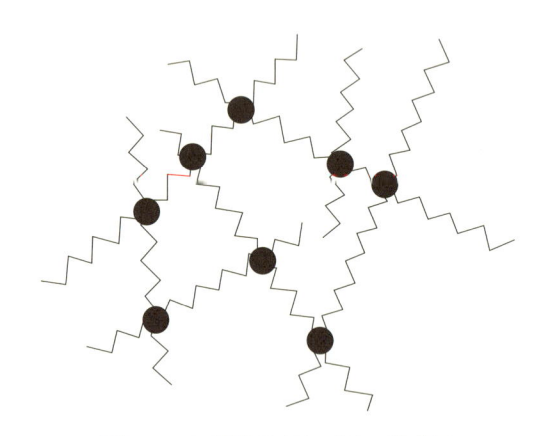

図 8.1　架橋構造(ゲル化)の模式図
〰〰〰：高分子鎖，●：架橋点，空隙部に媒体(水など)が入る

子の鎖であり，●の所で架橋が起こっている．空間の部分（白地の所）に溶媒が入り得る．完全に膨潤している状態では，高分子鎖がほとんど伸びきるまで溶媒が入っている．架橋は共有結合ばかりでなく，クーロン力や水素結合でもゲルは形成される．高分子ゲルといえば一般には水を媒体として膨潤構造をとるハイドロゲルを指す場合が多い．水以外の媒体でのゲルの実例はごく少ない．

(2) ハイドロゲルの種類

天然高分子が生命体中に存在する組織は，ほとんどが水を媒体とするハイドロゲルである．食品，蛋白質，多糖類などの組織のすべてがハイドロゲルであるといってもよい．角膜，水晶体，筋肉，神経軸索なども広義のゲル状態で構成されている．合成高分子も水との親和性を上げ，適度の架橋構造を作ることでハイドロゲルとして構造体にすることができる．有用な用途が見出されているのはマクロゲル（分子間架橋されている高分子と水の）状のハイドロゲルである．最大の用途を持っているものに高吸水性おむつがある．ここで使われるハイドロゲルに，1gの高分子で100〜1000gの水を保持できるものがある．他にも，コンタクトレンズ，人工皮膚，人工角膜，人工膵臓などの医療用途では，人体との親和性や適合性からハイドロゲル材料でなくてはならないことが多い．これからの再生医療を含めて，合成高分子を原料とするハイドロゲルへの期待が大きく，使われる種類も格段に多くなろう．

(3) ゲルの機能

ゲルの挙動には高分子の特性が大きく反映される．機能の発揮に対する高分子の側鎖への官能基導入による改質の効果が，直接的に出て興味深い．生体機能はほとんどがゲルによって発揮されているので，合成高分子と生命体とをつなぐ材料開発にゲルを形成できる，機能性プラスチックの大きな可能性がある．例えば，生命体の中の潤滑部位はほとんどゲルで形成されている．潤滑剤の助けを借りても，固体/固体間や固体/液体間の摩擦係数は 0.1 前後である．ゲル/ゲル間の摩擦係数は固体を含む系とは全く異なり，0.001〜0.03 しかない．信じられないほどの生命体の動きのスムースさがこれに支えられている．

合成高分子によるゲルを用いる機能化で，低摩擦係数の機械部品などの分野に入っていく時代もそう遠くはない．これも一つの生体に学ぶ高分子の進化といえる．

8.3　有機-無機ハイブリッド材料

　珪素-酸素結合から成る無機高分子の構造を，有機高分子と結合させることで得られる複合物（共重合体）の総称である．ゾル-ゲル法と呼ばれるガラス形成反応に，中に共有結合を作ることができる有機物（または反応できる官能基を持つ高分子）を加えて得られる．極めて割れにくい強靭性を与えられた無機高分子材料が得られる．逆の面から見れば，極めて高い剛性や強度を与えられた有機高分子材料が得られることになる．

　①有機-無機ハイブリッド材料では，分子レベルで均一化されている事が特徴であるが，製法に重合を伴うことや副成物の除去法など実用化への壁が多い．そのうえ，合成した後での成形加工にも困難がある．

　②天然の材料のうちでも，動物が創って利用している構造強度材料の主なものは，骨や貝殻に代表される有機-無機ハイブリッド材料である．これらは，有機高分子と無機化合物結晶とを現場で合成して形成されている．マイクロメートル単位の大きさの構造形成と，無限に大きい分子量の高分子化合物とからなる点に特徴がある．生命体の構造形成方法は，今後の有機-無機ハイブリッド材料を構造体として合成する手法の手本として利用できると考える．

8.4　ナノコンポジット

　ミクロな層状の結晶から成る粘土鉱物を原料とし，その層間に合成高分子を挿入した構造を持たせて複合化したものである．1980年代の終わりに，複合化に際して重合反応を伴う複雑な手法を使いながら，10^{-9} m＝nm（ナノメートル）の大きさでの分散に成功したのが始まりである．この技術は，ナイロン-6と粘土鉱物の一種である天然のモンモリロナイトとの組み合わせで実現した．

こうして得られた材料が，自動車部品のエンジン用ファンベルトとして実用化されて脚光を浴びた．その後，解析技術の急速な進歩で形成される微細複合体（ナノコンポジット）の様々な構造が明らかになった．それに伴い，工業化を目指すナノコンポジット化の手法の開発も大きく進んでいる．粘土鉱物の結晶間にイオン性の結合で挿入される手法として，極性ポリマーに限定されていた複合化ポリマーも大きく変化した．すなわち，無機の鉱物とポリマーとの間の界面を活性化する技術の進歩によって，既存の四大プラスチックである PS や PP などもナノコンポジットの主成分として使われるようになっている．ナノレベルの大きさの分散で初めて発揮される特性や機能も次々に明らかになり，大発展の可能性を示唆している．

歴史的に有名な最初のナノコンポジットの特性を表 8.1 に示す．ここで明らかなようにナノコンポジットでは，少ないモンモリロナイト含有量で，単純ブレンドに比べて，約 2 倍の引張強さと引張弾性率が得られている．さらに荷重たわみ温度は，60 ℃ 以上高く，熱膨張係数も小さくなる．

表 8.1 ナイロン-6 とモンモリロナイトとの複合物の物性比較

項　目	単　位	ナノコンポジット	単純ブレンド
モンモリロナイト含有量	％	4.2	5.0
引張強さ	MPa	107	61
引張弾性率	GPa	2.1	1.0
荷重たわみ温度 （荷重 1850 Pa）	℃	152	89
熱膨張係数　流れ方向	$\times 10^{-5}$	6.3	10.3
垂直方向	$\times 10^{-5}$	13.1	13.4
比重	－	1.15	1.15

8.5　ナノ構造ポリマー

ナノ構造ポリマーの定義には，上述のナノコンポジットも含まれている．ポリマー/ポリマー系の複合化で，ナノレベル特有の機能を発揮することで注目

160　Ⅱ　応用編

を集めている現象について述べる．ブロックコポリマーの示す透過型電子顕微鏡(TEM)におけるモルホロジーを解析することで，ナノ構造ポリマーが初めて明らかにされた．その後，複数のポリマーの組み合わせ，化学結合の有無，結晶構造の有無などの因子のもたらす効果などが，多くの研究論文に基礎的事

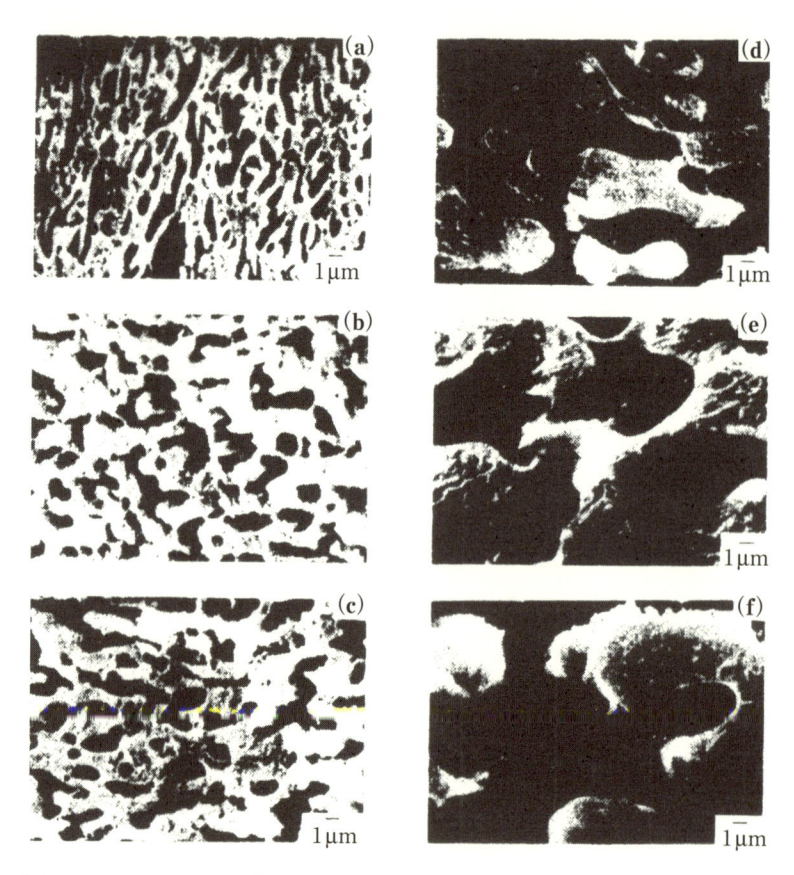

図 8.2　PC/ABS のスピノーダル分解による構造の経時変化
　200℃に保持した場合の TEM で見る構造の変化．白：ABS，黒：PC．
(a) 3 分後，(b) 6 分後，(c) 9 分後，(d) 11 分後，(e) 15 分後，(f) 18 分後
(Quintens, D., Groeninckx, G., Guest, M. and Aerts, L.：Polymer Eng. Sci., **30** (22), 1474 (1991))

項として報告されている．

PC/ABS，PPE/HIPS などは，特別なコンパティビライザー（相互作用補助剤とも訳されているが，通常は compatibirizer のままで使う）を使わずに，良好な物性のポリマーアロイを与える．これらの系では，少なくとも成形加工時に均一な分子レベルの混合状態が示されて，工業的な実用物性が安定して用途が拡大している．ナノレベルでの構造解明の結果から，構造と物性を関連付けた「構造材料の開発」や「機能材料の開発」が進んでいる．ナノ構造ポリマーの分野は，機能性合成高分子の新しい地平を拓き続けるキーテクノロジーである．スピノーダル分解による構造形成が起こっている PC/ABS のナノ構造を図8.2 に引用して示す．スピノーダル分解による微細構造は，与えられた温度では時間の経過と共に大きくなっていくことを図8.2 が示している．

8.6　発泡構造による高分子材料

(1)　微細セルを有する発泡成形体の製造

合成高分子での発泡成形体の歴史は，すでに40年以上に及ぶが，長年にわたって利用されていた特性（用途）は，断熱性と緩衝性であった．天然の木質材料（コルクなど）の代替の形で市場が形成されている．微細なセル（$10\,\mu m$ 前後以下）に到達する技術に至って，衝撃強度ばかりでなく剛性も保たれる発泡成形体が得られるようになった．比重を 0.2～0.8 程度に保持する低発泡体であれば，ソリッドの成形品以上の硬さと強さを持つ成形品とすることも可能である．

現在のプラスチック発泡技術では，天然物が持つように気泡の大きさを傾斜させたり，バランスを微妙にコントロールしたりというレベルには達していない．今後の成形加工技術の進歩（13章参照）によって，「竹」や「材木」に匹敵する材料に近づくことも夢ではない．

(2)　セルの微細化

詳しくは成形加工の章で触れるが，プラスチックの発泡成形技術が発泡剤の

量・質と発泡条件をコントロールする方向に発展している．発泡剤は一般にプラスチック材料のよい可塑剤となるので，高分子鎖の流動特性にも微妙な影響を及ぼす．こうした発泡技術全体をシステムとして把握することで，発泡体中のセルの大きさを微細にすることができるようになった．

(3) セル膜の補強

プラスチック複合化の技術の一環(10 章参照)として，発泡体のセルを区切っている高分子膜(セル膜と呼ぶ)を補強する方法がいくつか提案され実用化されている．一つの例は，液晶性ポリエステル分子による補強である．剛直な液晶高分子が配向しているセル膜中で流れ方向に並ぶことで膜の強さが補われる．第二の方法は，ナノコンポジットの項で述べた，粘土鉱物の単独層をセル膜中に分散させる補強技術である．ナノレベルの鉱物による膜の補強効果は大きい．

(4) マイクロセルラー，ナノセルラーの実用化

マイクロセルラーと呼ばれる，セルの大きさが $10\,\mu m$ 以下程度の微細化プラスチック発泡体セルは，臨界状態の CO_2 ガスを用いる発泡で得られている．さらに小さい発泡セルが得られるようになったのが，ナノセルラーと呼ばれる技術である．詳しい技術内容は 13 章に述べるが，CO_2 ガスとナノレベルの大きさの粘土鉱物との組み合わせで，100 nm 以下のセルに到達して実用化ができるところまできている．

8.7　導電性プラスチック

電気絶縁性が特徴であるプラスチックに，全く新しい概念として導電性を与えたのは，ポリアセチレン合成に関する 1977 年の白川英樹レポートである．これは 2000 年のノーベル化学賞受賞の対象となった．ポリアセチレンなど，主鎖中に完全に連続して π 共役系を与える高分子は，低いながらも導電性を示す．この高分子にドナー，アクセプターを形成する材料を加えるドーピング

を行うと実用レベルの導電性が発現し，1990年代から応用の研究も進んだ．さらに，電気伝導性の安定なコントロール，プラスチックとしての安定性，成形加工特性の向上などの課題を克服して実用化された．ドーピングを加えることで，実用的に使用可能になるポリマーの骨格構造の例を**図8.3**に示す．実際に工業的に使われているということではない．2006年現在で，日本の市場は2000億円以上に達している．

$-(CH=CH)_n-$
ポリアセチレン

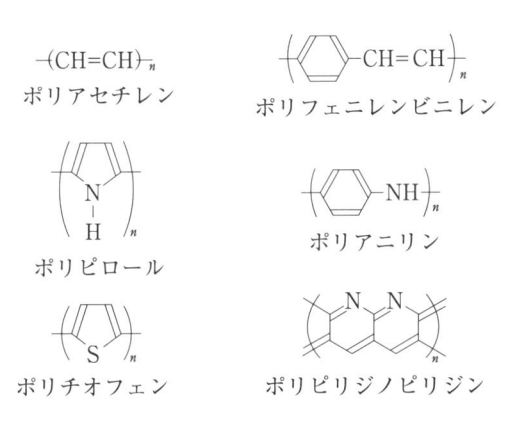

$-(\text{C}_6\text{H}_4-CH=CH)_n-$
ポリフェニレンビニレン

ポリピロール

ポリアニリン

ポリチオフェン

ポリピリジノピリジン

図8.3 ドーピングで導電性を与えうる有機高分子鎖の例

8.8 官能基含有機能性高分子材料

(1) 反応性繊維

合成高分子は繊維として，強度，生産性などに優れていて各方面に展開されている．しかし微妙な染色性において，長い歴史の中で使われてきた天然高分子繊維には及ばない所が多い．これを補う一つの手法として，染顔料と反応できる官能基を高分子に持たせたうえで紡糸したものが，反応性繊維と呼ばれている．

(2) 反応性易着色性高分子

成形材料としてのプラスチックの中にも，多用な染顔料と親和性を求める場

合が多い．易着色性のために反応性を持つ官能基を導入したプラスチック原料には，反応性易着色性高分子という呼称が付けられる．

(3) 難燃性成分をグラフト重合した高分子材料

一般的な成形用プラスチックの難燃化には，必要にして充分な量の難燃剤を混練する手法が採られる．繊維や織物など，表面積の大きい成形体への難燃化では，難燃剤が表面に出てきてしまうブリードアウトと呼ばれる現象が起きやすい．こうした用途向けに，難燃剤と化学結合を起こせる成分をグラフト重合させる技術が発展した．

8.9 生物分解性プラスチック

(1) 生物分解性プラスチックの歴史とその要求

長い地球上の生命の歴史を支えていたのが，生命体の中で合成される高分子材料(天然高分子)である．自然界での材料は機能が優れているばかりでなく，そのすべてが，機能を終えた後に微生物による分解での循環が存在している．20世紀生まれの合成高分子材料には，相当する微生物の濃縮が未だ起こっていないので(プラスチックは発生して間がないので，これを食料とする微生物が大量に，集中して現れてはいない．もしこのような微生物が登場すると，使用中のプラスチックが次々に食べられ(腐食されて)，実用性の低下につながるかもしれない)，廃棄物が蓄積されていくという課題がある．既存の微生物(土壌中に濃縮されている微生物という意味)によって分解可能な「生物分解性プラスチック」という機能を求めて開発が進んでいる．

(2) 生物分解性プラスチックの定義と当面の用途

生物分解性プラスチックの国際的な定義では，コンポストを通じて自然に返すことを前提として，次の3項目を満足させる合成高分子材料に，識別表示と認証とを与えている．

①生物分解性であること．

②コンポスト化装置内で崩壊すること．
③コンポスト化工程，コンポスト品質に悪影響を与えないこと．

　実用化された後にコンポストを通じて自然に戻す意義の大きい用途は食品などを安全に最終ユーザーに送り届けるワンウェイでの使い方である．それに耐える物性とコストを備えた生物分解性プラスチックが待たれている．

(3) 生物分解性プラスチックの今後の用途展開

　生物分解性プラスチックの，21世紀初頭の段階で国際的に認知されている用途は，コンポスト向け収集袋のみである．プラスチックを材料として使用している実用時間の中で，強度などの物性を劣化させるような生物による分解を起こしてはならない．したがって，生物分解性プラスチックをどのような用途で使っていけるかという検討には今後充分な議論を要するところである．

(4) 生物分解性プラスチックの分析法

　プラスチックの生物分解性の分析方法は，JIS，ASTM，ISOなどに細かく規定されている．地球上の時間経過として長い目で見れば，合成高分子も充分に分解される．光と水と酸素による劣化を受けない高分子材料はなく，酸化されてできる-OH基や-COOH基を拠り所として微生物による分解が始まる．現在の規格は，極めて短い時間と土壌中という条件が課されている．

(5) 実用化されている生物分解性プラスチック

　実用段階の生物分解性プラスチックは，ごく限られた構造を持つものだけである．既存の微生物の働きで分解できるのは，加水分解可能で分解後の生成物が天然に存在する低分子化合物となるものである．たくさんの高分子が検討されたが，結局脂肪族ポリエステルなどが残ったのみで，分類別の例を**表8.2**に示す．21世紀初頭の段階ではコスト高で，用途が限定されている．

(6) 21世紀における生物分解性プラスチック

　将来を考えると，生物産生で生物分解性という材料がこの分野での本命であ

表8.2 生物分解性プラスチックの分類と具体例

分類	具体例
天然高分子由来	澱粉誘導体，酢酸セルロース　キトサン系アロイ，澱粉系アロイ
微生物産生	ポリヒドロキシブチレート
合成高分子由来	ポリ乳酸，ポリカプロラクトン，ポリカプロラクトン系アロイ，ポリブチレンサクシネート，ポリビニルアルコール系アロイ，ポリブチレンサクシネート／アジペート　など

る．澱粉から合成されるポリ乳酸は，天然物由来であるが故に実用化への期待が大きい．強度，耐熱性などの物性も用途によっては充分である．石油由来の合成高分子材料で大量に使用されているプラスチックと競合しながらの代替に，物性バランスを伴ってコスト面から近づく技術開発がこれからの重要なポイントである．

(7) 植物由来ポリマーの持つ意味と将来展望

植物を原料としてポリマーを合成すると，脂肪族ポリエステル構造が必須となる．こうした植物由来のポリマーは当然，既存の微生物による分解を受けるので本項の目的に合致する．それ以上に重要な植物由来ポリマーの意味は，CO_2 バランスが取れることにある．すなわち，空気中の CO_2 を原料として構造体を形成するので，ポリマーを使用後に焼却して CO_2 に変えても全工程を通じての CO_2 バランスは崩れていない．ここが化石原料の石油由来ポリマーとの違いが歴然と現れる特徴であり，重要なポイントである．

8.10　生命系の持つ機能発揮材料へのアプローチ

本書の冒頭でも触れたように，天然の高分子材料は，比較的簡単な一次構造（化学構造）を持つポリマーを原料としている．そして計算されたような微細な空間を持つ構造を配置した全体構造を組み上げて，すばらしい機能を発揮して

いる．微細発泡体，自己組織化集合体などの手法でコントロールされた高次構造体として製造するのは，将来の大きな課題である．ここに向かって機能材料は進化を続けていくことになろう．

(1) 天然材料の構造解明の進歩

植物由来で構造強度が活用され，人類の文明向上に大きな働きを示してきたのが，竹や木材などセルロースを原料とする材料である．単独のポリマーとしてはさほど強い分子ではないセルロースから，高度な分布を持つ中空構造が作られていることが判った．しかも，植物が成長する現場で高分子化反応を起こしていて，合成と成形が同時に行われている．このことが，天然高分子材料で分子量が無限に大きいものを実用できる基本となっている．

(2) 積層複合材料の組立

成形加工と同時に重合を行うに際して，次のような特性の組み合わせで組み立てる最先端の用途向け材料(advanced polymer composite)である．
①繊維配向を単一方向にまとめた成形層を角度を変えて積層し，全方向の物性バランスをとる．
②アラミド繊維，炭素繊維，ガラス繊維などが固有に持っている特性をハイブリッドさせて材料化する．
③必要な特性(耐熱性，耐水性，耐光性，耐候性など)を備えた熱硬化性樹脂材料でそれらを結合させつつ硬化させる．

航空機の構造部品などへの応用も始まっており，より広く人類の生活の場に浸透していく素質を持った技術である．

(3) 自己組織化反応による高分子構造体の生成

天然高分子が生命によって形成されるプロセスに近い反応を目指して，分子の自己集合による高分子量体を作る研究が進んでいる．超分子と呼ばれることもあったが，着実な自己組織化反応による高分子生成技術の領域へと研究が行われている．ここでは，直接の化学的な一次結合の生成ではなく，水素結合，

ファンデアワールス力,配位結合力,イオン結合力など自然が利用している力を有効に使うのが特徴である.未だ多くの報告は基礎研究レベルであるが,将来的な技術の萌芽が見えてきていることに間違いない.

構造体として活用できるレベルの高分子物質が得られれば,将来の夢としては,具体的な利用の方向もたくさん考えられる.天然の高分子と同じように,生成反応には自己組織化反応を経由して高度な材料を得て,使用した後では触媒反応などで自然に戻すことも可能になるであろう.

9 ゴム，繊維，接着剤，塗料の用途

　高分子化合物は，その特性(単純な物性値なども含む)や成形加工後の物性とか，形状で様々な分類が行われている．その定義についてもISO, ASTM, JISなどの規格ばかりでなく，慣習に基づく俗名なども多い．合成高分子はプラスチックとしての用途が一番大きく，ゴムと繊維とがそれに続いている．実用途に結び付けた加工を行うことで価値を産み出しているのが接着剤，塗料である．本章では，6章〜8章で取り上げたプラスチック以外の用途を中心に述べる．

9.1　実用材料としてのゴムへのプロセス(ゴム化)

　ゴムほど，高分子素材と高分子材料との間に大きな開きがあるものは少ない．すなわち，材料化(ゴム化と呼び変えることができる)に基本技術があって，実用の可否もここで決まる．したがって，実用されるゴム材料は，高分子材料の中でも最も多種類の副資材を含んでいる．このゴム化プロセスがゴム工業を支え続けており，副資材の配合割合や混合方法などは長年にわたって職人のわざ(技)が生み出してきた．

　ゴム工業に原材料として使用されているゴムの数量は，自動車タイヤ向けを中心にその成長率が大きく，高分子材料の利用拡大を担っている．2003年時点で，世界の原料ゴムの消費量は約1500万トンであり，およそ天然ゴム35％，合成ゴム65％の構成である．実際の工業分野で使われている技術でも，科学的には判っていない部分が多い．ゴム工業に使われているゴム化技術の一端について述べる．

(1) 素 練 り

ゴム配合における前処理を素練り工程と呼ぶ．これは，様々な産地からの天然ゴムや素性の異なる合成ゴムなどの成形加工性を合わせることを主な目的とする，流動性付加の技術である．具体的な手法のいくつかを挙げれば，機械的なせん断力を与えること，操作中に作用する空気による酸化，しゃく解剤（素練り促進剤）などでのラジカル反応で主鎖切断することなどがある．操作温度などは，長い歴史を踏まえて設定されており，タイヤ用，加硫加工ゴム用などゴムが使用される用途や目的によって異なる条件になっている．低温素練りは，60℃以下のロール機を用いて行うのが通例である．高温素練りは，130℃以上の密閉式混合機を用いる．現在はこのように，素練り温度は二極分化した加工条件が使われているが，新しい用途向けに新しい条件や機械が出現するかも知れない．

この工程は天然ゴムの実用化には不可欠のプロセスである．

(2) 加 硫

低い転移温度（T_g）を持つ高分子鎖の間に架橋点を導入することで，ゴムとしての特性を与える技術を加硫という．これは長い間，ゴムの代名詞であった天然ゴムの架橋化が硫黄を用いていたことに由来し，歴史的習慣で加硫と呼ばれている．ゴム原料の高分子は，低温で流動できる高分子化合物であるので，実用に当たってこの熱変化による塑性流動を抑えてゴム弾性を発現させる三次元網目構造形成反応を，加硫と総称している．すなわち，ゴム原料の高分子素材を用いて成形物としての用途を可能にする技術の根幹を成すものが加硫である．ゴム原料高分子に，硫黄と加硫促進剤とを加えて加熱する熱加硫が主流である．ゴム原料高分子間を，硫黄を含む一次結合で結ぶ．加硫条件により成形されるゴムの特性を大きく振ることができ，プロセスの鍵となる．主にゴム原料高分子中に含まれる二重結合が加硫反応に大きく関与している．加硫の化学反応は数多くのものが提案され，C-S-C 結合，C-S-S-C 結合などの生成は知られている．珪素ゴム，フッ素ゴムなどは，天然ゴムや合成ゴム（ポリブタジエン成分を含む）などのような二重結合を持たない．したがって，最適な架橋

反応を起こさせる加硫剤を用いて一次結合を生成させる．従来からの，二重結合含有高分子のゴム化に使われていた加硫剤を用いる以外にも，放射線や電子線による加硫もある．EPDM や NBR などの合成高分子ゴム原料などの中には，熱可塑性プラスチック（ポリオレフィンやナイロンなど）と，混練加工するときに適度に加硫するものがある．こうして得られる実用的ゴムは，耐熱性や耐油性に優れた熱可塑性を有するゴムである．この手法は動的加硫と呼ばれている．

(3) 混合練り

ゴム原料の混合を行って，実用的な物性を産み出す工程を混合練りと呼ぶことが多い．ゴム分野では，その用途によって原材料の配合割合は千差万別であるが，一つの具体例を挙げることで理解をしやすくする．典型的な配合例としての加硫天然ゴム混合組成を示すと，ゴム 100 重量部，硫黄 2.5〜0.2 重量部，加硫促進剤 0.8〜3.5 重量部，酸化亜鉛 3〜5 重量部，ステアリン酸 1 重量部となる．こうした組成での加硫条件は，140〜200℃，2.5〜60 分の範囲で行われる．用途によって必要とされる補強材としては，カーボンブラックやシリカが，増量剤としては，炭酸カルシウムやソフトクレーなどがさらに追加される．こうした添加剤の量としては，ゴム 100 重量部に対して 50〜150 重量部の範囲で使われる場合が多い．加硫されたゴム材料中の非晶性の高分子鎖の部分と親和性を持たせるための軟化剤は，5〜20 重量部の範囲で用いられる．光，熱，酸素などの攻撃からゴム材料を守る安定剤（ゴム材料の分野では老化防止剤と呼ばれている）は，1〜2 重量部程度を併用することが多い．

9.2 ゴム材料の物性と用途

(1) 加硫ゴムの力学的性質

加硫されたゴムの特性は，使用する原料ゴムの種類，添加剤の配合割合に左右されるので，用途に合わせて自由に選択することが可能である．JIS や ISO などで定義されているゴムの領域を示す物性の範囲は，主な力学特性として，

降伏強さが3～100 MPa，破断強さが5～35 MPa，破断伸びが100～800％である．

耐熱性の高い加硫ゴム（高温での実用時の劣化する度合いが低いゴム）を得るには，二重結合濃度を極端に低くしたゴム原料や珪素ゴム，フッ素ゴムなどを主な成分として用い，電子線架橋や有機過酸化物などによる架橋など非硫黄架橋方法を用いる．

(2) タイヤ用途

ほとんどの移動体用のタイヤはゴム製である．ゴム用途としての使用量の中でタイヤ用途が最大の位置を占めている．タイヤの種類は大きく分けて空気を入れるチューブがあるものと，全体がゴムでできているソリッドタイプのタイヤとがある．タイヤの用途は非常に多岐にわたり，乗用車用，トラック用，航空機用，二輪車用などに分けて考えることができる．それぞれの用途の中にも大から小まで，その構成も種類も数多い．多種類のタイヤが生産され利用されている中で，例えば航空機用など高度な特性を集中的に必要とする場合には，天然ゴムが必須の主要成分となる．一方，小型，軽量なタイヤの場合などでは合成ゴムのみによる構成でも充分な場合もある．一般的には必要な特性に合わせて，各種のゴム原料を併用するのが常である．

(3) タイヤコード

タイヤのゴム層に埋め込んだ補強用の繊維を総称してタイヤコードという．タイヤ全体でのゴムの役割が大きいのは当然であるが，その補強に必須なのがタイヤコードということである．タイヤコードの構成成分としては，有機繊維によるコードとスチール製コードとがある．タイヤコードの役割は，柔軟性を持つゴム成分の骨格材料としてタイヤの強度を保持すると同時に，剛性を適度に保つことである．

スチール製コードを用いる場合には，周辺の有機成分（ゴムを主体とする組成物）との線膨張係数の差によって強い圧着力が働く．そのために安定な構造が保持されうる．

有機繊維の中でタイヤコードに実際に使われている材料には，レーヨン，ナイロン-6，ナイロン-66，ポリエステルなどがある．有機繊維はゴム組成物と膨張率に大きな差がないので，タイヤコードとゴム層との親和性を上げるための化学変性（表面への官能基導入など）が技術のポイントとなる．すなわち，ゴム層と有機繊維タイヤコードとの界面接着性で，形状と物性とを安定に保つのである．

9.3 熱可塑性エラストマー（TPE）

合成高分子の構造の中に，硬い部分と軟らかい（T_g の低い高分子鎖）部分とを同時に持たせる工夫によって，加硫せずにゴム特性を発揮する材料として，1960年代に熱可塑性エラストマー（TPE）は登場した．原理としては，常温（通常の使用温度範囲）で塑性変形を防止する硬い部分が，加硫ゴムの中にある架橋構造と同様の働きを示す．普通のゴム原料中にもあるエントロピー弾性を示すソフトセグメントを，一方の構成成分として持たせることで，定義上のゴム領域の物性が発揮されるのである．TPE は，プラスチックの持っている熱可塑成形性という特徴を備えたエラストマーであるので，その市場の日本における成長速度は，架橋ゴムの分野の市場成長速度に比べて約2倍となって拡大が続いている．あらゆる種類の高分子鎖からそれぞれ TPE が合成されて実用になっている．日本の市場では，ポリスチレン系，ポリオレフィン系，ポリブタジエン系，ポリ塩化ビニル系の4種が量的に多く，TPE 全体の消費量の80%以上を占めているので，これらについて下記に説明を加える．

(1) スチレン系 TPE

スチレンとブタジエンとのブロック共重合体（スチレン-ブタジエン共重合体＝SBC）が主体である．ポリスチレンブロック部分が高い T_g を持つ硬い部分となり，ポリブタジエン部分がソフトセグメントを形成する．それぞれの成分の長さを自在に変えられること，ポリブタジエン成分では，立体規則性や，1,2-，1,4-結合の比率なども変えられることなどから，たくさんのグレード

を作ることができる．さらに，ポリブタジエン成分中に残っている二重結合を水素添加で還元すると飽和ポリオレフィン成分となり，熱や光に対する安定性が増す．こうしてスチレン系TPEは，非常に幅広い品揃えが可能になっている．全体の物性をゴムとしての物性範囲に留めると，単独でTPE系商品となる．一方，S成分の比率を高めた共重合体では軟らかいプラスチックとしての用途も広がる．PS，POの両方の特性を兼ね備えた共重合体であるので，樹脂の改質剤やポリマーアロイの相容化剤の用途でも注目を集めている．同様な理由で，スチレン系ポリマーとポリオレフィンとの相容化効果を活かす応用が拡大している．

(2) オレフィン系TPE

エチレンとプロピレンを主成分とする共重合ゴム原料が，EPM，EPDMである．このEPM，EPDMに市場が求める特性に合わせてPEやPPをブレンドすると，ポリオレフィン系TPEが得られる．このポリオレフィン系TPEが全体としてTPO(thermoplastic polyolefine)と呼ばれ，大型部品，特に自動車バンパー向けに巨大な市場を形成している．

この自動車バンパー用のTPOは，成分中のゴム成分の配向によって縦横の線膨張係数に大きな差を生じることから，合体する基材である鉄と同じ伸縮性が持たせられるという特性があり注目されている．

また，ポリマーアロイ化で形成されるポリオレフィン系TPEにSOPモデルと呼ばれる日本発の大型成形用材料がある．主成分であるPPの分子量を低くして成形流動性を高めると共に，成形時の結晶化度を極端に上げることで，非常に広い応用分野が開かれた．SOPモデルは，自動車バンパー用ポリプロピレン系ポリマーアロイとして出発したが，すでに世界中の大型成形品向けに定着している．

(3) ポリブタジエン系TPE

ポリブタジエンは，合成ゴム原料として広く使われている．この重合鎖の中に立体規則性シンジオタクティックな1,4-結合を持つ，ブロック重合体

(syndiotactic-1,4-polybutadiene)を生成させる独特な触媒が日本で発明された．この Syn-1,4-BR 部分が結晶性を持つのでポリブタジエン系 TPE が生れたのである．材料供給も市場開発も日本のみで進んでいたが，近年，海外展開も急拡大している．主な用途である履物の底材料向けは，世界中に広がっている．

(4) ポリ塩化ビニル系 TPE

本質的に硬い高分子材料である PVC 鎖に軟らかい成分で PVC とのブレンド性の良い NBR を混合して得られるのが，ポリ塩化ビニル系（thermoplastic polyvinyl chloride）TPE の主流である．軟質成分として使えるものには，NBR だけでなく，可塑剤系の化合物やアクリルゴム系などもある．このポリ塩化ビニル系 TPE 材料は，海外での統計では軟質塩ビに分類されることが多い．

以上の4種の TPE の他にも，多くのプラスチック技術を駆使することで差別化した TPE が，次々と市場に投入されている．ナイロン系 TPE，ポリエステル系 TPE やスーパーエンプラ系 TPE などもいずれは定着した用途を広げていくであろう．

9.4 繊　　維

(1) 繊維形成性合成高分子

合成高分子の用途でプラスチックに次いで大きいのが，合成繊維である．合成繊維向けに使われる合成高分子の特徴をプラスチック用途向けと比べると，次のような四つの大きな差異がある．すなわち，①平均分子量が大きい，②高分子鎖間の相互作用が比較的大きい，③高分子を配向させた場合に格段に高い結晶化能力を持つ，④高分子の主鎖が屈曲性と柔軟性とを兼ね備えている，の4点である．これらの特徴を備えた高分子の特性を繊維形成性と呼んでおり，良好な一軸方向への延伸を行うことで繊維としての特徴を発揮させることができる．合成高分子から繊維を形成する成形加工段階のことを紡糸工程と呼ぶ．

(2) 紡糸工程

使用する合成高分子の特徴に加えて，繊維になった後での特性を左右するのが，この工程である．実際に合成高分子の紡糸に使われる方法は，以下の3種類から選ばれている．

①湿式紡糸

高分子化合物と良溶媒とからなる溶液を作る．これは紡糸原液あるいはドープと呼ばれている．紡糸原液を，ノズルを通して非溶媒となる組成の液体浴中に吐出する．この工程によって良溶媒が外側の媒体中に抽出されて，高分子が固化して繊維状になる．脱溶媒させる液体浴を凝固浴あるいは糸浴と呼ぶ．この浴の成分には高分子に対して非溶媒であると同時に，高分子溶液の溶媒と良く混ざる低分子化合物を用いる点が技術のポイントである．湿式紡糸法を選択するのは，原料高分子が(1)熱溶融しない場合と，(2)揮発性が低い溶媒か高温で不安定な溶媒にしか溶解しない場合である．原液の高分子濃度は，5〜30%と低く，吐出時の溶液粘度を20〜2000 P(ポアズ)の間に保つ．ノズルの直径（単糸用）を0.01〜0.1 mmϕとし，ノズル間の距離は極めて小さくすることができる．多数本の繊維を同時に紡糸することができるが，凝固浴と繊維との摩擦抵抗が律速の鍵となって，それほど大きい引取速度を設定することはできない．

工業的な繊維の生産に湿式紡糸法が使われている高分子の具体例には，セルロース，蛋白質，ポリビニルアルコール，ポリアクリロニトリル，ポリ塩化ビニルなどがある．ゲル紡糸と呼ばれている超高分子量ポリエチレンの繊維化も湿式紡糸の一種である．

②乾式紡糸

湿式紡糸との違いは，紡糸する際に紡糸浴を使わないことである．すなわち，良溶媒と高分子化合物とよりなる紡糸原液を，ノズルを通して加熱気体中に吐出し，溶媒を蒸発させることで高分子を固化させ繊維状に加工する方法である．水以外の溶媒を用いるときは，プロセスに溶媒回収設備を併設することが必要となる．紡糸原液の粘度は200〜400 P，ノズルの太さは0.05〜0.2 mmϕの範囲で行う．ノズルのある紡糸口金の下に，8〜30 cmϕ，4〜8 m長の紡糸

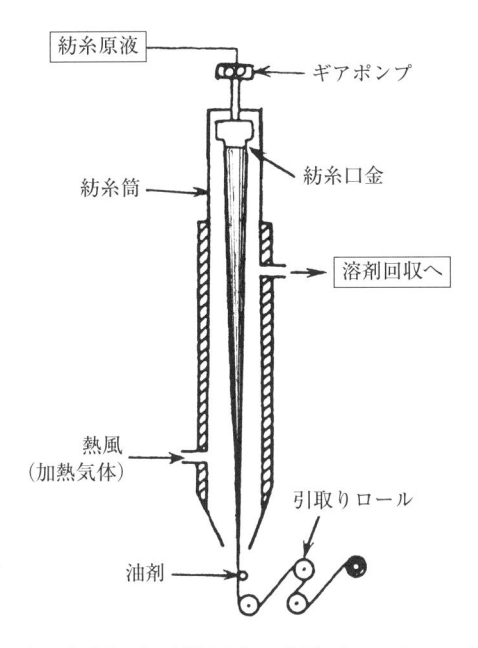

図 9.1 乾式紡糸の行程概念図(片岡章：実用プラスチック成形加工事典, p.219, 産業調査会(1997))

筒を安定な脱溶媒の進行と糸の揺れを防止するために**図 9.1**のように設ける．この紡糸筒内の気流方向や温度コントロールは，高分子化合物の種類によって様々に工夫されている．

工業的に繊維の生産に乾式紡糸を採用している高分子の具体例には，二酢酸セルロース，三酢酸セルロース，ポリ塩化ビニル，ポリアクリロニトリル，ポリビニルアルコール，ポリウレタンなどがある．

③溶融紡糸

これは，加工時に安定に加熱溶融することができる高分子化合物の繊維化に使われる．主要な合成高分子の繊維化で大活躍している．例として溶融紡糸の概念図を**図 9.2**に示す．材料の高分子を加熱溶融して紡糸口金より一定速度で吐出させる．紡糸筒内で冷却用の空気浴によって固化させ繊維化して巻き取

178　Ⅱ　応用編

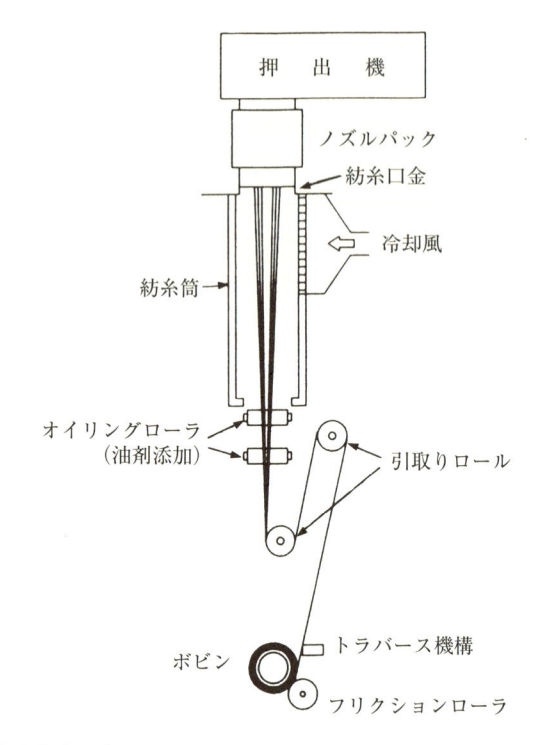

図 9.2　溶融紡糸の行程概念図(鞠谷雄士：高分子・複合材料の成形加工, p.298, 信山社出版(1992))

る．図9.2中のオイリングローラは，紡糸後の単糸が相互に付着することを防止するためのオイル添加用のロールである．ガイドローラで糸の方向を変えた後にでき上がった繊維をボビンに巻き取るが，長さ方向に均一になるようにトラバース機構を使って糸を配る．繊維が積み重なって厚みが増していく状態を安定化するためにフリクションローラで抑える．この図9.1および図9.2で示した繊維化以降，巻き取りまでのガイドラインはすべての紡糸過程にほぼ共通するメカニズムと考えてよい．溶媒を用いる湿式，乾式に比べて媒体の回収などがなくプロセスが簡略化できるのが溶融紡糸の第一の特徴である．また本質的に高速度の紡糸ができるので，非常に効率の高い紡糸方法である．高温で高

粘度の溶融状態の高分子を扱い高圧で吐出口から押し出すという特異な成形加工方法であるので紡糸機の材質，構造，加工精度や紡糸時の雰囲気制御などが技術のポイントとして重要である．現在では，上記のすべての装置のレベルが上がり，相対的制御機構も完全にバランスするという素晴らしいプロセスができ上がり，高分子の性能を最高度に発揮できる 5000〜8000 m/min の紡糸速度が得られるようになっている．

　溶融紡糸で実用的な繊維を紡糸している高分子の具体例には，ナイロン，ポリエステル，ポリオレフィン，塩化ビニリデン共重合体などがある．ポリ塩化ビニル繊維も一部はこの溶融紡糸法で製造されている．

(3) 合成繊維の評価と用途

　合成繊維は，天然繊維と共存しながら使われている場合が多い．吸湿性，風合，染色性などが天然繊維に近づいて，天然繊維からの代替も進んでいる．主な用途とそこで発揮される合成繊維の特徴の一部を挙げて説明する．

①ナイロン繊維

　洋服類，特に婦人服用に多く使用されている．シルク代替としての感触が評価されて主要な用途となっている．細番手を中心にしたものでは，絹糸と比べての柔らかさなどの特徴が認められている．特に婦人用のストッキングやパンティなどでナイロン固有の柔らかさ，強さ，肌ざわりなど，使用時の特性が高く評価されている．

②ポリエステル繊維

　圧倒的に大きい用途はワイシャツである．混紡を含めれば，シャツ類のほとんどにポリエステル繊維が使用されている．その特徴は，白さが保たれることと，ウォッシュアンドウェア性で示される速乾性を持つことなどにあり，広く愛用されている．天然繊維との混紡性にも優れていて，スポーツ分野などで用途に広がりを与えている．

③アクリル繊維

　高分子鎖に強い極性基(側鎖の-CN基)を持っているが故に，アクリル繊維は特別に紡縮加工が懸けやすい．そのことにより天然の動物繊維が特徴として

持っている嵩高さのある繊維を得ることができ，実際の用途では羊毛を代替できる合成繊維の代表となっている．絨毯，敷物，カーテン類など多くの織物に混織などで組み込まれている．別の面での特徴から工業用材料である炭素繊維の原料としての実用化が進んでいる．

④ビニロン繊維

吸湿性が高いこと，強度に優れることなどから，児童向け用品に多く使用される．日本で発明されて使い続けられている唯一の合成繊維である．

⑤ポリ塩化ビニル繊維

耐水性に優れるうえに，水よりかなり比重が大きいので，漁網で要求される特性によく合致して早くから使用されてきた．漁網ばかりでなく水産業関係に幅広い用途を持っている．

⑥ポリウレタン弾性繊維

その名に示されるとおり，伸縮自在な柔らかさを持つ繊維として応用範囲が広い．特にナイロンとの混織で製造される弾性織物が婦人用の下着類にたくさん使用されている．靴下に始まりパンティストッキングなど，直接肌に触れる用途で特徴が発揮される．

(4) 不織布

合成繊維を紡績工程なしで布状に仕上げる生産方式が確立され，不織布の名称が与えられている．生産工程の技術は種々提案されたが，工業的に残っているのは，ステープル（短繊維），またはフィラメントからの乾式法である．紡糸で得られる合成繊維を薄膜状の集合体（ウェブ）としたうえで，①物理的処理，②接着剤，③繊維自体の熱融着によって接合させる．

不織布の大部分の用途はおむつカバー用PPが占めている．他に，衣料の芯地，カーペットの基布，フィルター類，クリーンルーム用のワイパー，人工皮革などの用途にも広がっている．建築用，土壌安定剤用なども将来性が注目されている．

9.5 接着剤

(1) 高分子性の発揮

接着というのは，2物体間に緊密な接着界面を形成させることである．

高分子化合物は，長い分子の絡み合いによる相互作用が発揮される．高分子鎖間に格別な分子間力が働かなくても，容易にはすり抜けが起こらないという特徴があることは，基礎編以降繰り返し説明したとおりである．この高分子性が同種または異種の固体表面の間で負荷応力を伝達できる強度を発現する．上述した原理から判るように，あらゆる高分子材料が接着剤として使える特性(繰り返すが上記の高分子性を必ず示すという特徴)を持っている．接着の対象となる材料には天然物も有機素材も含まれる．木材，竹，紙，繊維類などの有機性材料相互間に接着剤の用途が多く含まれている．当然，合成高分子材料相互の接着の用途も多い．金属，セラミックス，鉱物，ガラスなどの無機材料の接着にも，合成高分子を原料として配合された接着剤も使われる．接着剤は使用するときには液状に展開することで固体(双方の被着材)を濡らすので，表面の凹凸が埋められる．次いで接着剤が固化して強い接着特性が発揮される．

(2) 接着剤として使用する際の液化方法

液化方法は次の四つに分類され，それぞれが4種の固化方法に対応している．①水または有機溶剤を用いる，②液状のモノマーまたはオリゴマーを使う，③加熱して流動可能にする，④圧力をかけることで粘性に抵抗して流す．

こうして界面間で流動した接着剤は，媒体の揮発による除去，冷却凝固などの物理作用，あるいは化学反応などで固化する．

(3) 実用接着剤として用いる4種の固化方法

接着固化の4種類の方法は，液化方法の①が溶剤揮散方式，②が化学反応方式，③がホットメルト方式，④が感圧方式に対応している．具体的事例を挙げて固化方式と実際の接着剤を分類して表9.1に示す．化学反応方式には固める化学反応に，一液性と二液性とがある．

表9.1 固化方式による分類で示す実用接着剤

接着剤		固化方式	溶剤揮散方式	化学反応方式	ホットメルト方式	感圧方式
合成接着剤	熱硬化性樹脂			ユリア, メラミン, フェノール, エポキシ, ポリエステルなど		
	熱可塑性樹脂		溶剤：酢酸ビニル, ニトロセルロース　エマルション：アクリル, エチレン-酢酸ビニル樹脂	アクリル樹脂, ウレタン樹脂, シアノアクリレート	ポリエステル, ポリアミド, エチレン-酢酸ビニル樹脂	アクリル系樹脂
	合成ゴム系		ニトリルゴム, クロロプレンゴム, スチレン-ブタジエンゴム	ウレタンゴム	スチレン-イソプレンブロック共重合ゴム	ブチルゴム, ポリイソプレン, シリコーンゴム
	ポリマーアロイ系			フェノリック樹脂, エポキシ系樹脂, ナイロン-エポキシ樹脂		
天然接着剤			澱粉, カゼイン, デキストリン, アラビアゴム		にかわ, ロジン, アスファルト	とりもち, 天然ゴム

(4) 接着剤応用事例

接着剤はあらゆる産業，日用品用途に利用されている．それらは，合板，建築，土木，包装，輸送機，繊維，織物，履物，電機製品，ゴム製品，日曜大

工，家庭用品などに及んでいる．需要量の大きい業界としては建築材料向けと洋服仕立て向けが圧倒的である．自動車部品，電気電子部品などでも大きい需要を支えている．高分子材料の応用として大きな分野を占める．

9.6 塗　　料

(1) 塗料の使用目的と要求される特性

塗料は表面の硬さ保持，耐候性の付与，耐腐食性向上など保護を第一の目的として使われる高分子膜である．同時に成形された物質の表面を着色して美しさを発揮することも目的に含まれる．どのような用途においても塗料は最外部に塗られるので，特性評価としては形成された塗膜自身の持つ太陽光，酸素，水などに対する抵抗性が重要である．これらは高分子鎖の持つ固有の特性にも左右され，材料選定として，どういう種類のポリマーを塗料の主成分に用いるかが選択のポイントとなる．さらに塗料化する(材料構成を決める)ために，可塑剤，溶剤などを組み合わせて塗装性を決める．また副資材としての染料や顔料との相性が発色とその安定化に重要である．目的に合わせて，あらゆる高分子材料が塗料用としての評価を受けている．機能を表面に付与する塗料(後述の(5)を参照)も急速に進展している．

(2) 高分子性の発揮による塗膜形成

塗料の場合にも，高分子性の特徴として長い分子の絡み合いで塗膜が安定に形成されることが重要である．最終的に形成される塗膜は，最適量の副資材を含む高分子材料から成っている．接着剤が内部に隠れてその実力を発揮するのと対照的に，成形品の一番外側で上に示した特徴を発揮することになる．それと同時に，基板となる材料との接着性も充分でなければならない．

(3) 実用的な塗料の種類

塗料の種類は，実際に塗膜を形成するための手法に応じて次のようなものがある．

最も一般的な方法は，塗膜形成材料を必要にして充分な量の有機溶剤に溶解または分散させて塗布した後に乾燥するものである．塗膜形成を行う場所との関連で，乾燥に適する溶剤の種類や量を選択する．歴史的には塗料といえば溶液の形であったが，近年増加してきているのが分散系塗料である．環境対応を重視する水分散系塗料の伸びが大きい．その他には非水分散系塗料なども実用に供されている．

粉体塗料という材料は，塗膜形成に際して揮発性物質の発散がないことから広がってきている．これは，加熱した被着体に軟化温度の低いプラスチックの粉体を接触させた後に，冷却して塗膜を固定する方法である．これは従来の塗装とは異なる手法である．数多くの例が実施されている粉体塗料では，ポリエチレンなど軟化温度の低いプラスチックを主成分としている．

(4) 塗装プロセスを含む具体的塗料の使用例

塗装時の塗膜形成は大きく分けて，次の二つに分類される．

①架橋性の塗膜を形成するもので，アミノアルキド樹脂，熱硬化性アクリル樹脂，ウレタン樹脂などがある．

②可塑性の塗膜が得られる溶剤蒸発型の塗膜形成で，ラッカー，ビニル樹脂などがこれに属する．

塗膜形成には，それぞれに応じて常温塗装から焼き付け($100〜350$℃の範囲)塗装，紫外線硬化法，電子線硬化法などが用いられる．

塗膜の厚さは，一般的な1回の塗装では$20〜50\,\mu m$程度である．薄膜塗装では$8\,\mu m$のものもできる．厚膜ものには$1〜2\,mm$厚の例もある．

(5) 表面に機能を付与する塗装

形成される塗膜で機能を付与するのが，実用的な簡便法としていくつも定着し実用されている．それらの具体例のいくつかを挙げれば，以下に示すようになる．

①電気，磁気的機能：導電性，電磁波シールド性．

②熱的機能：耐熱性，防火性．

③機械的機能：飛散防止，潤滑性，滑り止め．
④表面機能：着氷防止，張紙防止．
⑤生物学的機能：殺虫性，防かび性．
⑥光学的機能：蛍光発光，蓄光性，反射性．

10 熱可塑性高分子の複合化

　熱可塑性高分子では，新しいポリマー鎖の合成による展開がほとんど止まっている．熱可塑性を有する石油由来の高分子を中心に組み合わせていくことでの新規ポリマー材料の開発が主流になっている．その方向を高分子の複合化技術と呼んでいる．高分子の複合化技術分野は旧来から3種類の呼び名を使ってきている．それらは，ポリマーアロイ(Alloy)，ポリマーブレンド(Blend)，ポリマーコンポジット(Composite)である．この英文字表現の頭文字を結びつけてABC材料，ABC化技術と称する(5章5.1(1)⑤参照)．

10.1　高分子材料と無機材料との複合化

(1)　有機高分子鎖と無機材料を組み合わせて複合化する意味

　熱可塑性の有機高分子の特性は軽さ，柔らかさ，加工しやすさなどであり，その特性故に用途を広げている．この長所とは裏腹に，低い剛性，不充分な硬さ，物性の長期信頼性の不足などが実際の使用上での短所となる場合がある．これを補う手段の一つとして，硬くて安定な無機材料とプラスチックとを複合化することがある．この手段によって，産業資材用プラスチックとして「信頼に足る材料」の位置を確保することができた．無機の補強材料としては，炭酸カルシウム，マイカ，雲母，粘土鉱物類などの天然物が多く用いられている．人工の材料ではガラス繊維(GF)が最も多量に使用されている．炭素繊維(CF)は比較としては非常に高価であり，用途は限定されるが，付加できる高い物性が魅力であってスポーツ用途，宇宙航空用途から使われ始めている．

(2) 量的に拡大している実例

　無機材料との複合化で，大きく物性が向上するマトリックスポリマーとしては，結晶性を持つ高分子鎖が非常に有利である．結晶性ポリマーは，その特性(特に機械的物性)を結晶部分によって与えられている．しかし，高分子材料の結晶化度は20～60%程度であって，結晶と結晶との中間部分は非結晶性の高分子鎖で埋められている．剛性の大きい無機材料を補強材にする場合には，高分子結晶と高分子結晶とをつなぐ役割を無機材料が演じるので，物性が格段に向上するのである．非晶性のポリマーでは，その非結晶性のポリマー鎖が無機材料によって補強される程度は小さい．さらに，ポリマー鎖の中に極性部分を持つものの方が無機材料との相互作用や親和性などが大きくなるので，複合化するマトリックスポリマーとして有利である．こうした技術的な背景を受けてポリプロピレン系，ナイロン系などが，無機材料との複合化で特徴を発揮する材料として用途を拡大している．無機材料との複合によって得られる材料(補強材料)の物性として，ポリプロピレン系(タルク，GF)，ナイロン-6系(GF)，

表10.1 結晶性ポリマーと無機補強材とよりなる材料の物性例(単位，試験法は第Ⅰ編「基礎編」参照)

物　性	ポリプロピレン		ナイロン-6 (GF30～35%)	ポリアセタール (GF30%)
	(タルク10～40%)	(GF10～30%)		
比重	0.97～1.27	0.97～1.14	1.35～1.42	1.54～1.56
引張強さ[NPa]	24～34	45～69	165～169	59～67
引張破断伸び[%]	3～8	1.8～3.0	2.2～3.6	9～15
引張弾性率[MPa]	3100～4000	4800～6900	8600～10000	6100～7000
圧縮強さ[MPa]	52～53	45～58	131～166	110～142
アイゾット衝撃強さ[J/m]	22～75	53～107	112～181	43～53
硬さ	R85～110	R100～115	M93～96	M90
荷重たわみ温度[℃]	56～82	123～142	200～232	155～176
線膨張率[$\times 10^{-5}$/℃]	4.2～8.0	2.1～6.2	1.6～8.0	3.3～7.5

ポリアセタール系 (GF) を**表 10.1** に示す．繰り返し述べているとおり，プラスチック単独での物性では不充分とされていた剛性，長期信頼性，寸法安定性などが，複合化で格段に向上している．これらの材料は将来共，産業資材向けの有用な材料として着実に伸びていくと期待されている．

(3) 無機材料の表面処理技術の発展

有機高分子が，直接に補強用の無機材料との界面を安定化するのは難しい．それは，相互作用を強める高分子鎖の変性方法が限定的だからである．シラン結合は多くの無機材料との親和性を持っている．この特性を活かすために，片末端にシラン結合を持たせ，もう一方の末端にポリマーとの親和性官能基を結合させると，カップリング剤と呼ばれる化合物となる．用いる材料の組み合わせで様々な工夫があり，ナイロンを GF で補強するケースではアミノシラン系カップリング剤が多く使われている．あらゆる官能基とあらゆる有機高分子とを組み合わせる技術が，特許明細書の中に見ることができる．実際に工業的なポリマーコンポジットとして使用されているものは，それらの1%以下であり，思いつきから実用化までの間に多くの困難が存在していることが，この事実からも知られる．複合化のためには，二成分以上存在する物質の固体/固体間，メルトポリマー/無機表面間などでのカップリング剤の作用機構を含めた基礎科学の進歩と共に，多くのアイディアの中から大幅な技術革新に結びつく技術が生まれてくると期待できる．

10.2 新ポリマーから ABC 材料の時代へ

(1) 合成高分子の発明の時代

天然物ポリマーを含めて，数多くの高分子材料が大きい分子量を持つことが提唱されたのが 1920 年代である．これに触発されて，合成化学者による新ポリマーの発明が 1930 年から 1950 年に掛けて集中的に行われた．現在，文献的に知られているほとんどすべてのポリマーがこの 20 年間に生まれている（詳しくは，1章 1.2 の「高分子素材の歴史」を参照）．それらの中で，コストパ

フォーマンスに優れたものが工業的に生き残って生産され続けている．現在では，新ポリマーの発見を原点とする，新規な工業用材料はほとんど生まれなくなっている．ポリマー複合化の最初の技術は，非結晶で脆いポリマーにゴム成分をブレンドして衝撃強さを向上させることで，1948年に始まった．そして，1950年前後から次々と技術の展開が進むことになる．ゴム補強ポリマーの技術は，ゴム存在下の重合によるグラフト重合法に進展した．グラフト共重合がポリマーアロイ化の一方の大きな柱となる技術である．

(2) ポリマー材料開発の複合化時代

従来の四大プラスチック(PE，PS，PP，PVC)は，石油化学と結びつくことで安価な大量消費市場を形成した．プラスチックを使った用途開発を試みる場合には，技術的な要求の程度に応じてエンプラ系材料で開始することが多い．商品開発から実用に進むと，市場の拡大と共に四大プラスチックを使う検討が始まる．6章に詳しく述べてあるように，四大プラスチックの機能化やアロイ化も進み，エンプラからの置換も加速されている．市場からの要求に基づく実用ポリマーの改質技術のほとんどすべてがポリマーABC技術となっている．すなわち，それぞれの樹脂技術において高性能化・高機能化の具体的技術手法はABC化の手法に頼って行われている．ポリマーアロイ化の目的を，**表10.2**

表10.2 ポリマーアロイ化の目的

物　　　性	機能化	制振性，接着性，親水性，自己潤滑性，生体適合性，光学特性(複屈折化)，ガスバリヤー性，導電性など
	高性能化	耐熱性，耐環境応力亀裂性，耐衝撃性，耐クリープ性，耐トラッキング性など
	耐久性	耐油性，耐水性，耐変色性，耐オゾン性など
成形加工性		流動性，収縮性，表面肌，ブロー成形性，離型性，寸法安定性，結晶性，結晶化速度など
経　済　性		増量，代用，省資源，リサイクルなど

(伊澤槙一：World Techno Trend, **4**(10), 14(1990))

に示す．本章では，四大プラスチックのうち，ポリスチレン系とポリオレフィン系の高性能化・高機能化を目指すポリマーアロイ化技術について述べる．それに加えて，技術革新につながるトピックスをポリマーアロイの高度化として取り上げる．

表10.3に，新規のモノマーからのポリマー材料(a)と既存のポリマーを複合して得られるポリマー材料(b)を時系列的に示した（表中の略語は巻末の略語索引を参照）．新規ポリマーの工業化時期は，単独ポリマー材料なので年号が決められているが，改良のための複合化でのポリマー材料では当初からのポリマーの組成を示すことが稀なので，概略の年しか判らない．したがって，表10.3(b)に流れをつかめるように区切りの枠内に収めた．1940年代に始まり，1960年代に本格化したポリマーABC化の流れは，これからもポリマー改質技術の中心となることが読み取れる．

10.3 スチレン系ポリマーのポリマーアロイ化

ポリスチレン(PS)は，ポリマーアロイ化しやすいポリマー材料の一つである．歴史上最初のポリマーアロイも，PSに破壊され難さを与えるためにゴムをブレンドした材料であった．スチレンモノマーは，各種のラジカル重合性を持つモノマーとの共重合で幅広い材料を作ることができる．中でもアクリロニトリルとの共重合体は，アロイ化への素材として活用範囲が非常に大きい．他方で，スチレンモノマーとブタジエンモノマーとの共重合は，リビングアニオン重合によって行う．こうして得られるSBランダム共重合体やブロック共重合体も，アロイ化への展開を可能にする材料である．特にブロック共重合体には，ポリオレフィンとの親和性を持つPB鎖とポリスチレンと相溶できるPS鎖を一分子中に持っている特徴が活かされる．スチレン系ポリマーアロイでの研究で，ポリマーアロイのミクロ構造と物性との関連が初めて明らかにされた．また，ポリマーアロイの分析技術や解析技術の基礎も，スチレン系ポリマーアロイという扱いやすい材料で蓄積されて，その後のポリマーアロイ解析に広く活用されている．

表 10.3 新規ポリマーの工業化の推移を年代別に示す（横軸は西暦年，数字は工業化の年を示す）
(a) 新規のモノマーからの新ポリマー材料（単独ポリマーの工業化）
(b) 既存のポリマー・モノマーからの新ポリマー材料（ABC ポリマーの工業化）

(a)

1900	1920	1940	1960	1980	2000
PF '09	CR '32 UF '29 PUR '39 PIB '33 PEO '29 PA '39 PE '39 SBR '40 LDPE '38 PMMA '28 BR '38 PS '30 PVC '27	PET '49 POM '53 ACM '47 PTFE '50 EPM '57 EPDM '57 IPP '57 HDPE '55 ABS '48 PAN '50 Epoxy '43 PC '58 Silicone '42	PSO '65 PPS '68 変性PPO '66 PPO '64 PEEK '80 PES '72 PI '64 PBT '70	PEI '81 LCP '84

(b)

1900	1920	1940	1960	1980	2000
		SAN/NBR PS/BR PVC/NBR	PC/ABS PC/PBT PET/EPDM PA/EPDM PP/EPDM PVC/ABS PVC/EVA PS/PPO FRTP	動的加硫型 TPO PBT/LCP PC/ASA PP/PA PP/EPDM/HDPE PVC/CPE PA/PPO/PS PA/HDPE SMA/ABS POM/PUR PBT/EPDM	

（高島直一：日本をアジアの技術基地に，プラスチックスエージ，**42**(1)，111(1996)）

(1) ゴム補強型の PS 系ポリマーアロイ

先述したように，衝撃に対して脆いポリスチレンに単にゴムをブレンドした改良品が，1948年に Highimpact polystyrene(HIPS)として発表された．これがポリマー系の複合化の始まりである．その後，反応を伴う複合化としてゴム存在下にスチレンの重合を行ってグラフト共重合体を得，衝撃強度と共に物性全体が安定するようになった．これは，PS とゴムとの間にグラフト共重合体が安定性保持材料として存在することによる．こうした技術は四大プラスチック系ばかりでなく，エンプラ系のポリマーアロイにも展開されている．すでに1964年の Haward の論文(Haward, R. N. and Mann, J.：Proc. R. Soc. London, Ser. A, **282**, 120(1964))が，界面接着性を向上させることが複合化に重要であることを強調している．ABS 樹脂の技術もマトリックスが PS から AS の変わるだけで，ほぼ同等の技術内容が開発されている．グラフト共重合により得られる分散ゴム粒子は，光学顕微鏡では充分に観察できない大きさで安定化される．これを着色技術と超薄切片化技術とを組み合わせて，透過型電子顕微鏡(TEM)で観察する技術が，60年代末に日本で独自に始まった．この着色法というのは，ゴム中の不飽和部分に重金属が反応することを利用して，重金属が付加した部分が電子線を遮断して写真の上で黒くなることで樹脂部とゴム部とが区別できるというものである．これにより物性を制御している現場，すなわち破壊されたポリマーのゴム粒子周辺などが見えるようになった．40年以上経過した現在でも，この手法が便利に使われており実用特性の改良に役立ち続けている．

(2) 軟らかい材料も得られるアロイ化(ブロックコポリマー)

リビング重合(基礎編を参照)法を活用すると，軟質のポリブタジエン鎖と硬質のポリスチレン鎖をブロック共重合できることは先に示した．PB 成分の比率を上げると，軟らかさ(耐衝撃性)を備えたポリスチレン系材料が単独で得られる．共重合性の特徴から，各成分の比率，分子量，分子量分布，PB の立体構造など多くの可変因子があり，商品は非常に多様に設計されている．それらは，ゴム領域の柔軟性を有する工業用材料から，耐衝撃性を持つ硬質材料まで

を含んでいる．実用市場が要求する樹脂物性の広がりに大きな自由度を与えるのが，硬い成分と軟らかい成分を組み合わせるプラスチック共重合法の特徴である．

(3) 相溶性アロイの創造(ランダムコポリマー)

基本的にポリマーとポリマーとは非相溶である．唯一の例外的相溶性ポリマーアロイは PPE/PS 系である．これは双方とも単独ポリマーである．

コポリマー組成を変えて他のポリマーとの相溶域(missibility window)を制御できるという研究が，1977 年に発表された(Alexandrovich, P., Karasz, F. E. and MacKnight, W. J.：Polymer, **18**, 1022(1977))．この手法は，ランダムコポリマーを構成するモノマー成分が相互に反発力を有する点を利用して，第三のポリマーと分子レベルで相溶させるものである．その後，強弱にはいろいろバラツキはあるが，数多くのコポリマーを使った，広い範囲の「相溶性ポリマー対」の報告がなされている．分子内反発力が比較的大きいスチレン-アクリロニトリルランダム共重合体(SAN)は，実用されている典型的なコポリマーである．SAN 中の共重合組成は，相手ポリマーの種類に合わせて変える必要があるが，多くの実用ポリマーとの相溶系が存在する．コポリマーを SAN に絞って相溶する相手ポリマーの例を，**表 10.4** にまとめた．表 10.4 にのみ掲出するポリマーの略語は，その全体を記している(再度出現している略語については略語索引，または基礎編などを参照)．

表 10.4 ランダムコポリマー SAN と相溶化するポリマー例

(1) PMMA，PEMA，PnPMA
(2) MAN(MMA-AN ランダム共重合体)
(3) SMA
(4) TMPC(テトラメチルビスフェノール A ポリカーボネート)
(5) PC(ビスフェノール A ポリカーボネート)
(6) PVC
(7) SMI(スチレン-N-フェニルマレイミドランダム共重合体)
(8) スチレン-アクリロニトリル-N-フェニルマレイミドランダム共重合体

(4) エンプラとのアロイ

①エンプラの用途拡大

　PSを含む四大プラスチックは，低コストで入手できるという手頃なプラスチック素材であると共に，成形加工性(特に射出成形性)に優れている．エンプラは耐熱性と長期信頼性に大きな特徴がある．エンプラのうち，PPEはPSと，PCはASと相溶性を持っている．技術上からいえば，PPE/PSもPC/ASも自由な割合で混合・相溶化させてポリマーアロイを得ることができる．いずれも物性のカバーできる範囲が非常に広いので，市場に受入れられる幅が増す．そして，成形加工性が付与されると同時に，コストも下げることのできたエンプラのファミリーとして用途開拓も進み続けている．こうした背景から，エンプラをベースとするポリマーアロイの中で格段に大きな市場を獲得しているのが，PPE/HIPSとPC/ABSの2種類なのである．このポリマーアロイ群は，PSやASの高性能化・高度化と捉えることもできるが，エンプラの用途拡大と考える方がよい．

②難燃化技術

　四大プラスチックの中で格段に電気絶縁特性に優れているのがPSである．熱硬化性プラスチック(フェノールホルムアルデヒド樹脂など)の用途として始まった電気絶縁用プラスチックは，成形加工性を求めてポリスチレン系材料(主にPS)に移っている．電気絶縁用途の高電圧部の増加や部品の小型化からプラスチックへの要求に，耐熱性の付与と難燃性の付与が加わった．PSにPPEを加えたポリマーアロイ，およびABSにPCを加えたポリマーアロイの2種が，容易にこの要望に合致するものとして開発された．主鎖中に芳香族核を持つ熱に安定な非晶性のエンプラ(PPEやPCがその代表例である)は，燃焼させた場合に樹脂の表面が炭化することで，消火に力を発揮するチャー化現象(ポリマーがさらに分解してガス化するのを防ぐ効果)が起きる．上記の二つの系，すなわちPPE/PS系，PC/ABS系もこのチャー化現象に助けられて，難燃樹脂を提供する手法の選択の幅が大きい．

10.4 オレフィン系ポリマーのポリマーアロイ化

(1) ポリオレフィンのゴム補強タイプアロイ

ポリプロピレン(PP)にポリエチレン(PE)の特徴を導入して，低温脆性を向上させたポリマーアロイは，1960年代半ばにPP共重合アロイとして実用化された．PPの重合を進める反応装置の中にエチレンをフィードしてPP/PEを共重合するプロセス技術に，インリアクターアロイという呼び名が与えられた．この技術は，リアクター内での反応によってしか得られない各成分の分子量，分子量分布，PPとPEの分散状態を示すモルホロジーが技術の鍵を握っていたのである．インリアクターアロイとして得られたPP/PE共重合アロイの電子顕微鏡写真の例を図10.1に示す(この写真の全横幅が6μmである)．

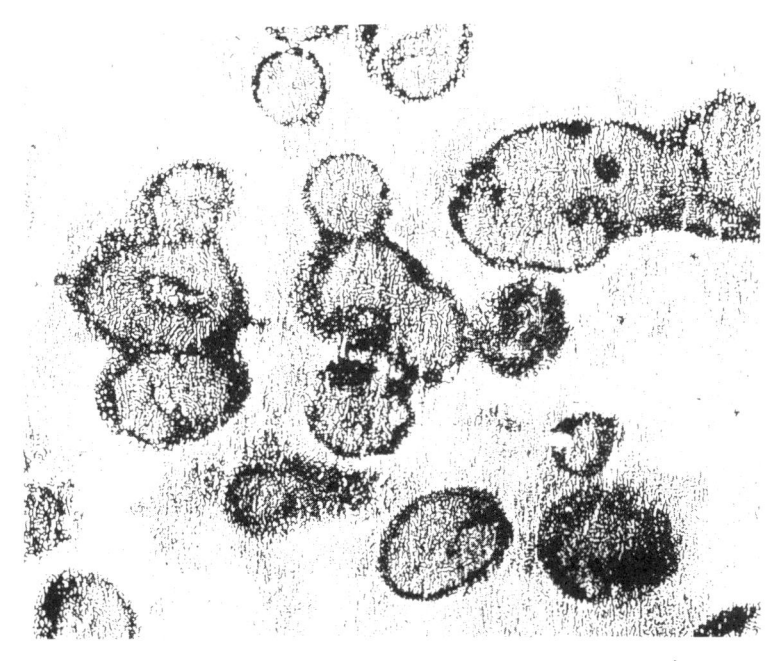

図10.1　PP/PE共重合インリアクターアロイのTEM写真
(高山森：プラスチックスエージ, **44**(1), 129(1998))

写真の中の連続相を形成しているのがPPの高分子鎖で，分散粒子がPEである．分散粒子と連続相との界面に黒く写っているのがPE/PPのブロック共重合体であると説明されている．分散相の中にはPEの結晶部を示すラメラ状の細い筋がある．この技術をベースに，1980年頃からこの構造体全体で発揮する低温での靭性を保つという特性を活かして，自動車バンパーを中心とする用途が広がっている．

(2) ポリエチレンの範囲を拡大するアロイ

実用PEは高圧法による低密度品(LDPE)で始まり，チグラー-ナッタ(Z-N)触媒で高密度品(HDPE)が生まれた．Z-N触媒でPEの共重合が進みPEの幅が広がった．さらに重合段階の組み合わせなどで，分子量分布に一山だけでなく，二つ，三つの山を持たせるための多成分混合技術を使って，物性の幅の選択も多くなった．

1970年代のカミンスキー氏の発明になる，メタロセン触媒を使うエチレンの重合研究は，世界の企業内PE研究者の9割近くを巻き込んだ．80年代には各社で開発技術も進み実用化されるに到った．メタロセン触媒によるPEの特徴には，①ポリマーの分子量分布が狭い，②コポリマーの組成分布が狭い，③不要な低分子量オリゴマーやワックスが少ない，④長鎖の1-オレフィンやシクロオレフィンとも共重合しやすいなど，数多くのものがある．これらが実用可能なポリマーアロイ化技術の時代を拓いた．それに加えて，PEで蓄積されていた多数の山を持つ分子量分布技術の応用が極めて容易なことから，成形加工性も付与されてPEを根底から革新することになった．

ここに記したように，PEは重合方法の広がりを得て，分子量分布の山を数多く持たせることも可能になり，密度の範囲と共に用途が広がっている．**表10.5**には，その密度によるPEの分類の仕方を要約し，その呼称(名称)と合わせて，主な用途の代表例を示した．用途の詳しい内容が必要な際には，ほかの項目で示した実例やより詳しい参考書などで学んでほしい．

メタロセン触媒で得られる線状低密度ポリエチレン(m-LLDPE)では，Z-N触媒によるPEとは異なる，バイモーダルな分子量分布のPEが得られる．

10 熱可塑性高分子の複合化

表10.5 密度によるPEの分類と主用途例

密度 [kg/m³]	名称	主用途
970〜945	HDPE	HMWフィルム,パイプ,ブロー,射出
945〜930	MDPE	ガスパイプ,回転成形,フィルム
930〜905	LDPE, LLDPE	フィルム,ラミネート,ストレッチフィルム
905〜885	Plastomer	シーラント,電線,ラミネート,PP改質
885〜850	Elastomer	PP改質,電線,TPO

(末松征比古：プラスチックスエージエンサイクロペディア, 1999版, p.145 (1998))

図10.2はその要点を示すもので,山状の曲線は分子量分布(MWD)のイメージを表し,○印と□印を付した曲線は短鎖分岐度の平均分子量との関係を表している．この図の横軸は数平均分子量を対数で示している．すなわち,単独の短鎖分岐コポリマーでのコモノマー分布(CMD)と,分子量分分布(MWD)の関係の違いがはっきりと示されている．Z-N触媒では高分子量側で分岐が少

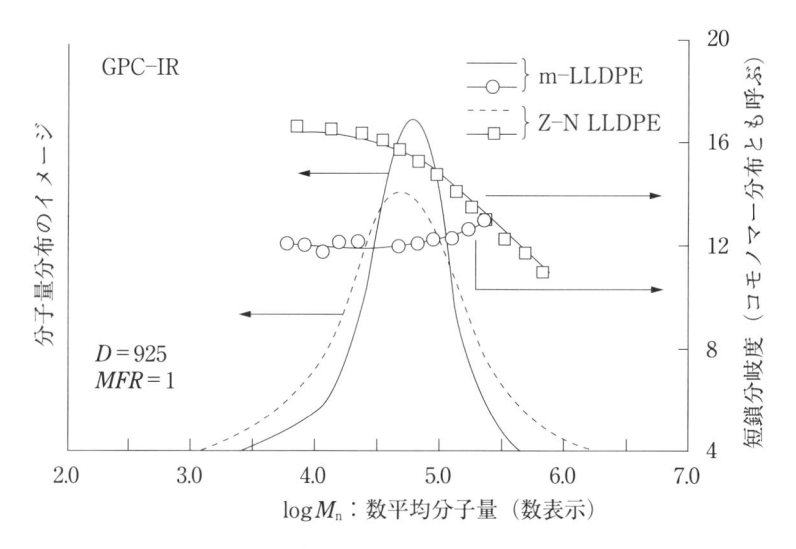

図10.2 PE共重合体の短鎖分岐度と分子量分布のイメージ図(コモノマーはヘキセン-1, D は密度として常用され単位は kg/m³, MFR は g/10 min)

なくなるが，メタロセン触媒ではほぼ均一に分布している．

図 10.3 に，全体としての混合した PE の密度を同一に合わせた場合（$D=925\,\text{kg/m}_3$）の MWD と短鎖分岐の分布の様子を，分子量分布の山としてモデル的に示した．こうして得られる m-LLDPE は，肥料袋，農業用ハウスフィルムをはじめ広い用途に使われている．肥料袋としての実用的な特性評価の代表的データを，高圧法 LDPE，LLDPE，m-LLDPE の 3 種を比較して**表**

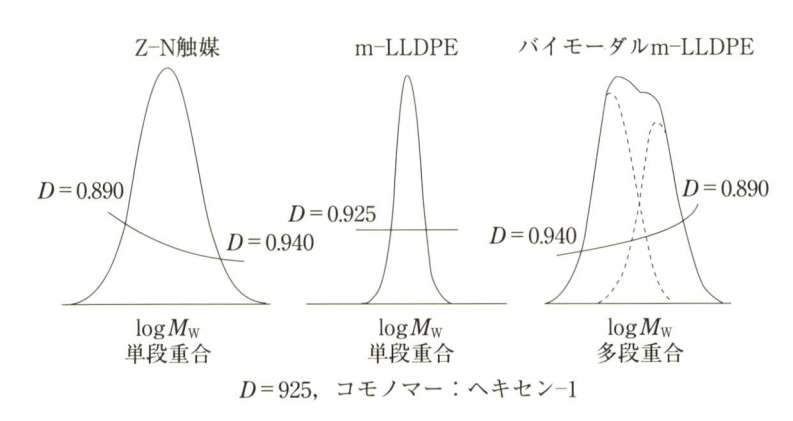

$D=925$，コモノマー：ヘキセン-1

図 10.3 材料全体の平均密度を同一に合わせた PE 共重合体の短鎖分岐度のイメージ図（縦軸と横軸は，図 10.2 と同じ）

表 10.6 肥料袋として実用する PE の歴史的改良の進展

種類	耐熱温度[℃]	袋厚み[μm]	落袋強さ[回]
m-LLDPE （メタロセン触媒）	105	130	>10
LLDPE （Z-N 触媒）	95	150	8
高圧法 LDPE （EVA を 8% 含む）	85	200	7

注）袋サイズ：縦 × 横 60×42 cm，内容物：化成肥料 20 kg，落袋強さ：$-$10 ℃，2.5 m の高さから投下して破断に至る回数
（末松征比古：プラスチックスエージエンサイクロペディア，1999 版，p.151（1998））

10.6 に示す．いずれも試験用の袋の大きさを 60 cm×42 cm とし，内容物を同一の化成肥料 20 kg と一定にした．3 種のポリマーは改良が進むと共に耐熱性が向上し，熱変形温度が 85 ℃，95 ℃，105 ℃ と変化していることが判る．袋の強度も物性測定から大幅に良くなっていることが判ったので，膜厚(μm) を 200，150，130 と下げて試験をした．強さは内容物を包装して封をしたうえで，マイナス 10 ℃ で 2.5 m の高さから落下させて破壊するまでの投下回数(回)で示してある．衝撃強さが大きく，フィルムの肉厚を 30％以上減らしても充分な強さを持っていることを，この表から読み取ることができる．

(3) 耐熱・高強度へのコモノマー

メタロセン触媒による広がりの一つとして，エチレンと環状オレフィンとの共重合体がある．これによって，PE の主鎖中に嵩高い脂環構造を導入したポリマーが得られ，非晶質で高いガラス転移温度を持つことになる．これらは一括して PE の分類の中に入れて，シクロオレフィンコポリマー(COC)と呼ばれる．COC は，耐熱安定性，耐薬品性，耐候性，機械特性，溶融流動性，寸法精度などの特性を持つ．ポリオレフィンの特性である水蒸気透過率が極めて低いことと，光線透過率が高まり透明な成形品として実用できる光学特性を併せ持つという特徴もある．

Montell 社は，多孔性ポリマー粒子を生成する触媒による PP の共重合体に Catalloy Process と命名して材料の展開をしている．PP と合わせるコモノマーの質・量を選択することによって，軟質なものから硬いものまで，重合反応器の中でポリマーアロイ化して取り出せる．自動車の各種外装部品や窓枠，あるいはハンマーの柄など大型の実用例が多い．

(4) SOP モデルの登場

スーパーオレフィンポリマー(super olefine polymer)モデルと命名された，マトリックスの役割と分散系の役割との分担をはっきりと意識したポリマーアロイが登場した．これは，日本の自動車製造生産会社と日本の石油化学系の製造を担当する各社の PP 技術開発部門の技術者との間を結んだ，共同開発によ

り進められた新しい概念のモデルである．このSOP技術の各部分の詳細については専門書によって学んでほしいが，考え方や手法においてポリマーアロイ化技術の一つの集大成といえる．技術のポイントの第一は，PPの結晶化速度と結晶性を同時に高くするためにPPを低分子量にとどめ，極限までに高い立体規則性を与えたことである．第二は，非晶部とPP結晶とを安定につなぐエチレン系共重合体を用いる技術である．

　SOPモデルの特性のバランスを，従前のTPO(thermoplastic polyolefine)と比較したのが図10.4であり，一番の特徴は，流動性の向上にある．従来技術では流動性を高めると失われた，低温脆化温度，アイゾット衝撃強さ，伸び率などを維持したままであることに大きな特徴がある．従来は主体となる高分子鎖の分子量を下げることで流動性を高めていた．そうすると低温脆化温度は高く，アイゾット衝撃強さは低く，引張伸び率も低下していた．SOPモデルは，後に詳しく記すが，主成分であるPPが低分子量であるとともに高い立体規則性を持つので，規則正しい結晶を形成する．それ故に，流動性を大幅に上げているにも関わらず，低温脆化温度は高く，アイゾット衝撃強さも高く，引張伸

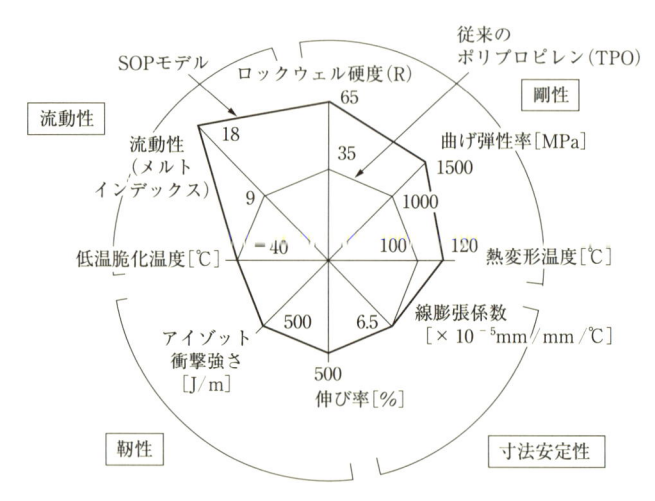

図10.4　SOPモデルとTPOとの物性比較の例（西尾武純ら：TOYOTA Technical Reviw, **42**(1), 13(1992)）

び率も通常並みに保持または向上している．そのうえ，線膨張係数も従来どおりに保たれ，ロックウェル硬度，曲げ弾性率，熱変形温度も大幅に向上している．これらの性質によって，自動車用プラスチックのあらゆる部分での使用が可能となった．SOP モデルの構造解析は，実用化後も次々とデータが積み上げられている．成形品中の SOP モデルの構造は，成形加工時に冷却されながら 100 nm 程度の大きさの PP の結晶が規則正しくできることに特徴がある．この内部に形成される微細構造は，溶融して成形するたびに何回でも再現して形成されるので，リサイクル材料としての適性が認められている．これはポリマーアロイの将来性を示す一つのポイントでもある．

(5) PP のエンプラ分野への拡大

PP と無機フィラーよりなる複合材料（ABC 成形材料のうちのコンポジット材料）には，非常にたくさんの無機材料が活用されている．コンポジットの形をとる PP のエンプラ化技術は，①分散させる補強無機粒子の微細化，② PP 系ポリマーの高流動化と高い立体規則性を共に成り立たせた分子構造の最適化の，二つを組み合わせて大きく進んだ．到達している複合材料の物性は，**図 10.5** の中のコンポジット（Ⅱ）に示される，弾性率と衝撃強度のバランスに優れたものである．図 10.5 が示している縦軸（アイゾット衝撃強さ）と横軸（曲げ弾性率）は相反する物性で，一般的なプラスチックでは双曲線状になる．これは PP も例外ではない．エンプラ系の PC，PA と，ポリマーアロイ系の ABS が図中で少し沖側（右上方という意味）の物性バランスを示している．旧来の技術による PP のコンポジット（Ⅰ）は図中の下部にあり，前項で説明したポリマーアロイ SOP モデルはコンポジット（Ⅲ）として，図中の左上部に示されている．

高分子材料の発泡成形品の持つ高い特性が，PP マトリックスでも再認識されている．発泡成形体が有する弾性率および強度の高さは，成形品中に中空部が存在することによる構造物性に加えて，発泡セル膜内の高分子鎖の配向にも起因している．8 章に示した発泡性高機能材料の一例として，PP 発泡体の液晶性ポリエステル（LCP）による補強がある．**図 10.6** に模式的に示すように，

202 Ⅱ 応用編

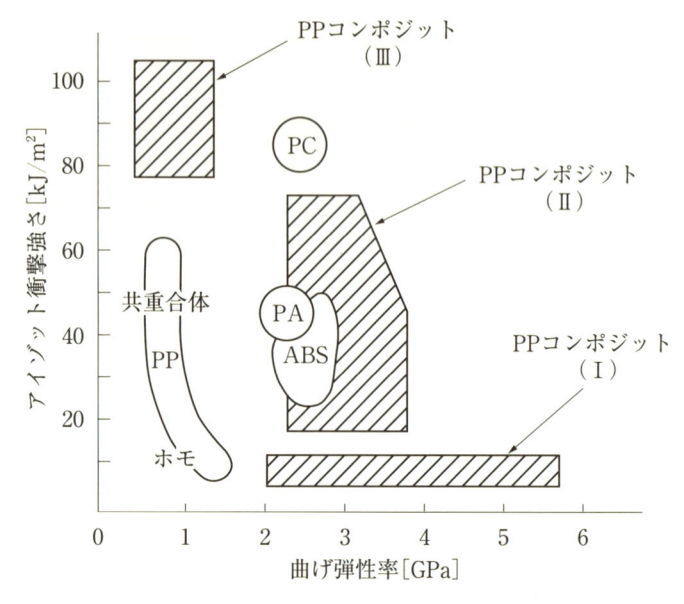

図 10.5 3種の PP コンポジットの衝撃強さと曲げ弾性率（概念図）
（由井浩：プラスチックス，**48**(9)，51(1997)）

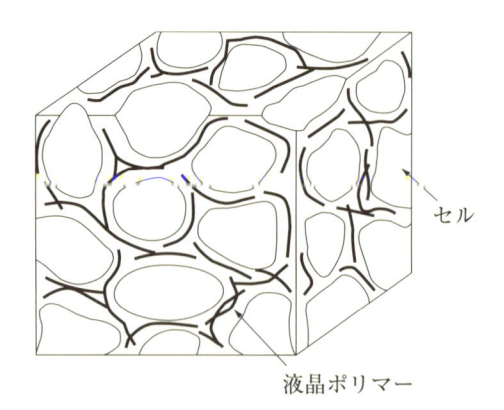

図 10.6 LCP によるセル膜補強 PP 発泡体の模式図（木村浩：プラスチック成形加工学会第 49 回講演要旨集，p.42(2000)）

フレキシビリティのある LCP 分子がセル膜に沿って配向し，膜の補強に寄与している．さらに，ナノコンポジットを発泡技術と組み合わせたナノセルラーへと進んでいる．8 章のナノコンポジットの項で詳しく説明したように，分散する clay は，厚さ 1 nm，長さ 200〜300 nm の平板状の結晶である．ナノセルラーが得られると，気泡を含む立体構造が強度と剛性の大幅な向上をもたらすので，プラスチックの節約，製品の軽量化を同時に達成できる．発泡によるポリマーアロイの展開は始まったばかりであるが，この技術の展開には大きな将来が約束されている．

10.5 ポリマーアロイ化技術の高度化

基礎編以来，繰り返し何回も説明しているが，異種ポリマー鎖を混合した場合に分子レベルで混じり合うことはほとんどない．これを非相溶であると称することも説明ずみである．

(1) 非相溶なポリマー対の混合系で均質な成形品を得る方法

本質的に非相溶であるポリマーの組み合わせを用い，有用な複合系を得る技術開発がポリマーアロイ化技術と呼ばれ，本章の主題である．そのうち，界面の安定化と分散粒子の微細化を主な手法として，均質な成形品を得ようという技術開発を中心に進められてきた．言い換えればポリマーアロイ化の手法として実用化に成功している技術の中心は，非相溶なためにミクロに相分離している異種ポリマーの鎖の大きさを安定に保ち，成形品の物性が非常に均等に発揮できるミクロ相分離粒子の固定法である．現在までのポリマーアロイ製品の 90％以上はこの技術に支えられている．それを説明するのが図 10.7 の中段である．ポリマーアロイで得られる，均質でミクロな分散相が与える物性の特徴は数々あるが，代表的な 3 種を表の中段の右側に示した．今後のポリマーアロイ化技術を高度化していく方向は，図 10.7 の上段(相溶化)および下段(分離構造の制御)で表される 2 種の技術手法となる．

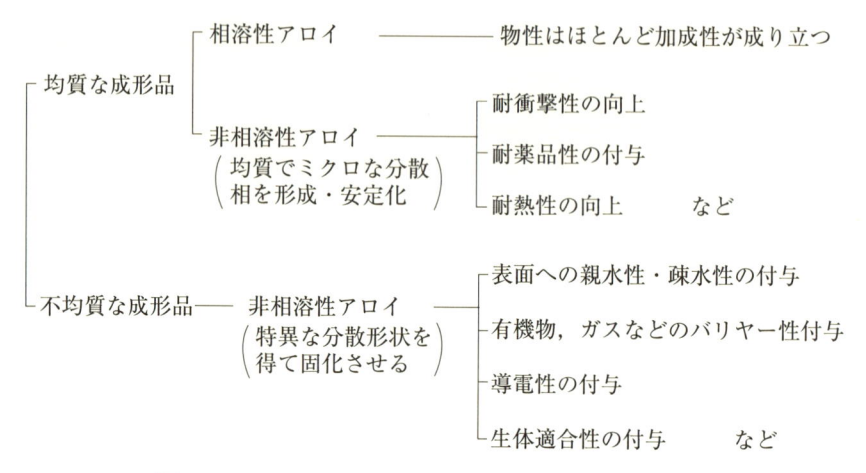

```
                    ┌─ 相溶性アロイ ──────── 物性はほとんど加成性が成り立つ
      ┌─ 均質な成形品 ─┤
      │             │                    ┌─ 耐衝撃性の向上
      │             └─ 非相溶性アロイ ────┤
      │               (均質でミクロな分散  │─ 耐薬品性の付与
      │                相を形成・安定化)   │
      │                                  └─ 耐熱性の向上      など
  ────┤
      │                                  ┌─ 表面への親水性・疎水性の付与
      │                                  │
      └─ 不均質な成形品 ── 非相溶性アロイ ─┤─ 有機物，ガスなどのバリヤー性付与
                        (特異な分散形状を  │
                         得て固化させる)   │─ 導電性の付与
                                         │
                                         └─ 生体適合性の付与    など
```

図 10.7 ポリマーアロイの成形品中の構造と実用物性
(伊澤槇一：World Techno Trend, 4(10), 14(1990))

(2) 相溶系をとるポリマーアロイ

　異種ポリマーの組み合わせで，何ら改質を加えないまま成形加工時にも成形品中でも分子レベルで均一に相溶するポリマーアロイ系としては，PPE/PS のみが知られているだけである(7 章 7.5(1)に詳述)．

　ランダムコポリマーの手法を使って，新しいポリマーの組み合わせで相溶系のポリマー対を創出する技術は主にスチレン系ポリマーで行われており，本章 10.3(3)にその例を記している．温度条件やポリマーの混合比率によって，均一相が出現したり，不均一に相分離したりするポリマー対の研究例は多い．金属の研究分野で従来から用いられている相図を用いてたくさんの報告が出されているが，実用例は多くない．

　これらの研究分野を通じて，静的な場を示す状態として明らかになった相図上の一相系/二相系のボーダーラインは，臨界共溶温度(LCST, UCST) と呼ばれ重要な意味を持っている．LCST(lower critical solution temperature)は，二相に分離しているポリマー系の温度を下げていくと，ついに一相となる温度を結んだ曲線を示す．UCST(upper critical solution temperature)は，二相に

分離しているポリマー系の温度を上げていくと，ついに一相となる温度を結んだ曲線を示す．これらの LCST，UCST 曲線が，高せん断場をかけてポリマー系を混合している場合に，均一に溶解している範囲（すなわち相溶な範囲）が拡大する方向に移動することが最近見出された．この均一系が広がることを利用するミクロ相構造の安定化を利用すると，将来性が大きい技術につながっていく．

静的状態では非相溶な PC と ABS とからなる PC/ABS アロイは，大型商品に育っている．これは，ポリマーアロイとして実用が進んだ理由として，高いせん断場である溶融成形機の中での相溶系を経由して成形品中に微細なスピノーダル分解構造を形成していることであると解明されている．

すでに多くの実験が進んで，各種のポリマーの組み合わせにおいて，成形機内の高せん断場で相溶範囲が拡大して均一な構造となり，金型内（またはダイ外）のせん断速度ゼロの場で急速に相分離が起こる現象が観察されている．せん断速度から開放されたポリマーは急速に冷却され，T_g 以下の温度に達すると成形品中のスピノーダル構造が固定される．この構造ができる非相溶なポリマー対の成形品では，表面にもゲート部分にも相剥離が全く認められない．相分離をしながら均質で安定な成形品となる．マクロに相分離する二成分からなるポリマー混合系では，流動が激しく起こる表面やゲート部分に射出成形する際に，高分子鎖の配向による剥離が認められるのが常である．この剥離現象の有無が，ポリマーとポリマーとが均一に混合したか否かを判定する手段としても有効に使われてきた．

すでに HDPE/PP ブレンド系でも，射出成形の高温，高せん断応力下で両者が溶け合っていることが明らかになった．射出成形品の TEM 写真で，非常に微細なスピノーダル分解構造が観察される．この他にも各種のポリマーの組み合わせで，成分の共重合や変性などによって高せん断場での均一構造化が見出され続けている．非相溶系を相溶状態経由で均質な成形品へ導く技術は，「ポリマーの組み合わせ」と「成形条件」の選択で達成される．

(3) 非相溶系が形成する分離構造の制御での特性発揮

図 10.7 の下段に記しているのは，本来，不均質構造を形成するポリマーア

ロイの特徴を真正面から受け止め,成形条件をコントロールすることでのマクロ構造形成で特性を発揮させようとするものである.例示したものは,これまでに実用化されたいくつかである.しかしながら,図10.7の下段での技術開発はこれからのものであるが,相分離の大きさは,冷却条件との関連でナノ(nmの大きさの)構造として制御できるようになった.好ましい物性を与えるプラスチック成形品の内部構造を,アロイ化と成形方法でコントロールすれば,天然の材料物性に近づける技術の一歩になる.

　PS,ABS,PE,PPなどは,石油化学の産み出した優良児として,汎用・大型ポリマーに成長した.さらにこれらに比べて,上位の特性・物性を求められるエンプラ類も数多く開発されて実用に供された.こうした既存のポリマーを組み合わせる技術は,ポリマーABC化技術を多方面に活用することで用途を大きく広げた.

　これからのポリマーABC分野の展望としては,ミクロ相分離系による材質の改良技術を含んで商品が多様化しながら発展していくことが確かである.それに加えて無機物質との組み合わせを含みながら,次の三方向に大きく踏み出していくことも確かである.すなわち,

　①相溶系アロイによるきめ細かい商品コントロール.
　②均一系を経由する安定なスピノーダル分解構造の成形品.
　③不均質構造を成形品中に自在にあやつる機能性成形品である.
それぞれがポリマーアロイ中で実用化の占有率を上げていきつつ,競争していくと考えられる.

11 熱硬化性プラスチック材料

　熱硬化性プラスチックは最も古い歴史を持つ合成樹脂であり，8種類の材料が共存している．これまでに数多くの架橋可能な有機化学反応を利用し様々な原料で熱硬化性プラスチック合成が試みられた．熱で硬化したことに由来する共通の特徴を含めて，**表11.1**にその代表的材料の物性を示す．耐熱性に優れて難燃性もあり，表面硬度が大きいという共通の特性を持っている．原材料供給の事情，コスト，歴史的なつながりなどで，それぞれに差別化したセールスポイントと市場とを持って分業しながら共存している．

11.1　熱硬化性プラスチック共通の成形性と機能

(1) 樹脂原料と加工
　成形前の熱硬化性樹脂材料は，オリゴマー程度の比較的に低分子量体である．主要成分となる原料は化学反応性を持つ官能基を三つ以上持っていて，室温または加工前の昇温状態では低い粘度を示す．これによって金型内への充填性が良く，熱硬化性樹脂で通常用いられる補強材や充塡材などの副資材への満遍ない膨潤や分散も可能である．熱硬化性プラスチック成形品の内部に欠陥や成形時のひずみを少なくできるのは，この原材料の持つ流動特性，浸漬可能性の効果が大きい．

　熱硬化性プラスチックの成形加工は，原料樹脂と副資材とを金型内に充填し，その場で重合反応を起こして硬化させるのが特徴である．成形加工時には，硬化剤，触媒または加熱によって急速に化学反応を起こして三次元化が進み，架橋構造体となる．加工後の製品では，溶剤にも不溶となり，熱でも変形

表 11.1 熱硬化性樹脂材料の物性例

物 性	フェノール樹脂 未充填	フェノール樹脂 木粉充填	尿素樹脂 (α-セルロース充填)	メラミン樹脂 (セルロース充填)	不飽和ポリエステル (GF布充填)	ポリウレタン 注型品
透明性	不透明	不透明	半透明	半透明	不透明	—
比重	1.24〜1.32	1.37〜1.46	1.47〜1.52	1.47〜1.52	1.50〜2.10	1.03〜1.50
引張強さ[MPa]	34〜62	34〜62	38〜89	34〜89	207〜345	1〜69
引張破断伸び[%]	1.5〜2.0	0.4〜0.8	<1.0	0.6〜1.0	1.0〜2.0	100〜10000
引張弾性率[MPa]	2800〜4800	5500〜11700	6900〜10300	7600〜9700	10400〜17200	70〜690
圧縮強さ[MPa]	82〜103	170〜210	170〜310	230〜310	170〜350	130〜170
アイゾット衝撃強さ[J/m]	13〜22	10〜30	14〜22	11〜22	270〜1600	—
硬さ	M93〜120	M100〜115	M110〜120	M115〜120	—	—
線膨張率[×10^{-5}/℃]	6.7〜6.8	3.0〜4.5	2.2〜3.6	4.0〜4.5	1.5〜3.0	10〜20
荷重たわみ温度[℃]	74〜77	149〜188	127〜143	177〜199	177〜260	—
誘電率[10^{6}Hz]	—	4.0〜6.0	6.0〜8.0	7.2〜8.4	4.0〜5.5	—

(プラスチック読本第19版 (2002), 付録 (さし込み) などより作成)

を起こさなくなる．いわゆる不溶不融性が与えられている．成形時に化学反応（重合）をコントロールしなければならないので，成形加工に必要な成形サイクルタイムは比較的長くなる．

(2) 熱硬化性プラスチックの物性上の特性と機能

架橋構造を持つプラスチックの特徴として，その架橋密度が高いほど耐熱性，表面硬度や耐溶剤性が向上する反面，脆さが出てくる．成形品としての物性上の機能を保持する一つの手段として，強化材や充填材などの副資材を用いる補強が行われているのはこのためである．

架橋構造のための脆さを減らす工夫は実用途でも多く行われている．熱可塑性プラスチックとのアロイ化で柔軟性が増す例も多い．軟らかいゴム様物質の添加の効果も報告されている．熱硬化性プラスチックの発泡体も軽量化と耐衝撃性で注目されている．プラスチックの中では架橋構造のために物性の信頼性は非常に高い．漁船や航空機などの長寿命，高強度を求められる用途で使われている．使用ずみ後の放置が環境問題として浮上し始めているので，リサイクル使用や焼却による熱回収を検討する段階にきている．

11.2 熱硬化性プラスチックごとの材料としての用途紹介

(1) フェノール樹脂

フェノール樹脂全般の特徴は，架橋による耐熱性，耐薬品性，機械的強度，難燃性，耐候性などに加えて電気絶縁性が抜群に良いことである．

フェノール樹脂の一つの合成ルートは，フェノールとホルマリンを酸触媒を用いて合成したオリゴマー（ノボラック樹脂）にヘキサメチレンテトラミンなどの硬化剤を加えて加熱し，三次元構造を持つ成形品を得る．フェノール樹脂成形品は，主にこのノボラック樹脂経由で製造する．強化材としてガラス繊維，木粉，炭素繊維などを金型内に充填した後昇温する．硬化温度140～170℃，成形圧力20～40 MPaを用いる．

フェノールとホルマリンをアルカリ触媒を用いて合成したメチロール化フェ

ノールオリゴマー(レゾール樹脂)は，そのままの加熱で三次元架橋物となる．補強材とフェノール樹脂とからなる積層フェノール樹脂の成形加工は，主にレゾール樹脂経由で行う．フェノール樹脂オリゴマーを紙に含浸したものを加熱した芯棒に巻き付けるなどして加熱硬化し，棒あるいはパイプ状の硬化フェノール樹脂成形体が得られる．

フェノール樹脂の用途は，成形品，積層板，棒，パイプなど多岐にわたる．

成形品はその特徴を活かして，自動車エンジンルーム内の部品，電気絶縁機器の部品，厨房関連の耐熱部品など多くに実用化されている．

ガラス繊維織物や紙などに含浸させて硬化した積層板の用途には，銅張積層板と非金属化積層板とがある．前者は民生用の電子機器のプリント配線基板に多く用いられ，後者は電気絶縁用の板として活用されている．その他にも綿布などを含浸材料とした積層品も多くあり，高剛性，高耐磨耗性，耐油性などを生かして，歯車，摺動ライニング，軸受などに使われている．棒，パイプは機械強度と電気絶縁性とが要求される重電用部品などに使う．

電気絶縁特性を活かす重電部品などは，1世紀近い歴史の実績を持っていて，熱硬化性フェノール樹脂の独占的な用途である．

(2) ユリア樹脂

成形加工は，尿素(ユリアと呼び習わされてきたので，樹脂の名称にはユリアが残っている)とホルマリンと硬化剤とから得られたオリゴマー(反応式は「基礎編」2.4(8)式(2.16)など参照)を型内に入れ，140〜160℃，15〜20 MPaの条件で硬化させる．ユリア樹脂は透明な材料であり，自由な着色ができる．熱硬化性材料の特徴に加えて良好な耐アーク性や耐トラッキング性(これらの電気特性などについては「基礎編」4.4を参照)を活かして，家庭用電気部品(スイッチ，ソケット，コンセントなど)に使われる．また加工性，装飾性，光線透過性などの特徴から，容器のキャップ，衣料用ボタン，照明器具部品，電車の吊り輪など，日用雑貨分野に広く利用されている．

ユリア樹脂の用途全体に占める接着剤用途は90%以上である．特に，合板，集成材，内装材などの木質系材料の接着に適している．各種家具や建築物の内

装用接着剤にも多用される．一方で，尿素ホルマリン結合が強い光と水の作用で加水分解を受けるという化学構造に起因して，屋外での接着剤としての使用には限界がある．

(3) メラミン樹脂

成形加工は，ユリア樹脂と同様にオリゴマー（この反応式についても基礎編の解説を参照）を型内に入れ，160～170℃，約 20 MPa，時間は厚さ 1 mm 当たり，20～30 秒の条件で硬化させる．成形加工には圧縮成形，射出成形が主に用いられる．

メラミン樹脂は硬くて上品な外観を持ち，耐水性に優れている．用途としては，皿，茶碗などの各種食器類や化粧板類などに多く使われる．テーブルトップ，建築物の内装材，船舶や車両の内装などには，高い表面硬度，優れた耐熱性，耐薬品性，耐磨耗性などが活かされている．

接着剤，紙および繊維加工用材料，塗料などにも広く使用される．

(4) 不飽和ポリエステル樹脂

この材料は，ほとんどの用途が FRP (Fiber Reinforced Plastics)の成形法によって製造される．一時は FRP といえば不飽和ポリエステル樹脂を表していた．FRP 成形法は数多く存在するが，ハンドレイアップ法，レジンインジェクション法，フィラメントワインディング法が主流である．その大部分はガラス繊維による補強であり，液状のまま成形加工に供する樹脂と共に硬化反応を行う方式である．ハンドレイアップ法は，FRP 成形法の基本となる方法である．繊維基材をはさみで裁断して型の上に敷きつめ，硬化促進剤を加えた樹脂を，はけやローラーなどの簡単な器具で基材に含浸させながら順次必要な厚さまで積み重ね，常温常圧で樹脂を硬化させて取り出す．レジンインジェクション法は，はけなどの代わりに射出口から順次樹脂を吐出させて積層してゆく成形法である．フィラメントワインディング法は，ガラス繊維，炭素繊維など連続繊維に液状の硬化性樹脂を含浸させてマンドレルに巻きつけ，所定の厚みまで積層させた後に，加熱によって硬化させ成形品を取り出す方法である．他の

熱硬化性樹脂と同様に，事前に樹脂と強化材と混合してから金型に入れて加熱成形するプリミックス法による加工でも成形材料として使用される．

不飽和ポリエステルの用途に占める約80%のFRPは，主に次の三分野で実用化されている．第一は建築資材であり，波板，平板は採光用にテラス，カーポート，農業用温室などに使われる．屋上，駐車場，ベランダなどの防水加工にも軽さや防食性が活かされている．第二の住宅機材には，浴槽ユニット，浄化槽が大部分で大きな用途を形成している．第三は輸送用の機器で，船舶としての漁船には古くから大量に利用されており，近年モーターボート，ヨット用の伸びが大きい．さらに自動車の外板，外装材などに使われている．非FRP用途では，人工大理石が大きく，ボタン，化粧板塗料などがある．

(5) アルキド樹脂

多塩基酸と多価アルコールとの縮合反応で得られるポリエステル類の総称で，数多くのエステル結合を通じて三次元化した樹脂である．一般には塗料として用いられるものを指す．アルキド樹脂塗料に分類されるものには極めて多くの種類がある．よく知られていることは，塗料は用途ごとに，またユーザーごとに組成などを微妙に変えて出荷するという慣習がある．慣習というのは塗料業界で常に行われている状態を示していて，出荷側，顧客側のそれぞれの事情を反映した商習慣と考えてよい．技術的には酸とアルコールの組み合わせだけでも非常に多種類の化合物があって，豊富な種類の材料が得やすい．そのうえ，アルキド樹脂は，多くの他の種類のポリマーと混合しての変性による複合化，多様化も行われている．

植物油による変性は一般的で，空気乾燥性，光沢，密着性の向上を狙う上に，他樹脂との相溶性の調節などにも利用する．樹脂変性での例をいくつか挙げれば，フェノール変性，エポキシ変性，シリコーン変性，ビニル変性，リジン変性等々がある．こうした変性で，塗料としての光沢，硬度，密着性，耐薬品性，たわみ性などのバランスをとって，独特の特性による差別化が行われている．

(6) エポキシ樹脂

後発の熱硬化性樹脂であるが，高級な品種としての声価が高まっている．表11.2に分野別の用途例とその割合とを示した．エポキシ樹脂(反応式は「基礎編」2.4(1)式(2.17)など参照)の特徴を活かして，あらゆる用途に使用されていることが判る．

表11.2 エポキシ樹脂の需要分野別比率と用途例

需要部門	主な用途	比率[%]
塗　料	工業用メンテナンス 食缶，船舶，自動車	33
電気，電子	部品の注型，絶縁材料 ワニス，成形材料，積層板	42
土木建築，接着	コンクリート，タイル，防水，建材などの接着，道路の舗装，防食ライニング，構造材料の接着，治工具，一般接着，安定剤，繊維処理剤	25

①塗料

硬化後の塗膜の特性では強靭性，耐水性，耐薬品性などが際立って高レベルにある．薬品貯蔵タンク，ドラム缶などの内面塗装や化学装置の保護用塗装などには欠かせない．絶縁エナメル用途も永い年月にわたって使われている実績があり，塗膜の長期絶縁安定性も抜群であると評価されている．低粘度(低分子量)の液状樹脂を使用する塗料もあるが，有機溶媒に溶かした溶液塗料が主流である．主な溶媒としては，MEK，キシレン，酢酸エチル，セロソルブ，クロロホルムなどが用いられる．低公害に向けて，粉末塗料，水系エマルション塗料も開発され用途を拡大してきている．

②電気，電子

電気絶縁性を活かしての変圧器，碍子，ブッシング，絶縁開閉機器などが主な用途である．エポキシ樹脂としては，基本的な化学組成であるビスフェノールA型が標準である．エポキシ樹脂と併用する形で，シリカなどの充填剤を同時に加える注型法で製造される場合も多い．ガラス布，ガラス繊維，炭素繊

維などと複合積層して，重電用の大型の構造体や機器として多量に使われている．印刷回路基板の産業向け用途に，高信頼性を活かして使用量が増してきている．

③ 土木建築

土木関連では，コンクリート構造物の補強や補修に使われている．原爆ドームの修理にもエポキシ樹脂が使われたのは有名である．道路舗装にもタイヤとの摩擦が大きいのでスリップを起こしにくく，磨耗量も極端に少なく長期使用に耐えるので，使用が広がっている．現実には使用するエポキシ樹脂の量を抑え，砂，石，顔料などを加えて，通常の道路工事の方法で利用される．建築分野への応用は高級な床材，外壁の飾り塗膜など，高度な機能を活用する分野に広がっている．

④ 接着

エポキシ樹脂の持つ三員環($-CH-CH_2$)の大きな反応性と，極性が非常に多
$\qquad\qquad\qquad\qquad\quad \diagdown\ \diagup$
$\qquad\qquad\qquad\qquad\quad\ \ O$
くの材料との親和性を持たせている．したがって，特殊なプラスチック表面を除いて，ほとんどの材料(天然物，合成物を問わず)と優れた接着性を有する．液状接着剤として利用されるのが大半であるが，ペースト状，粉末状もある．高級，高性能な接着剤として航空機，建設，電気などの分野や軽金属，木材などの接着向けなど広い用途がある．プリント配線基板用積層材と銅箔との接着にはほとんどの材料でエポキシ樹脂が使用されている．

(7) ケイ素(シリコーン)樹脂

シリコーンの名で広く使われている．

化学構造式の一例を挙げれば，下記のようなものがある．

$$\begin{array}{c} R & R & R \\ | & | & | \\ R-Si-\!\!\!\left(\!\!\begin{array}{c} \\ O-Si-O-Si \\ \\ \end{array}\!\!\right)\!\!\!-R \\ | & | & | \\ R & O & R \\ & | \\ & -Si-O-Si-O- \\ & | & | \\ & R & R \end{array} \qquad R：CH_3,\ C_2H_5 \text{など}$$

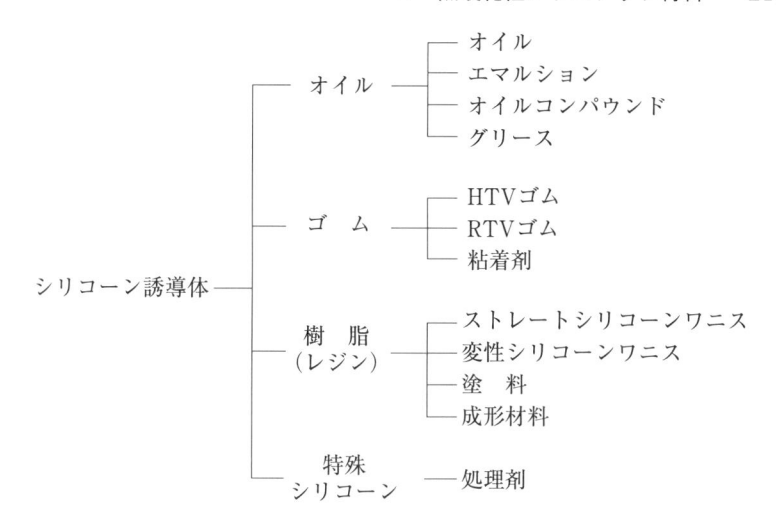

```
シリコーン誘導体 ─┬─ オイル ─┬─ オイル
                  │          ├─ エマルション
                  │          ├─ オイルコンパウンド
                  │          └─ グリース
                  │
                  ├─ ゴ ム ─┬─ HTVゴム
                  │         ├─ RTVゴム
                  │         └─ 粘着剤
                  │
                  ├─ 樹 脂 ─┬─ ストレートシリコーンワニス
                  │ (レジン)├─ 変性シリコーンワニス
                  │         ├─ 塗 料
                  │         └─ 成形材料
                  │
                  └─ 特殊   ── 処理剤
                     シリコーン
```

図 11.1 シリコーン誘導体の用途別分類(井上弘:プラスチック読本第19版, p.97(2002))

主な用途は,**図 11.1** のように分かれている.シリコーンオイルは高温用熱媒体に利用されている.ここでは,耐熱性,耐酸化性が活かされている.シリコーンの持つ撥水性を活かして,各種材料との複合で多様な用途が開かれている.それらには潤滑用グリース,真空グリースなど複合化で生ずる高分子鎖間の非相溶性や反発性が活かされている.シリコーンゴムは,高分子量の生ゴムに補強材などを加え,加熱架橋して使用される.ゴム特性としての伸び,強さ,硬さなどの機械的性質では,通常の天然ゴムや合成ゴム並みかやや劣る程度であるが,耐熱性,耐寒性,耐紫外線性,耐オゾン性などの特性に優れ,重宝に使われている.こうした特性を活かす用途分野は非常に広く,さらに拡大を続けている.シリコーン樹脂は,耐熱性を要求される電気絶縁用途が主要な市場である.変性して塗料や成形材料としても使用されている.

(8) ポリウレタン

熱硬化性樹脂としてのポリウレタンは,合成反応に由来する CO_2 の発生も

あって，発泡体形状での用途が過半を占めている．樹脂としての性状は原料の選択の幅が非常に広範囲なことから多様であり，用途分野も広い．

①フォーム用途

大きく軟質フォームと硬質フォームとに分かれる．軟質のフォームは主にクッション材として使われる．車両，家具，寝具など大型のものから，日用雑貨まで数限りない使われ方をしている．硬質フォームの用途では，プラント建材，船舶，車両などの断熱材が主なものである．工場のプラントやパイプの保温，保冷のための施工例が多い．ポリウレタンの現場発泡技術（成形部品と金属製などの外板との間に素原料混合物を注入して発泡させるという技術）を応用した冷蔵庫などの断熱用途も需要量としては大きい．

②弾性体

熱硬化性の小型の弾性体用途には，ロール，ベルト，タイヤ，靴底，パッキングなどがある．大型の弾性体製品としては，自動車のバンパー，フェイシア，エアスポイラなどがあるので，自動車技術，あるいは工業用プラスチック製品例なども詳しく調べるとよい．

近年，熱可塑性ポリウレタン弾性体が注目されるようになっている．これはTPEの呼び名で，多様なゴム系の用途での実用開発も進んでいる．

③合成皮革

ポリウレタンの極細繊維を原料とし，後加工による各種形状の製品を得て広い用途がある．

④弾性繊維

スパンデックスの名で知られている．伸縮性，耐磨耗性，染色性に優れた繊維である．各種の他の繊維との混紡によって，フリーサイズ肌着，パンティストッキング，水着，スキーズボン，トレーニングパンツ，靴下など広い用途がある．

⑤その他

ポリウレタン塗料，ポリウレタン接着剤など多品種の分野に応用されている．

11.3 熱硬化性プラスチック材料の用途展開の今後

　耐熱性，長寿命，信頼性など，高度な産業用資材としての特性を備えているのが熱硬化性プラスチックである．これは，食料品の安全，安定な輸送や日常生活の利便性向上などに安価な材料を供給し続けることを使命としている四大プラスチック類とは対をなすものである．中でも原初の合成熱硬化性樹脂であるフェノール樹脂は，電気絶縁性によって20世紀の電気・電子産業の発展に大きく貢献した．これから増々高度化していくポスト工業化社会を支える材料に占める熱硬化性プラスチック材料の役割は重要である．

　今後の産業分野におけるプラスチック用途は，高機能部品，小型部品，高付加価値部品などに代表される．脱工業に相応しく情報関連，環境保全関連などに展開されていくことになる．その際に活かされる特性のポイントを列記すれば，以下の点が挙げられる．

①長期信頼性を保持する三次元架橋．
②超高分子量体であることに由来する高強度，高剛性，高耐熱性．
③加工前の低粘度に由来する超微細加工の可能性．
④封止材料，基板材料などで接触する相手金属部位に対して腐食性が非常に少ない．

などである．

　熱硬化性プラスチックの用途展開での材料選びは，各材料の特性を見極めて使うことになる．樹脂は用途ごとに改質や特性向上を進め高度化が図られているが，当初には10数種類の材料が生産されていたものが，日本の市場では8種に集約された．有機合成化学の力に基づく三次元架橋反応が生み出す熱硬化性樹脂生成反応の限界から考えれば，今後全く新しい熱硬化性材料が登場する可能性は低い．

11.4 熱硬化性プラスチックの材料開発の今後の方向

　熱硬化性プラスチックは，金型内あるいは成形品形状でのin situで行われ

重合と重合と同時に成形加工されることに特徴がある．したがって，材料開発は用途や金型に合わせる方向で進められる．今後の開発の方向で重要なのは，成形品の大きさを問わずにでき上がる成形品の寸法精度の向上である．ターゲットとしての要求には次のようなものがある．

重合前の物性としては，(a)原液の粘度を下げる，(b)重合までのポットタイムを延長する．

重合時の物性としては，(a)低温で重合できる，(b)重合熱を下げる，(c)重合時間を短縮する．

重合後の物性としては，(a)型の転写性を向上させる，(b)熱収縮率を下げる，(c)長期の信頼性を上げる，などである．

先進国を初めとして熱硬化性プラスチックの使用量は必ずしも拡大を続けていない．用途によって他の材料(熱可塑性プラスチックなど)への転換が進んでいる．今後とも熱硬化プラスチックの役割には，

①金属などの他材料からのプラ化への先兵．
②全く新しい用途にプラスチックを使う場合の材料．

などが重要性を増していく．

こうした用途開発は高付加価値を持っており，いたずらに安価な材料と競合を続けるよりは賢明な発展方向である．

III

加工技術編

12 成形加工プロセス

12.1 高分子材料の成形加工

　高分子材料は，工業，産業ばかりでなく，生活用品など身近なものに多く使われている．それらは，プラスチック用途，繊維用途，ゴム用途，接着剤用途などに分類され，それぞれの分野は JIS, ISO などの規格で定義されている．そのうちプラスチック以外の用途では，成形することがすなわちその用途での特性発揮となる．したがって第Ⅱ編「応用編」の9章では，繊維，ゴム，接着，その他に分けて用途と同時に成形加工方法についても詳しく述べた．6章から8章および10章で分類に従って詳しく解説したプラスチック材料は，非常に広い用途に使われており，成形加工方法も多岐にわたっている．本章では，高分子材料の特性をプラスチック用途向けに充分に発揮させる成形加工プロセスを中心に述べる．中でも11章の熱硬化性プラスチックの成形加工は，その性質上，特殊なので分けて説明を加える．

　熱可塑性の高分子材料のプラスチックへの成形加工技術は，様々な応用を含めてプラスチック以外の用途展開にも活用することができる．

12.2 プラスチックの成形加工

　ある用途で製品にプラスチックを使おうとする場合に第一に考えるのは，材料選択と成形加工プロセスの選択である．中でも成形加工技術が目的の合致した形状と機能を与える最重要部分になるので，どの方法で作ろうかと考えるのは大切である．短いながら50年を超えるプラスチック関連の製品化プロセ

ス技術の歴史の中で，成形加工方法についても千差万別のものが提案され，淘汰されてきた．現在実用に供されている主なものは，5章の表5.3にまとめて示したとおりである．

　用途のイメージを中心にしてどんなプラスチック材料を使い，どんな加工法で商品に作り上げるかを考える．目的に合う機能と形を与える方法を決める．日本では，熱可塑性プラスチックの成形には射出成形が半分以上の割合を占めている．射出成形技術の改良は今も続けられ，新しい機能発現や省資源にも貢献している．一方，欧米と比べると実用比率は低いけれども，押出成形も多く使われている．この二つの方法に共通しているのは，成形した後で成形品の形状に不具合ができやすいことである．それらの不具合の現れ方には，表面の一部が沈み込むヒケの形，全体の形状が一つの方向に傾くソリの形，全形状にわたって金型で指定しているものと異なる形で固まっている変形などがある．熱を加えることで溶融した高分子材料は，成形品となる段階で冷却固化する．その際に自由に動いていた高分子鎖が徐々に束縛されて形状を保持することになる．高分子鎖が無理な形で止まったり，表面と内部の冷却・固化速度の違いなどで固化した高分子成形品の内部にひずみを起こす力が残る．こうした内部ひずみを極力少なくなるように成形条件の設定をすることが大切である．実際に成形品としての使用している場合の寸法精度が安定していることが，成形加工技術の命なのである．

　材料技術の進歩と共に，ポリマーアロイ，複合材料(FRTP)などのように複数の材料を組み合わせて機能を高度化することが行われている．必ずしも全体が均質ではない材料の登場で，成形の重要度がさらに増している．高分子鎖のとる構造を意図的に変更して固定させることなどもできる．ポリマーアロイ成形品の内部構造と物性や用途との関係は，10章の図10.7に示したとおりである．

12.3　熱硬化性プラスチックの成形

　成形品の長期信頼性という点で熱硬化性プラスチックが選ばれることが多い．この優れた特性の発揮は，成形に際して化学反応による架橋も起こし，分

子量を無限に大きくすることによっている．熱硬化性プラスチックの成形の特徴は，成形前の原料の粘度が低く流動性が高いことにある．複雑な金型でもその隅々まで材料を容易に行き渡らせられるし，副資材や補強材との接着性も高い．ただし，重合という化学反応を伴うので成形加工時間が長いという欠点もある．さらに，いったん成形すると再変形することは困難なので，後加工は切断，穴空け，研磨などの機械加工によることになる．

(1) 圧縮成形法

熱硬化性プラスチックの成形方法で，最も多いのは圧縮成形法である．素原料を目的の型内に注入し，加圧下に重合硬化させる．重合による体積の収縮などを吸収して，寸法精度の優れた成形品となる．**図 12.1** に圧縮成形装置の概念図を示す．この図は大きい金型を取り付けて成形する装置を示しているが，同じ原理で小さい成形品も得られる．近年では，半導体素子の配線後の上部に

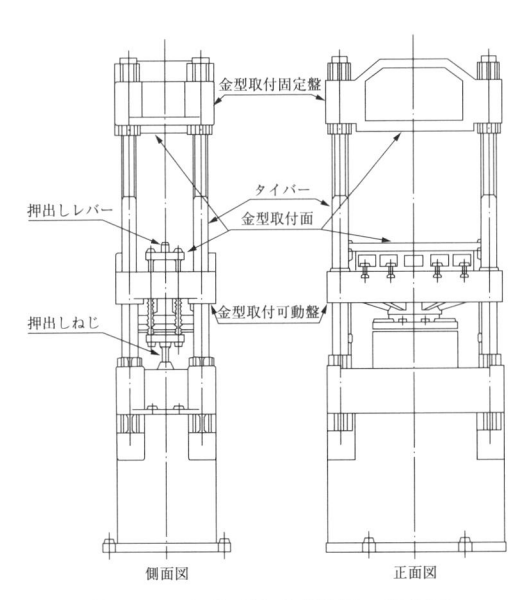

図 12.1 大型圧縮成形装置の概念図
(浅野協一：実用プラスチック成形加工事典，p.339，産業調査会(1997))

素原料を流し込んで固化させ，電気系統全体を保護する目的でエポキシ樹脂やフェノール樹脂を用いる成形が，このプロセスで急速に広がっている．

(2) 射出成形法

表5.3に示したように，主として熱可塑性材料で使う射出成形技術が熱硬化性樹脂の成形にも使える．素材が重合反応によって硬化して動かなくなるまでのポットライフが短すぎるケースや，成形品の形状などによっては採用できない場合もある．

(3) トランスファー成形法

半導体封止技術として近年広く利用されるようになっている方法で，前節の射出成形法の一種である．1960年に発明された低圧トランスファー成形技術の展開で，半導体製品の封止方法としては90％程度がこの方法に移っており，今後とも熱硬化性樹脂成形の中での比重を増していくであろう．

(4) 注型成形

成形金型の中での重合による成形方法で，原材料の種類や成形品の形状などを問わずに使用できる．

(5) FRP成形法

繊維補強を強調する熱硬化性プラスチックの代表がFRPであり，その成形方法がFRP成形法である．その中でも，補強する繊維素材を次々に重ねていきながら重合もコントロールして成形する積層成形が一つの典型的なものである．この成形加工方法のうち，手作業によるのがハンドレイアップ法，スプレーアップ法など型を用いないオープンな方法である．熱硬化性プラスチックの用途として数多い，ボート，漁船，椅子などを初めとする手作りに近い製品は，この積層成形を用いている．FRPの連続成形には，型を使う引抜き成形での，板，パイプなどの生産と，型なしでパネルを生産する積層成形技術がある．FRPを圧縮成形する方法をSMC法と呼び，型を用いることで生ずる成形

品の信頼性を長所として活かしながら，市場が大きく伸びている．これらの技術の中にフィラメントワインディング法があり，FRP 成形法の中では歴史も古く，型を用いるものも，用いないものもあって応用の幅も広い．FRP 材料を射出成形する方法を BMC 法と呼び，小型製品を中心に利用が広がっている．BMC 法は生産効率の高さから熱硬化性樹脂の成形方法として拡大を続けており，今後も大きく成長するであろう．

以上に述べた FRP 成形技術は，手法別に方法を分類して示せば**図 12.2** のようになる．

先端複合材料(ACM)と呼ばれる熱硬化性樹脂と炭素繊維(CF)よりなる材料の成形も，ほとんど積層成形方法を用いて行われる．

```
                     ┌─ 手作業による積層成形 ─┬─ ハンドレイアップ
                     │                        └─ スプレーアップ法
                     │
                     │                        ┌─ BMC法（インジェクション）
FRP成形技術 ─────────┼─ 機械による成形 ──────┼─ SMC法（コンプレッション）
                     │                        ├─ 積層成形法（ACMなど）
                     │                        └─ フィラメントワインディング法
                     │
                     └─ 連続成形 ─────────────┬─ 型を用いる引抜き成形法
                                              └─ 型なしパネル積層成形法
```

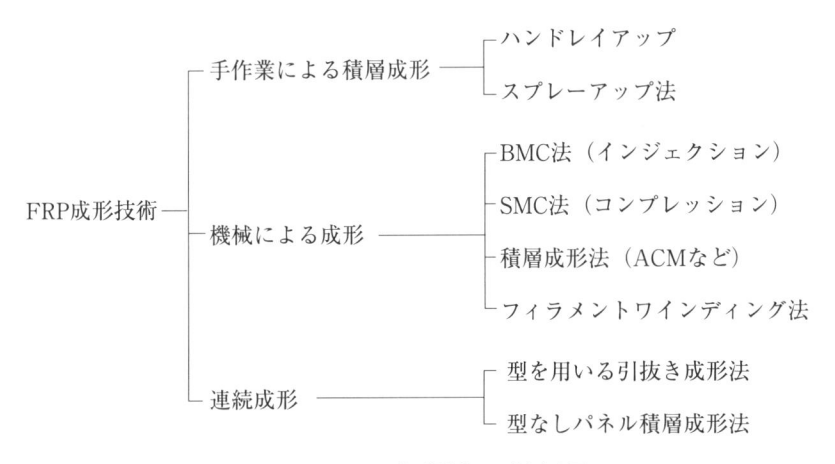

図 12.2 FRP 成形技術の分類略図

12.4 熱可塑性プラスチックの成形

合成高分子の持つ「熱可塑性」という特徴は，その用途を広げるのに非常に大きく貢献した．表 5.3 で示したように多様な成形方法も開発され，使い勝手に合わせて用いられている．中でも量的に最大なものが射出成形であり，第二

が押出成形である．日本国内の需要として考えれば，熱可塑性プラスチックの用途のうち，50％以上がワンウェイの使い捨て用途である．この分野は，内容物を安定，安全に届けることが目的であり，その間の性能と形状の保持がプラスチック材料の成形加工に求められる主要な点である．

今後用途としての比重が増していくであろう，産業用途を含む長期信頼性を要求する用途では，形を仕上げるだけでなく，「機能の作り込み」が成形加工技術に求められる．射出成形を中心とする機能発現用途向けの技術開発は，次章に述べる．

ワンウェイ用途としての主要な形状であるフィルム，ボトル，シートなどは，後加工の熱成形との組み合わせも含めると押出成形での一次加工が多く用いられる．これらの用途向けでは二段階成形で成形品の形を得るものも多い．

原材料(粉末状，ペレット状などのもの)を押出機のホッパーから投入し，スクリューとバレルで溶融し，出口のダイ(事業分野により金型，口金部，ダイスなどとも呼ぶ)を経由して成形するのが，押出成形と呼ばれる成形加工法である．成形に使われる押出機は単軸と二軸があり，**図 12.3** に示すような種類

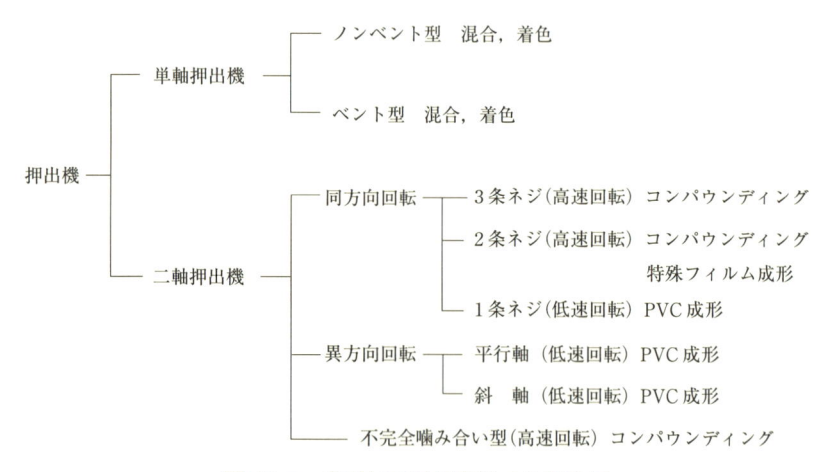

```
押出機 ─┬─ 単軸押出機 ─┬─ ノンベント型　混合，着色
        │              └─ ベント型　混合，着色
        │
        └─ 二軸押出機 ─┬─ 同方向回転 ─┬─ 3条ネジ(高速回転)　コンパウンディング
                       │              ├─ 2条ネジ(高速回転)　コンパウンディング
                       │              │                    特殊フィルム成形
                       │              └─ 1条ネジ(低速回転)　PVC成形
                       │
                       ├─ 異方向回転 ─┬─ 平行軸 (低速回転)　PVC成形
                       │              └─ 斜　軸 (低速回転)　PVC成形
                       │
                       └─ 不完全噛み合い型(高速回転)　コンパウンディング
```

図 12.3　成形加工用押出機の分類略図
(山田孝夫，谷垣圭三：実用プラスチック成形加工事典，p.176，産業調査会(1997))

に分類される．ベント型というのは押出成形機の途中に揮発性の成分を気体として抜き出す穴(ベント口)を備えたもので，ノンベント型はそれを持たないものである．コンパウンディングというのはポリマーとポリマーあるいは他の成分とを混合するものである．PVC成形とは，文字どおりポリ塩化ビニルを成形する装置である．押出成形機による成形加工で得られるプラスチック製品は多様なものがあるが，それらは目的に合わせて設計されたダイの形状の選択によって作り分ける．

12.5 熱可塑性プラスチックの射出成形

(1) 射出成形の概要

射出成形加工における成形機と，金型および得られる成形品の例を**図12.4**に示す．この図は，2個取りの金型を使う典型的なものを例として挙げたもので，右下の三次元図と合わせて原理を理解してほしい．射出成形機の主要部分は，シリンダと呼ばれる筒とその中で回転と前進後退を繰り返すスクリューで

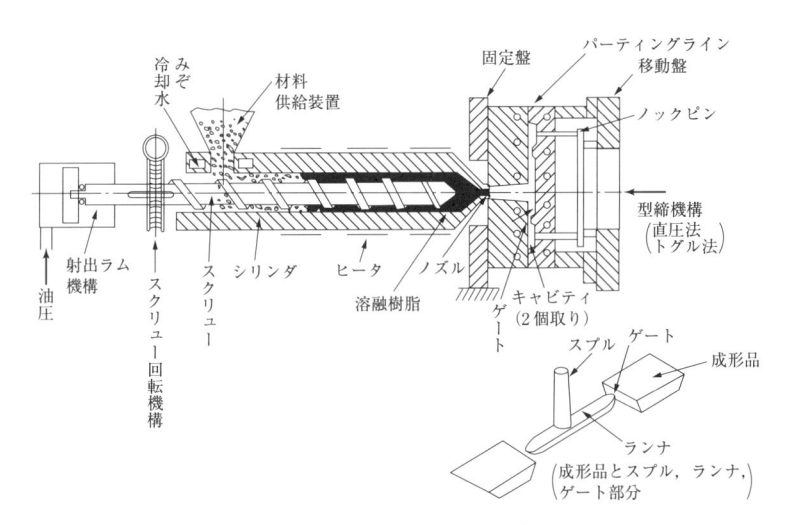

図12.4 射出成形機の主要機構と金型の略図
(泊清隆：プラスチック読本第19版，p.252(2002))

ある．スクリューの第一の働きは，その回転機構からの力で回転して材料供給装置から材料をスクリュー部に食い込みつつ後退し，材料を前方に送りつつ溶融する．第二に射出ラム機構の働きでスクリュー自体が前進し，溶融樹脂をノズル経由で金型内に送り込む．金型は射出成形機が備える固定盤と移動盤とにそれぞれ固定側と移動側を装着する．固定側と移動側の分かれ目がパーティングラインを形成する．金型を開いたときに現れる樹脂表面の線をパーティングラインと呼ぶ．移動盤は型締機構（直圧法またはトグル法による）で前後に移動して金型を開閉する．金型内の樹脂の流れる部分は，入口からスプル，ランナ，ゲートを通って成形品部分に達する．図12.4では上下2個取りの金型を示しており，三次元的に説明したのが右下の図である．通常は金型から成形品を突き出すためにノックピンを用いる．

射出成形機に関する技術の進歩は続いており，ワンウェイ用途向けでは充分なレベルに到達しているけれども，トライアルアンドエラーで成形条件を決めているので未だ問題点も多い．熱可塑成形には，有機高分子に特有の熱的安定性の限界から，低温（ほとんどが300℃以下）成形を余儀なくされている．これは，成形時の温度と実使用時の温度との差が小さいので，成形品の安定性を充分に得ることは難しいという問題点が常にあり続けている．

熱可塑性プラスチックが大きく用途を広げた最大の鍵は，射出成形加工方法の適用の拡大と技術の進歩にあった．これは，溶融した高分子材料を冷却している金型内に流動射出して賦形するという成形方法であって，複雑な形状でも一度で成形品を得ることができる．プラスチックの中で極端に分解温度の低いものと，極めて軟化流動温度が高いものを除けば，この成形加工方法を応用することができる．すなわち，一般の高分子材料では射出成形にとって最適な溶融粘度を示す温度と分解温度との間に，Injection moldable window（成形加工の窓）を設定できるのである．これらは材料の特性（特に流動加工性）の向上，射出成形機械の進歩，成形金型技術の発展などにコンピュータ支援技術（CAE）も結びついて急速に進んだ．

(2) 射出成形の課題と解決手段

　射出成形で特に大きな問題となる，熱可塑性プラスチックに特有の根本的な問題は存在し続けている．そのうちの大きな二つを説明するために，部分的に誇張して示した特性図が**図 12.5**である．第一は，比容の変化による収縮である．加工温度から常温までの冷却での材料の熱膨張係数に基づく大きな比容の減少，すなわち体積の減少は材料にもよるが，熱可塑性プラスチックでは，1〜8％の範囲に達し成形品の寸法の安定性を大きく阻害する．第二は，樹脂の加工温度付近で材料温度が変化する（下がる）ことによって材料粘度が急上昇することである．これは成形中に材料が急に流れにくくなることを示している．冷却固化の始まりと共に，成形機械からの力が流れ続けるプラスチック材料に伝達されなくなり，成形品内部に応力ひずみを発生させる．この二つの問題は熱可塑性プラスチックの射出成形品に生じるヒケ，ソリ，変形などの不具合の原因となる．この対策を求める技術改良は継続的に行われている．

　この二つの宿命的な物性変化による欠点を克服する射出成形加工技術では，

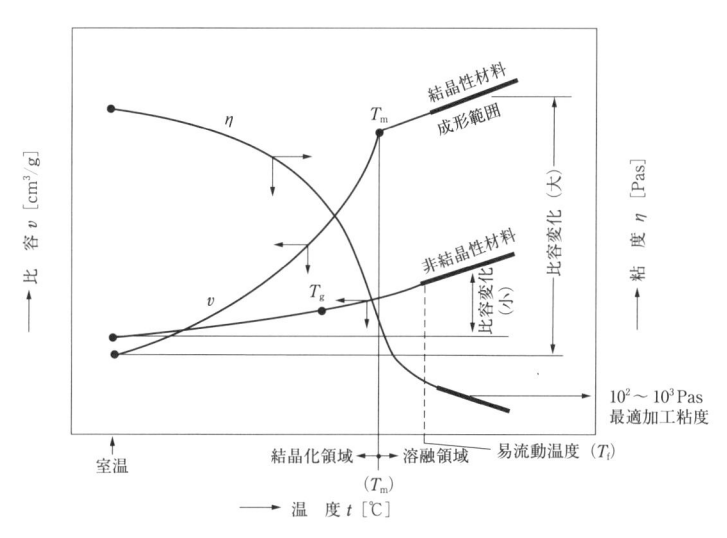

図 12.5 熱可塑成形における比容変化と粘度変化の模式図
（伊澤槇一：プラスチックスエージ，**46**(6), 79(2000)）

主に成形加工の複合化，すなわち射出成形と他の加工技術を結合させるのが有力で実用化されつつある．そのいくつかの進歩の例を13章で述べる．

12.6 熱可塑性プラスチックの押出成形

ほとんどが，押出成形と二段目の加工を組み合わせたものになっている．主要な用途と関係付けながら，押出成形の機械と方法を示す．

(1) シート成形

押出機で溶融した高分子材料を，その出口に付けたフラットダイを用いて薄膜状に押し出す．冷却アニーリングロール，厚み検出機を経由して円筒状に巻き取る．ダイには数々の工夫があるが，均一な厚さに制御して押し出すことが最大の目標となっている．全体の装置のフローを横から見た状態で**図 12.6** に示す（フィルムの流れを太目の線で示す）．

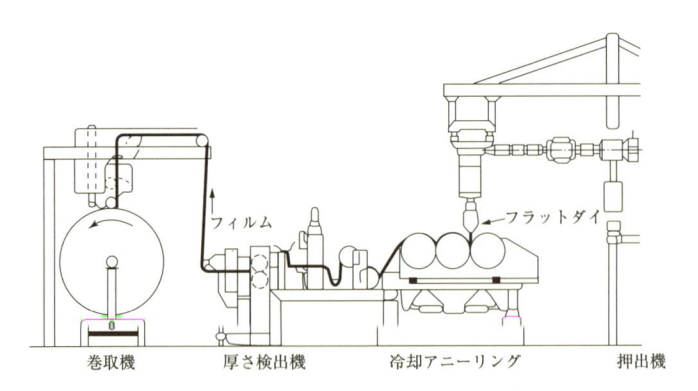

図 12.6 横から見たシート成形用押出機
（南田文：実用プラスチック成形加工事典，p.184，産業調査会 (1997)）

(2) Tダイ二軸延伸法によるフィルム成形

フィルムを得るプラスチックの成形方法は，大きく分けてTダイ法とインフレーション法がある．ここで説明するTダイ二軸延伸法は，産業用，ある

いは高機能フィルムとしての PET フィルムを得る方法として実用展開されている．その一例を**図 12.7** に概略図として示す．押出機からフラットなフィルム状に押し出す T ダイ部分を出てきた材料を，冷却することなくテンター二軸延伸部に供給する．この装置ではフィルムの両側をテンターでつかんで横方向に延伸すると同時に，縦方向にもフィルムの引き取り速度を上げて延伸する．フィルム両端の耳部のリサイクルを必要とするが，延伸フィルムの大量生産に向いている加工方法である．

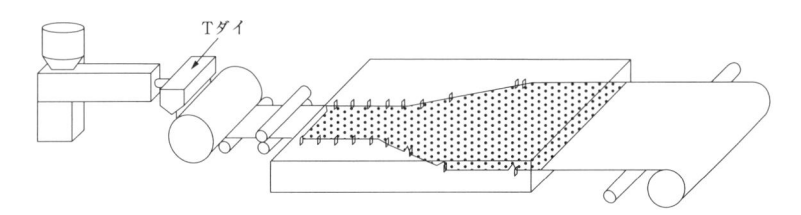

図 12.7 T ダイ法二軸延伸フィルム成形押出設備の概略図
（伊崎健晴：プラスチック材料活用事典，p.12，産業調査会(2001)）

（3） シート，フィルムの厚み制御技術

押出成形によるフィルム，シートの厚みの計測・制御システムが確立された．この技術は品質上の最大の課題であり，センサー，計測および制御の技術の進歩がほぼ固まり，オンラインで自動的にコントロールされる時代に入っている．プラスチックフィルム（シート）では放射線センサーが精度，安定性の面からよい．他に赤外線センサー，X 線センサー，キャリパーセンサーなども材質，厚さなどを考慮して選ばれる．

計測は，引き取られてゆくフィルムの上面から横方向に往復横断を繰り返すスキャニング方式が安定に使える．300 mm/sec のスキャニングスピードが可能で，広幅フィルムでも 1 スキャン 20 秒程度が設定できる．制御は，オンライン計測で得られるマップから溶解樹脂が空気中に押し出される際のダイの厚みを制御するボルトを開閉させ，ヒートダイボルトを直接制御するアルゴリズムを備えたパソコンで行う．

(4) プレート成形

厚みを上げて成形するシート成形をプレート成形と呼ぶ．ロールには巻き取れないので，必要な長さごとに切断して重ねた状態で製品を得る．一般建材用として，PMMA の押出板が多くこの方法で生産されている．PMMA に固有の透明性の良さと，熱成形による後加工の容易さとで用途を拡大している．PP のプレートは輸出向けの半導体製造部材用として，難燃グレードのものが増加傾向にある．二次成形用のプレート材の原料は，汎用的に ABS 変性アクリル樹脂，HIPS，PC，無機フィラーを充填した PP などが，板厚 1～6 mm 位の範囲で広く生産されている．プレートからの後加工は，印刷フィルムとのラミネートや表面に凹凸を付けて装飾性を増すシボ加工などを含めて，主に真空成形法による二次加工で製品化されている．

(5) チュブラー法二軸延伸フィルム

プラスチックフィルムは，延伸することで多くの特性を向上させることができ，主にワンウェイ用途向けである．チュブラー押出インフレーションによる大量生産フィルムは，PE の主要用途である．チュブラー法で成形した円筒状フィルムの後延伸法も数々実用化されている．技術のポイントは加熱方法，冷却方法にあり，延伸時の温度コントロールが特性を左右する．一つの簡便な例の略図を図 12.8 に示す．押出機から出てくる溶融ポリマー（例えば PE）をリングダイを用いて円筒状に上向きに押し出す．円筒の内側には下側から空気を吹き込み，チュブラー状のポリマーバブルを安定に保つ．ダイを出たフィルム状のポリマーは，外側に付けた冷却用空気の流れで冷却しつつ上部の案内板に導く．案内板を出てピンチロールで平板状（2 枚重ね）に潰されチューブ巻取機に送られる．フィルム延伸法としてチュブラー法の優れている点は，設備投資が少なくてすみ，縁部の切断ロスが出ないことである．表面性，厚さムラなどはフラット法に比べて劣るが，広幅加工ができ，安価なフィルムが得られる．この加工方法を特徴付ける技術は，押出用リングダイにあるので，その基本構造部分の一例を図 12.9 に示す．溶融状態にある押出機からの材料を円筒状に上向きに押し出す．押出リング周囲に付けた可動ダイリップを偏肉調節ネジで

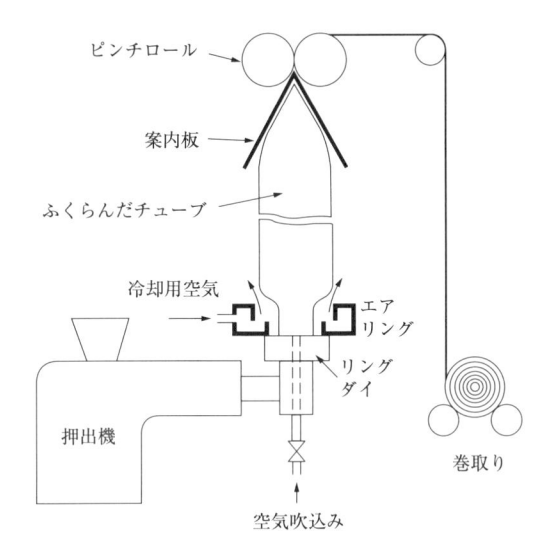

図 12.8 チュブラー法二軸延伸フィルム成形の概略図
(原田敏彦:プラスチック読本第 19 版, p.277(2002))

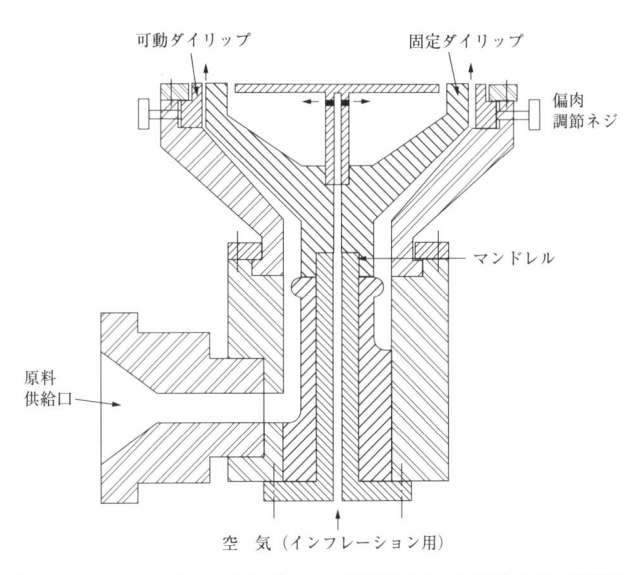

図 12.9 チュブラー法に用いる押出用リングダイの基本構造
(原田敏彦:プラスチック読本第 19 版, p.277(2002))

調節してフィルムの厚みムラを制御する．

(6) パイプ成形

プラスチックパイプの成形は寸法精度を出すためのノウハウ競争といえる．管部の肉厚を均一に保つことと，長さ方向に一定な条件を継続することが技術上のポイントで，特にダイ部（口金部）を出た後の冷却速度を材料の種類とパイプ厚さとの関係で制御することに注意を要する．

(7) プロファイル（異形断面）成形

押出機の先端に希望の形状の製品を得るための金型（ダイ）を取り付ける．ダイを経由して押し出された軟質樹脂の形状を保持しながら，充分に冷却して製品とする加工方法である．現在では単純な板状や樋状だけでなく，複雑な断面をした長尺ものも量産できるようになっている．技術の中心は金型と冷却部にあり，押出成形全般と共通である．押出断面が対称性を持たないものが多く，冷却のコントロールにノウハウが集中されている．さらに，共押出し，発泡押出し，表面加飾，複合押出しなど多様な技術との組み合わせで付加価値の高い製品が生み出されている．この成形はノウハウの固まりでもあるので，利益の出るプラスチック成形加工の例として知られている．

(8) 多層押出成形

2台以上の押出機を用いて，複数の樹脂を積層させて押し出す成形加工方法である．食品などの包装材料，入れ物，容器などの日用品・雑貨や多機能を持たせるシート，建材などでのプラスチック用途では，2種以上の樹脂の特性を組み合わせて利用するために多層押出成形が使われる．別々に押し出された複数の樹脂を溶融した状態で，ダイ内で層状に合流させて積層する．多くの押出成形に利用されているが，最も多く使われているのがフィルム成形，シート成形，ブロー成形などである．代表的な多層化を行う方式のダイは，フィードブロック方式ダイと呼ばれる．フィードブロック方式の樹脂積層部分の概念図を図 12.10 に示す．この図の左半分が樹脂積層部で，右半分は T ダイを横か

12 成形加工プロセス   235

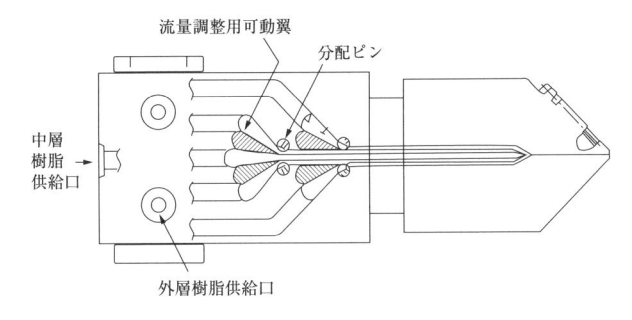

図 12.10 横から見たフィードブロック方式による 3 種 5 層樹脂分配の概念図（伊澤槇一：プラスチック成形加工の複合化技術，p.12，シーエムシー出版(1997)）

ら見た形になっている．すなわち，図 12.10 の右端から右方向へフィルムが吐出されて流れる．この方法は T ダイに入る前に各層を合流させるフィードブロックを設置する方式なので，層数の変更や層構成変更などを，製品の求めに応じて低コストで対応できる．例えば，2 種 3 層のフィルム，3 種 5 層のシートなどが，フィードブロックを代えるだけで，その先の T ダイを変更しないでも生産できる．スクリーンチェンジャ，ギアポンプの設置などで運転を安定させる生産への技術が続々と取り込まれている．多層押し出し用の積層に使われるもう一つの方式に，マルチマニホールド方式と呼ばれる技術がある．これは各層の厚さを制御する精度が高く，専用化による大容量成形に適する特徴が活かされて光学用途のシートなどに実用されている．応用範囲の広がりと共にフィルム，シート類の機能の高度化・多様化に対応して，多層押出成形の技術進歩が続いている．

(9) ブス社のコ・ニーダーによる押出加工

ブス社のコ・ニーダーは，独特な前後への往復運動をするスクリューを持つ単軸押出機として知られている．スクリューフライト部に付けた凹凸とシリンダ内面にある凹凸との間を，効率良く樹脂材料を動かすメカニズムで位置交換する．このことで優れた混合を行うことに特徴がある．押出スクリューの外径

(D)に対して比較的に短い全長(L)の設備(すなわち低いL/Dの機械部分)で効率的な混合ができる．その効果から樹脂の圧力が高くならないので，樹脂温度を低く保つことができる．セルフクリーニング性の良さと滞留時間分布の狭さにも利点がある．最適な用途にPBTやPAへの強化繊維の添加がある．高い混合性と低いせん断のために高品質な製品が得られる．押出樹脂当たりの比エネルギーが低く，省資源，低コストで対応できるのも特徴といえる．

12.7 その他の材料の成形加工方法

合成ゴム，繊維，塗料，接着剤については9章で用途と一緒に述べた．合成高分子の繊維へ紡糸技術は，湿式紡糸，乾式紡糸，溶融紡糸の3方式があり，実用的には高分子材料の特性に従って，最も相応しい紡糸方法が選ばれることも9章に述べたとおりである．

13

成形加工による構造形成と物性

13.1 従来からの加工にみる高分子鎖の挙動

　高分子材料の加工は，前節に述べたように非常に多様である．従来からの成形加工法による成形体中でも，材料特性を充分に発揮させているもののいくつかを挙げる．この解析で成形品への優れた機能付与の条件が判ってきた．

(1) 配向による物性の向上例

　一般のプラスチック成形品が理論強度，理論弾性率の1%以下しか活用していない．すでに行われているいくつかの実験で，配向させた高分子材料が大幅な物性向上を示すことが知られている．

　図13.1は，HDPEを一軸に延伸した繊維が示す弾性率の変化を表している．無延伸($\lambda=1$)のPE繊維の示す弾性率は，ほぼ1GPaであるので，37倍延伸で得られる約60GPaは大きな値である．これはPEの弾性率の理論値の50%程度まで到達していることが知られている(図中の8種類の記号は，別々の研究報告のデータを文献の著者が1枚にまとめたことを示す)．

　図13.2は，PPシートを圧延して二軸に配向させた場合の引張強さ(降伏応力または破断応力)の変化を示している．圧下率(γ)75%とは，1/4の厚みまで押しつぶした場合を示している．温度にもよるが，コントロール下に配向した構造を成形品の内部に形成させることで，6～10倍の引張強さを示し，配向による物性の向上の一端が見えている．

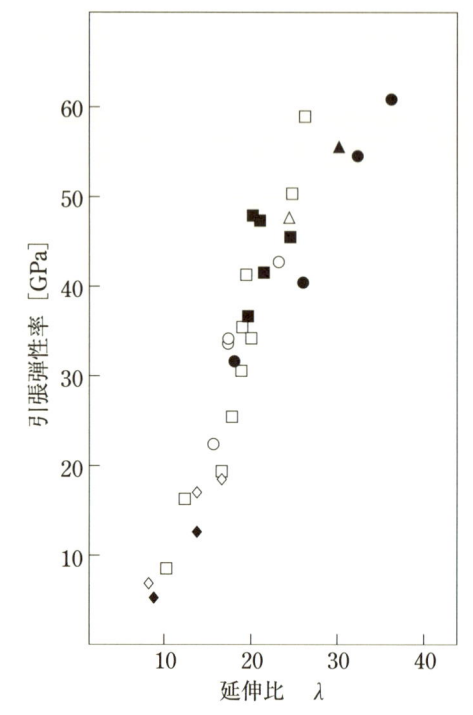

図 13.1 一軸延伸による HDPE の引張弾性率の変化
(Capaccio, G., Cromptom, T. A. and Ward, I. M.：J. Polymer Sci. Polym. Phys. Ed., **14**, 1641(1976))

(2) 配向のコントロール

　従前からの成形方法では成形品のヒケ，ソリの原因を除去し，放置クラックを残さないことに重点を置いた．射出成形金型内でのせん断流動で，スキン層に配向が認められるのは日常経験する．PP のスキン層配向の例を**図 13.3** に示す．分子量が大きいほど(A の方が F より)，また低温で成形するほど，スキン層の厚みが大きいことが判る．分子量および樹脂設定温度を選ぶことで，配向の程度，配向層の厚みを変化させ，物性を適度な範囲に設定することができる．

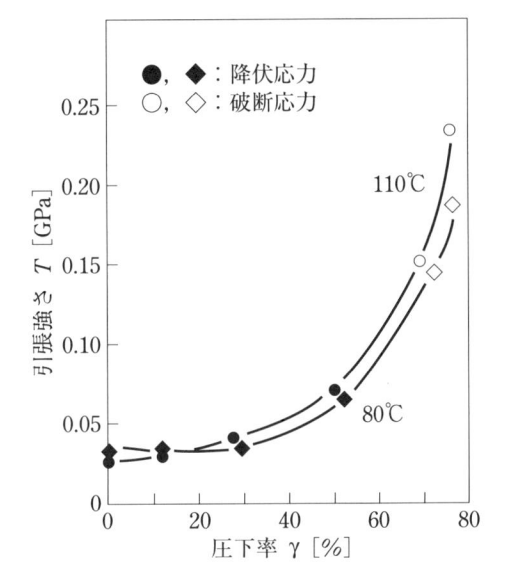

図 13.2 PP シートの圧延による引張強さの変化
(中山和郎, 高須博, 金網久明:繊維高分子研究所研究報告, No.166, p.43(1991))

(3) 結晶のコントロール

　合成高分子の鎖が,三次元成形品の内部で,条件によって結晶構造をとる.PP,PE,PA などの成形品中の結晶の構造解析から,**図 13.4**(b) のような折りたたみ結晶と無定形分子層がラメラを形成し,物性発現のレベルを大きく下げている.結晶構造部は強いがアモルファスな中間領域が全体の物性を左右するために,予期したほどに高い物性は得られない.これは比較的に高い結晶化度を持つ結晶性高分子でも,通常は 50％以上がアモルファス状態で固化しているためである.一方,サーモトロピック液晶ポリマーは,成形流れの方向に高分子鎖が繊維状に配向している状態であるフィブリル化を起こし,すべての高分子鎖が並んだ構造を容易にとることができる(**図 13.4**(a)).このため縦方向の強度は大幅に上がる.横方向との物性の差を補うために,内部補強複合化と構造コントロールを併用することが実用段階に入っている.

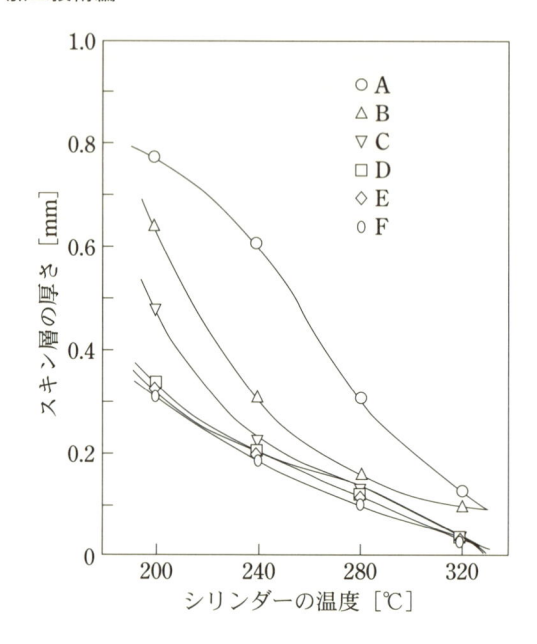

図 13.3 PP の射出成形におけるスキン層厚さの分子量と温度依存症
（藤山光美：日本レオロジー学会誌，**14**，152(1986)）

（4） 成形時に外部から加える力によって構造を制御する

成形加工するときのメルトポリマーに外力を加え，高分子鎖の構造に変化を与えて機能を発揮させる方法も発達してきた．

①超音波を印加すると，プラスチック材料を流動・撹拌させることができる．結晶化度の均一化，配向度の低減化などが実現できる．

②液晶性高分子に電場を印加すると粘度が可逆的に変化し，誘電異方性の大きい側鎖を持つ液晶性高分子ほどせん断応力が大きくなる．

③磁場による配向形成も可能である．

（5） ポリマーアロイの構造制御

ポリマーアロイが各成分ごとに相分離して存在することはよく知られており，実用化する際して高分子混合系で均質構造の成形体を得ることが重点目

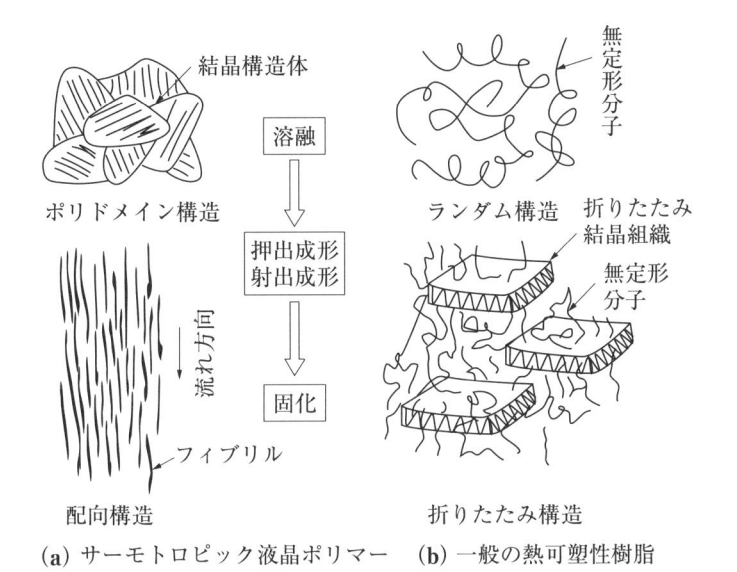

図 13.4 液晶性ポリマー(a)と結晶性ポリマー(b)の結晶構造形成
(Demartino：J. Appl. Polym. Sci., **28**, 1805(1983))

標である．すなわち，非相溶なアロイ中のミクロ構造を制御することが技術の中心である．異なる高分子鎖の持つ特性を相互補完的に活かす，ミクロ構造を安定化する技術は未だ発展途上にある．高分子鎖の能力をより高度に発揮させるための二次，三次の構造発現に関する研究開発は，これからの課題である．

(6) 多層化による配向コントロール

Dow Chemical 社によって開発された，LIM と呼ばれる多層化成形技術は，三次元成形品中にも配向のコントロールを行い得る工業的な方法である．多くの段数を経て多層化していくプロセスの概略が**図 13.5** である．射出シリンダー"A"からのポリマー A が外側，射出シリンダー"B"からのポリマー B が内側の3層を形成して多層ユニットの最初の入口に達する．このユニットは，一段のプロセス中でポリマーの分割と再結合を行うので，これを図として示しているのが右下の四つの四角である．入口(3層フィードストック)の樹脂

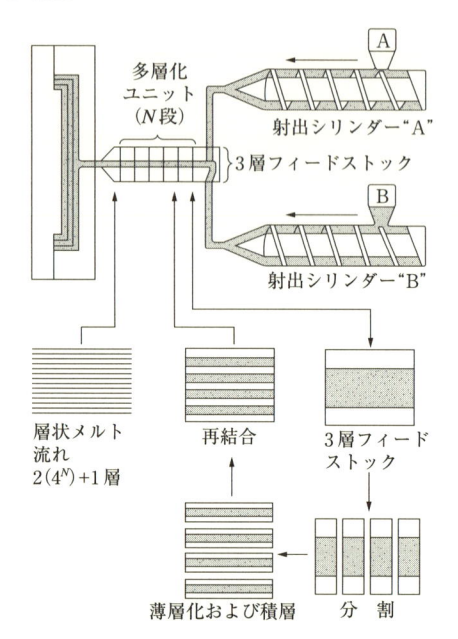

図 13.5 LIM プロセスの多段化の説明図
各段ごとに内部層（B ポリマー）が 4 倍に増加する（Schrenk, W. J., Barger, M. A., Ayres, R. E. and Shastri, R. K.：ANTEC '93, 544(1993)）

流れを横方向に四つに分け（分割），これを押しつぶして流れを薄層化する．四段目でこれを重ねて再結合すると，9層になって次の段の入口（フィードストック）に達する．この一まわりが多段ユニットの一段であって，N 段を通せば，$[2\times(4^N)+1]$ 層に分割できる．この多層化は一段増すごとに層数は 4 倍となり，1 回の押出工程で 1000 層，あるいは 10000 層レベルの多層化を実現させることも可能なプロセスである．

(7) スピノーダル分解構造の利用

二成分から成るポリマーアロイは，静置場の相図解析（従来からの撹拌を伴わない層構造解析）では非相溶な組み合わせとして分類されているものがほとんどである．これらのうちのかなりの数の組み合わせが，高せん断場では相溶

していることが判ってきている．PC/ABS系やPC/PBT系の高せん断場から開放した後の冷却過程の観察では，スピノーダル分解構造が時間の経過と共に大きくなっていくことがTEMなどで確認されている．成形加工する機械の中のせん断速度下で均一に相溶し金型内冷却で構造が発現するので，流れや冷却を制御することで目的とする内部構造を持つ成形品が作れる．

　PE/PP系ポリオレフィンやPC，PBT，ナイロンなどの縮合系ポリマーの組み合わせにも，この非相溶/相溶間を遷移するものが多い．三次元に続く両成分の共連続化を達成する．スピノーダル分解構造の形成を，重合と同時に成形しながら金型内で行う反応誘起型層構造形成も実績がある．特に，熱硬化性樹脂を連続相として形成させることで成功しているものが多い．

13.2　成形加工技術の複合化による成形品物性の大幅向上

　高分子鎖の実力を本当に活かせるのは成形加工技術の複合化である．材料の複合化を活かす成形加工の複合化には多種多様な技術が出現している．押出成形の大部分は複合成形である．ここでは12章に触れた以外の技術を取り上げる．プラスチックの成形加工が，「形を作ること」から脱け出して「形状と内部構造の双方を制御し，所望の性能・機能を持った製品を作ること」と認識されるようになりつつある．熱可塑性のポリマーの成形加工技術の高度化には，次の三段階がポイントである．特に三段目を具現化するのが成形加工の複合化である．

　①成形以前の状態での均質な混合状態を作り出す溶融混合法．
　②メルトした樹脂で得られた多層構造の状態をなるべく保持しながら型内へ迅速に送り込んで成形品中に残す成形法．
　③賦形の段階の高分子鎖への力の伝達と保持を均質で再現性あるものにして，ここで構造を形成・保持させる成形法．これには成形機からの保圧だけでなく，ガス圧力による補完，圧縮成形や金型の移動による加圧などを組み合わせ実用の幅を広げる．

　こうした技術進歩は，成形加工機械の向上，金型技術の進歩に加えて，圧

表 13.1 射出成形加工の高度化の要素と差別化技術

高度化の要素	差別化技術
高品質化	サンドイッチ射出成形 射出-圧縮成形 ガスアシスト射出成形 薄肉成形
高精密化	ホットランナ 全電動式射出成形 低圧射出成形
高生産性化	異材質成形 複合材料成形 多層押出成形 CAE

(伊澤槇一:成形加工複合化の流れ,p. 10,シーエムシー出版(1997))

力・温度の検出と制御などに負うところが大きい.それらを表13.1にまとめたので,高度化の要素ごとに説明を加える.

　高品質化には,一度に2種のポリマーを多層に射出するサンドイッチ射出成形,射出成形後に金型を閉じて(押しつけて)圧縮成形する射出-圧縮成形,金型内に射出した樹脂の後から窒素などのガスを圧入して押し流すガスアシスト射出成形,流動性を向上させる樹脂改質と組み合わせる薄肉成形などがある.

　高精密化には,ランナ部の樹脂を固化させないように保温しながら連続成形するホットランナ法,樹脂圧力,射出用スクリューの位置決め,樹脂量の制御などすべてをサーボモータによるコントロールで行う全電動式射出成形,樹脂の負荷圧力を下げて寸法精度を上げる低圧射出成形などがある.

　高生産性化には,異材料からの成形体を一段で実施する異材質成形,GF,CFなどと樹脂とから成る成形をフィード部,混練部などの性能を上げて成形する複合材料成形,2台以上の押出機を用いダイ部の工夫で多層を同時に成形する多層押出成形,コンピュータによる予測と実成形とのサイクルを作り効率

の良い成形を実現する CAE 法などがある．

さらに詳しい差別化技術の説明は専門書を紐解いてほしい．

固相での高分子鎖の形状は，非晶状態では糸まり状，結晶部分は折りたたみ結晶，伸びきり結晶，さらに，結晶を含む房状のミセルなどに分類されている．これらは**図 13.6** のように示される．成形加工の複合化では，成形品中の高分子鎖の糸まり状態から配向，結晶化のコントロールに向かっている．従来からの熱可塑成形では，成形不良を免れるために高分子鎖を安定な糸まり状に保持するマイルドな条件を求めていた．高分子鎖に二段階にわたる成形加工で配向や結晶を促進するような条件を与えると，高分子鎖の実力が大きく発揮される．これが真の意味での成形加工の複合化である．

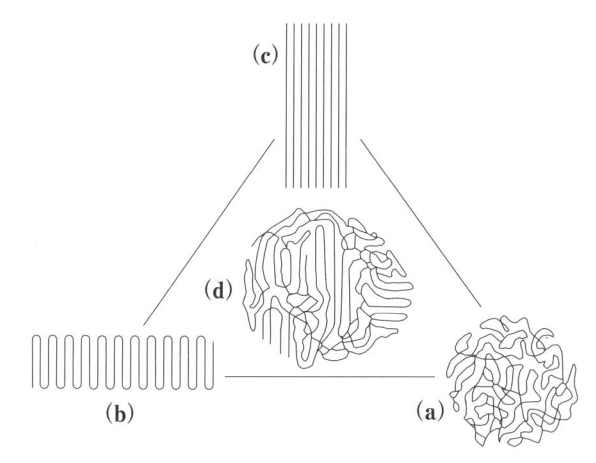

図 13.6 固相中における高分子鎖の四つの状態
(Wunderlich, B.：Ber. Bunsenges, **74**, 772(1970))
(a)非晶，(b)折りたたみ結晶，(c)伸びきり鎖結晶，(d)房状ミセル

13.3 発泡成形にみる二段階加工技術

発泡成形こそが成形加工の複合化のトップバッターである．事業として展開しているものも多く，新しいトピックスにも事欠かない．

(1) 押出連続発泡

高分子と発泡剤とよりなる多成分系を押出機から出し，連続的に発泡体を得る技術である．この技術は第1押出機に樹脂材料を供給して溶融させた後，溶融ポリマーに発泡剤を圧入してよく混合する．第2押出機では発泡剤による可塑化効果で，より流動しやすくなった混合物を冷却しながら混ぜ続ける．この段階で発泡体形成にとって好ましい温度，圧力に調節したうえでダイ部に供給するのが技術のポイントである．以上のプロセスのブロックフローシートを図13.7 に示した．①セル膜の延伸速度，②ポリマーの冷却速度，③発泡剤ガスや空気の拡散速度のバランスなどの環境条件設定によって，最適な発泡体が連続的に得られる．

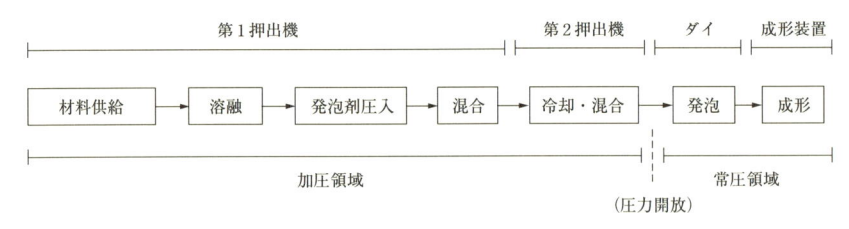

図13.7 押出連続発泡プロセスを示すブロックフロー
(伊澤槇一：プラスチック材料活用事典, p.728, 産業調査会(2001))

(2) LCP 補強発泡体

PP+LCP の系から高耐熱，高強度な発泡体が得られる．この模式図はすでに図 10.6 で示した．発泡成形の持つ二段成形によって延伸されたセル膜となる構造形成に加うるに，セル膜中に LCP の高分子鎖が配向して補強することになる．ポリマー鎖と補強剤との複合化による性能発揮のよく判る具体例である．

(3) ビーズ発泡プロセス

プロセスの最初に設けた含浸槽を使って，樹脂粒子に揮発性発泡剤や無機ガスを加圧下で含浸して発泡剤含有ビーズを得る．二段目の発泡機では，この発

泡剤含浸ビーズに水蒸気を加えて加熱し，予備発泡粒子とする．三段目が発泡成形品を得るための金型であり，ここに予備発泡粒子を充填した後に，加圧高温蒸気を吹き込んで加熱再膨張させて発泡成形品を得る．製品化されているビーズ発泡体のほとんどは四大プラスチックを原料としており，それらの最高倍率は，PSで100倍，PEで50倍，PPで80倍程度である．この三段階を用いるビーズ発泡プロセスの略図を，フローの形で**図13.8**に示す．

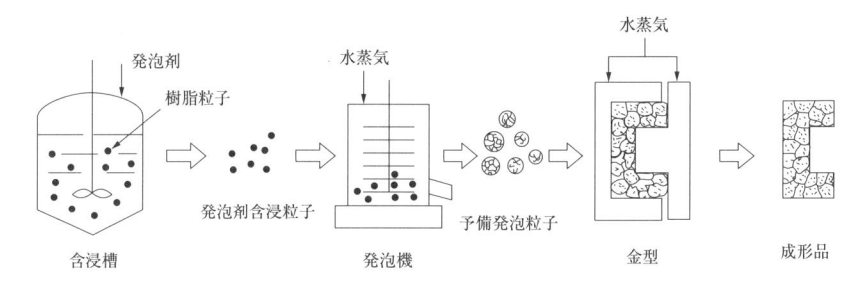

図13.8 ビーズ発泡の概念を示すブロックフロー
（清水宏：成形加工，**8**，2008(1996)）

（4） 架橋化学発泡プロセス

ポリオレフィンから，主にシート状発泡製品を得る方法が架橋化学発泡プロセスである．化学発泡剤と樹脂とを溶融混合してシート状に押出成形するのが第一段目である．この発泡剤含有ポリオレフィンシートに電子線を照射して樹脂に架橋構造を導入する．架橋反応後のシートを加熱して，化学発泡剤の分解ガスにより発泡させる．架橋構造を含む製品の最高発泡倍率は，PEで30倍，PPで30倍程度である．

13.4　押出成形に加える二段目の成形が機能を上げる方法

通常の押出成形では，後段にもう一つのステップが加えられるので，メルトポリマーの二段加工技術となっている．言い換えると押出成形ではポリマー中にひずみを残さない加工で製品に到達している例が多い．押出成形ですでに

12章中に図示したものには，テンターを用いる同時二軸延伸フィルム成形法，押出インフレーションフィルム成形法がある．

これらに加える押出技術に押出ブロー成形法とシートの熱成形法がある．

(1) 押出ブロー成形法

押出ブロー成形は，押出成形機ダイから下向きの円筒状に形成されてくる溶融状態のポリマー(これを成形加工技術分野の用語でパリソンと呼ぶ)をスタートに用いる．パリソンを開いた形で準備されている金型に導き，金型を閉じたあとで中空部に空気を圧入することによって成形する二段階成形法である．基本フローを**図 13.9** の上部に，金型の動きと空気圧入を図 13.9 の下部に示した．

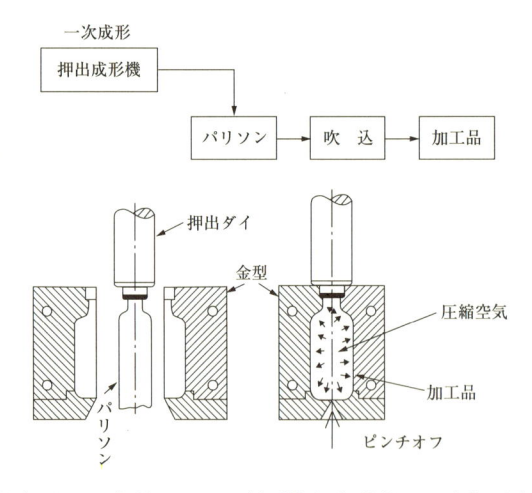

図 13.9 押出ブロー成形のフロー(上段)と金型部での空気圧入成形(下段)
(伊澤槙一：ABC の成形加工技術の複合化，ポリマー ABC ハンドブック，p.707(2001))

この成形加工法は技術面での基礎は確立されており，ボトルなどで大から小まで数多くの商用化例がある．これらに加えて，押出ダイによる多層化やブロー時に形成する中空部を複雑な形状にするなど，付加価値の大きい分野へのバリエーションも多い．高分子 ABC 材料の特性を活かす高性能化・高機能化

の例も多い．さらに中空による構造強度の特徴を発揮せしめる用途開発も進んでいる．

(2) 熱成形（シート成形＋真空成形，または圧空成形）

いったん押出成形によってシートを得たうえで，加熱変形により成形品とする二段成形法も非常に広く実用化されている．熱成形はポリマーシートを予備加熱した後，真空または圧空で型の中に成形する方法である．単層シートからスタートしての実用例が数多い．ラミネート化したり，多層化したり，アロイ化材料シートを用いての成形など，用途に合わせての組み合わせ例もたくさんある．熱成形全体の概念を，**図13.10**の上段に示している．その下段にはシート材料（素材）が加熱され金型内で成形されて，製品（右端）となる例を示している．図13.10中に二つのプロセスを同時に書いているが，下側の真空孔からの脱気によって成形するのが真空成形であり，上からの圧縮空気によって加圧成形するのが圧空成形である．

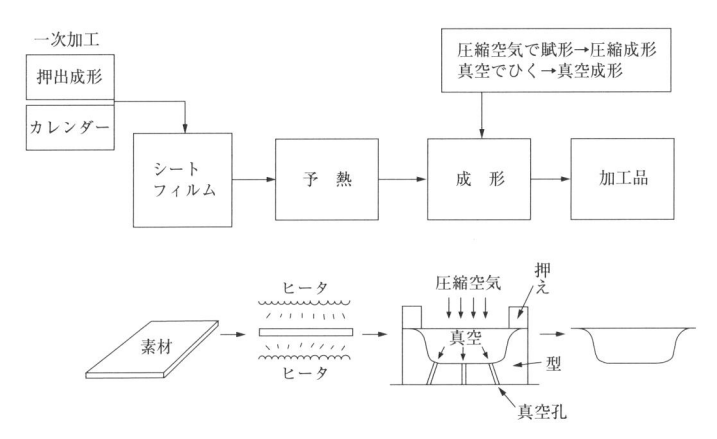

図13.10 熱成形のフロー（上段）と成形品の形状例（下段）（伊澤槙一：ABCの成形加工技術の複合化，ポリマーABCハンドブック，p.707(2001)）

13.5 射出成形に組み合わせる複合化

　射出成形では，その技術の改善・向上の方向が様々に進められている．その中でいずれの技術でも要求されているものに成形の低圧力化がある．射出成形に用いる設備費を低減する方向として成形加工メーカーが取り組むのは成形機あるいは金型の小型化，軽量化や工場設備を減らす軽減化がある．それらを支える成形方法には，低圧成形とガスアシスト成形がある．射出成形品を軽量化するには，材料費を低減しつつ，ガスアシスト成形，低圧成形，高速成形を行うことが大切である．射出成形品により大きな付加価値や機能を与える成形には，一体成形による生産性アップや，アセンブリーの簡素化，成形時間の短縮が求められ，実際には多色・多材成形，低圧成形，ガスアシスト成形，高速成形を，単独または組み合わせて用いている．省エネルギー射出成形を狙うには成形時の消費エネルギーを低減するのが最も効果が大きく，全電動式射出成形機の油圧式に対する優位性は明確である．さらに，ガスアシスト成形，低圧成形も省エネにつながる．射出成形品の品質向上を目指す第一は，生産性を上げて不良品をなくすことであり，有効な成形法に低圧成形，ガスアシスト成形，高速成形がある．これらを表にしてまとめると表13.2のようになる．いずれも，射出成形品中の欠陥を除くために力を小さくし，成形そのものの合理化，コストダウンも達成されている．

　射出成形機およびその金型などのコンピュータ武装が進み，成形加工の複合化に大きく貢献するようになった．機械や金型の各位置とタイミングとを，ポリマーの特性変化に合わせて微妙に動かすコントロールができる．この技術のさらなるリファインで，21世紀には「ガス圧力の利用」と「金型移動」とが中心になる射出成形技術の新時代が大きく発展すると考えてよい．

　日本の熱可塑成形分野における最も普遍的な方法である射出成形を他の成形法と組み合わせて，表13.2の目的などを達成している技術の具体例を5種選んでここに示す．

表13.2 射出成形技術の改善への加工メーカーの取り組みと方法

	成形加工メーカー	成形方法
設備費の低減化	成形機の小型化 金型の小型化・軽量化 工場設備の軽減	低圧成形 ガスアシスト成形
成形品の軽量化	材料費の低減	ガスアシスト成形 低圧成形 高速成形
成形品の高付加・高機能化	一体成形による生産能力アップ アセンブリーの簡素化 時間の短縮	多色・多材成形 低圧成形 ガスアシスト成形 高速成形
省エネルギー	消費エネルギーの低減化	電動式成形機 ガスアシスト成形 低圧成形
品質向上	生産性の向上	低圧成形 ガスアシスト成形 高速成形

(伊澤槙一:成形加工複合化の流れ, p.10, シーエムシー出版(1997))

(1) 射出成形＋圧縮成形

射出-圧縮成形の原理を, 図13.11 に示す. 樹脂の射出は, 金型を少し開いた①の状態で, 配向がかかりにくいゲートを経由して低圧で型内に入れる (②). 最終形状への充填の主役は, 圧縮成形(プレス)の段階(③)が受持ち, 高

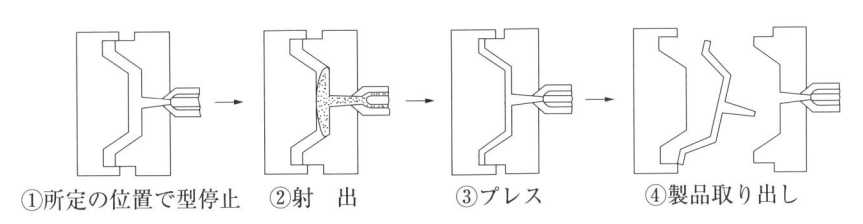

①所定の位置で型停止　②射　出　③プレス　④製品取り出し

図13.11 射出-圧縮成形の原理

(戸村信秀:プラスチック成形加工の複合化技術, p.131, シーエムシー出版(1997))

分子鎖の受ける力が小さい．図中に示したように，射出するスクリューと射出口との間は，樹脂を流し込むとき(②)だけ下げた状態で開いており，①，③では閉じている．この組み合わせの焦点は射出後に「金型を動かす技術」であり，樹脂は流動可能な状態でタイミングよく圧縮される．この動作に従って成形品中の不良原因が排除される．

(2) 射出成形＋ブロー成形

繊維やフィルムでよく知られているように，プラスチック材料は延伸することによって物性が大幅に向上する．三次元の容器を成形する射出成形においても，延伸ブローと組み合わせると配向による特性賦与も効いて高性能な成形品となる．

具体例として同時二軸延伸 PET ボトルの成形実施法を挙げる．その成形を**図 13.12** に従って説明する．①で予備成形品(射出成形で最終製品に必要な量の PET を小さい筒状に成形したもの)を加熱し，②の製品用の金型内に移す．ここで軸方向に押し出す棒でアシストしながら(③)，圧空を吹き込んでブロー成形しつつ冷却する(④)，というフローである．こうして二軸(ボトル壁の上下，左右の両方向)に延伸された PET ボトルは簡単には破断しない．

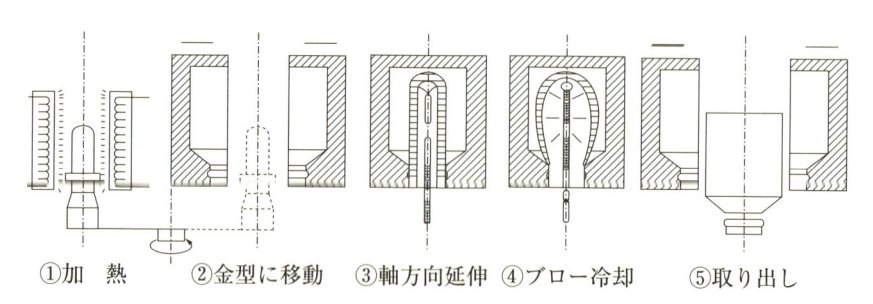

①加　熱　②金型に移動　③軸方向延伸　④ブロー冷却　⑤取り出し

図 13.12 PET ボトルの射出-延伸ブロー成形の原理
(丸橋吉次：ビバレッジジャパン，**9**(6)，29(1986))

(3) 射出膨張成形

射出成形品の中に，長さを保った状態で存在するガラス繊維(GF)が持つス

プリングバック力を利用して成形体を膨張させ，軽量化と高剛性とを同時に達成させる成形技術を射出膨張成形と呼ぶ．図 13.13 に概略を示すように，この成形技術は，四段階で構成されている．①繊維の破断を防止する専用のスクリューで可塑化した GF 強化樹脂を金型内に充填させる工程，②その直後に金型を前進させて圧縮する工程，③樹脂内部が固化する前に金型コアを後退させて内部の発泡圧力で膨張させる工程，④ガス注入ピンより膨張成形体内部にガスを圧入して金型転写性をよくする冷却工程である．コンピュータ制御によって金型を動かす技術が活かされており，広い応用展開が始まっている．

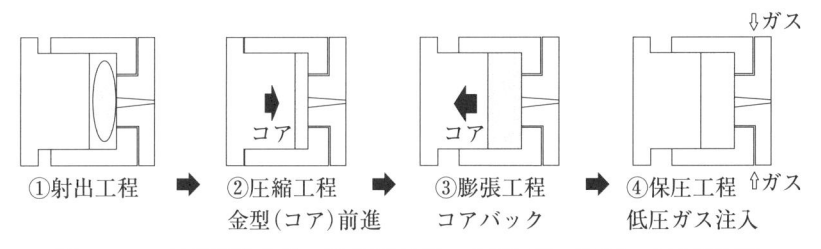

図 13.13 射出膨張成形の原理(野村学：成形加工，**12**(4)，204(2000))

(4) 高倍率射出発泡成形

射出成形での発泡技術は，高強度と軽量化を目的とするストラクチュラルフォームが知られているが，発泡倍率は 2 倍以下で，気泡の粗大化による物性低下も大きい．超臨界状態の CO_2 ガスを発泡剤とする技術が開発され，射出発泡に新機軸をもたらした．無機ガスのため発泡時に樹脂膜の伸長特性を阻害せず，高い発泡倍率(10～15 倍)が達成される．射出成形の特徴で，表面にソリッドのスキン層ができる．さらに，内部の気泡からなる中空部と中空部を区切っているセル膜の三層構造となって，成形品全体の高剛性と高い曲げ強さとを与える．気泡のコントロールとして独立気泡でも連通気泡でも自在にできる．気泡径の大きさも，20 μm～4 mm 位の範囲から選択でき，縦配向，横配向気泡の生成など，技術革新が続いている．

(5) ガスアシスト射出成形

射出成形をするに際して，溶融ポリマーを金型内に圧入する力の大きな部分をガスの圧力を用いることによる成形方法をガスアシスト射出成形と呼ぶ．その原理を**図13.14**を用いて説明する．まず，①成形機の先端を金型に接触させて成形の準備を行い，次に②樹脂を圧入する．適当な量の樹脂を入れた後に，③成形機内での流路切替えでガスを金型内に圧入して樹脂を金型全体に展開し，④保圧しながらガス圧で金型内の隅々まで樹脂を行き渡らせる．⑤保圧中の冷却固化が終了したら，型を開いて中空の成形品を取り出す．この方法は，ガス内圧力が均一になりやすいこと，ガスの流路ができるので，樹脂がゲート部で固まって圧力が伝わらなくなるゲートシールが起こらないことに大きな特徴がある．この利点によって均質な成形品に近づけることが可能となり，すでに実用上で発展段階に入っている．ガスアシスト射出成形と金型を動かす技術を組み合わせると，より高度な中空部（80％以上も可能）を持つガスアシスト成形ができる．H^2M（High Hollow Molding）と命名されて開発が盛んに行われていて，高中空成形体を得る技術として今後大きく展開していくと考えられる．

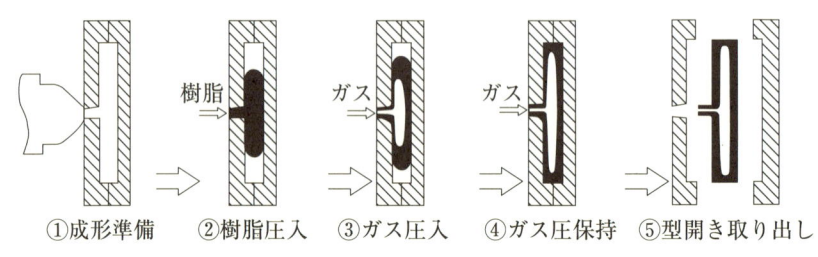

図13.14 ガスアシスト射出成形の原理
①成形準備 ②樹脂圧入 ③ガス圧入 ④ガス圧保持 ⑤型開き取り出し

（伊澤槇一：ABCの成形加工技術の複合化，ポリマーABCハンドブック，p.710（2001））

ガスアシスト射出成形の応用として，ガス圧によって意匠面の外観を大幅に向上させるGPI（Gas Press Injection）成形法が注目される．これは，肉厚リブなどを有するガスアシストによる成形品の外観不良対策として実用化された．**図13.15**は，本法によって得られる成形品のガスの働きを（スクイーズで示す）示す原理図である．意匠面と呼ぶ金型を忠実に転写して美しい表面となる部分

を活かすために，後背部にスクイーズと呼ぶ方式で高圧ガスを圧入する．このガスによって，金型内の成形品のプラスチックに図中の矢印で示した力が働いて，表面の材料がより強く金型面に押しつけられる．GPIのプロセスの特徴は，溶融樹脂充填直後の金型のキャビティ面(意匠面の反対側の金型側)と溶融樹脂との間に加圧ガスを注入することにある．成形品の裏面を犠牲にして凹ませることで，表面の金型転写性を良くすることができる．

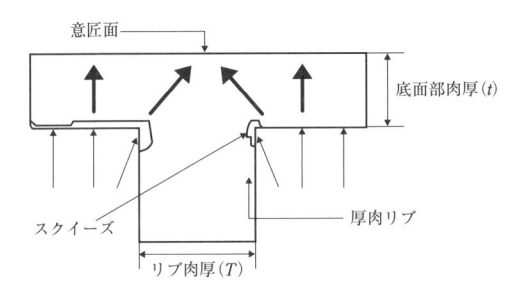

図 13.15 意匠面の良化を目指すガスプレス射出成形法のガスの働きの原理
（安田和治：工業材料，**47**(10), 37(1999)）

13.6 構造コントロール技術の将来展望

プラスチック材料を，さらに高いレベルで使いこなしていくために，大きな二つの流れが生じつつある．一つは材料の複合化であり，高分子 ABC 技術として知られる．技術は現在も日進月歩で，産官学が協力しつつ基礎と実用を両輪として進んでいる．もう一つが成形加工技術の単純な形作りからの脱皮で，成形加工の複合化技術である．機械技術の開発と高分子材料の固有の性質を組み合わせて性能を発揮させる構造を作る展開である．

成形加工を複合化していく技術領域は，無限に広がっている．まず「熱硬化プラ/熱可塑プラ」の複合化を可能にする一段成形への挑戦がある．成形加工と重合技術を複合して，ミクロ構造の形成を行いつつ超高分子量化するのも課題である．高性能，寸法精度，長寿命化などを同時に達成する加工法の組み合わせは，省資源，省エネルギーへの展望にもつながる．

14 高分子材料のリサイクル技術

14.1　広義の高分子材料リサイクルとしての五つのR

　合成高分子材料は，これまでに見てきたように化学の力で創出されて実用的に使われ始めてから，歴史的には極めて短い時間で人々の生活に浸透した．このことによって文化的な生活を楽しんだり，労働から開放されたり，食料・食品の安全が保たれるなどの利便性を向上させることに大きく貢献している．現在の所，プラスチックのほとんどの原材料は過去の地球の遺産である原油に依存している．将来の技術開発によって生み出される次の優れた原料への転換ができるまでは材料のリサイクルに取り組むことが運命づけられている．広義のリサイクルとして五つのRで呼ばれている技術分野があり，高分子材料ではこれらがすべて当てはまる．① Refine，② Reduce，③ Reuse，④ Retrieve energy，⑤ Recycle がその五つであり，合成高分子材料にとって，製造・利用・回収を含めた技術的な問題解決の中で果たす効果について調べる．これは，同じレベルの生活や利便性を得る際に，プラスチックを使うことによって限られた地球上の資源を節約する方策を考えることである．

　(1)第一に考えるポイントは，用途によって他の材料ではなくプラスチックを用いることが大きな省資源となる目処をつけて使うことである．(2)次が，プラスチックを使用することを選択した中で材料の種類の最適化を図ること．これらが第一のR(Refine)と呼ばれるものである．

　(3)三番目に高分子を中心とした材料の複合化技術(ABC材料化)によって高性能化・高機能化を実現し，材料使用量を大幅に削減する．この技術が，材料の使用量削減(Reduce)に寄与する第二のRである．(4)同じ材料でも成形品内

部の構造，配向，結晶化，高次構造制御などを通じて高分子鎖の能力を上げると使用量を減らせる．この実現には成形加工技術による高分子鎖の力を活かす構造形成なども含まれ，これも第二のRである．

(5) 材料の複合化，成形加工の複合化で製品の寿命を延ばしたり，何回でも使えるようにする．これは，再利用 (Reuse) を可能にする技術開発であり，第三のRと呼ばれる．

(6) 家電，自動車を初め，食品などの安全輸送に貢献するワンウェイ用途において，使い終わりあるいは寿命の尽きたプラスチック廃棄物は，ゴミではなくエネルギー資源として捉えられるべきである．石油を原料とする合成プラスチックでは，そのプラスチック材料としての材料機能を使い尽くした後でも焼却の際に得られるエネルギー量は減少していない．使用ずみのプラスチックから効率よくエネルギーを回収 (Retrieve energy) することで省資源に役立つ．これが第四のRと呼ばれるものである．エネルギーリサイクルとも呼ぶ．

(7) 本当にリサイクル (Recycle) するときには，回収に要するエネルギー，輸送エネルギー，処理のためのエネルギーなど全工程で使用するエネルギーと原油から新品を製造する場合のエネルギーとの全エネルギーバランスを考えて無駄のないように取り組むという態度が必須である．このRecycleが第五のRと呼ばれる．

第一から第三のRについては本章に入る前に随所で触れてきた．本章で扱うのは，第四と第五のRである．

14.2　廃プラスチックからのエネルギー再利用

廃プラスチックからエネルギーを取り出して再利用するプロセスが実用化できると，原油を直接エネルギー源として消費する，火力発電や自動車用ガソリンなどの無駄を少しでも減らすことになる．すなわち，原油を加工して得たプラスチック材料を二度，三度と機能材料として働かせた後で，エネルギー源としてさらに活用することになるからである．

(1) ゴミ発電の充実

自治体の主要な任務の中にゴミの収集・処理がある．ここで，資源を無駄にすることを避ける一つの方法にゴミ発電がある．廃プラスチックからいかに有用な形でのゴミ発電を行うかが，資源活用にとって重要なポイントである．燃焼で取り出せるエネルギーを持つ廃プラスチックは，ゴミの中でも大切な資源である．これを可能にする最近の施策である，①電力の供給者の自由化，②農業地への人工堆肥（プラスチックゴミのコンポストによって得られるものなども含む）供給の自由化などの規制緩和が有効に働く．さらに，これらを効率よく進めるためのゴミの分別収拾も不可欠である．すなわち，水分を多く含む台所ゴミ（厨房排出物）を入れないで焼却に持ち込む分別はエネルギー活用効率を上げる．

(2) セメントキルンへの投入

タイヤに含まれる無機成分や硫黄分の一部は，セメントの原材料としても取り込まれ，有機成分の大部分がエネルギーとしてリサイクルできるので，セメントキルンへの投入に成功している．廃プラスチックの大部分は有効なエネルギー資源であり，GFなどの無機物もセメントの成分として活用できるのでこの方法を応用することができる．大分県から始まった方法は，事前の一部分別工程も含めて，セメントの原料および燃料としての利用であり，これが全国に広がっている．塩ビを含む廃プラスチックをこの工程に取り込む技術も確立された．分別，洗浄や再ペレット化など，余分な手間とエネルギーを消費せずに，エネルギー資源としての廃プラスチックを再利用できる方法として活用が進んでいくであろう．

(3) 鉄鋼業界での廃プラスチック再資源化

NKK京浜製作所（当時）で，塩素を含まない産業系廃棄プラスチックをコークス（石炭）代替原料として使うことからスタートしたのが，鉄鋼業界での廃プラスチックのエネルギーとしての再資源化である．すでに，新工程の開発やプロセス改良などにより，一般廃棄物系としての廃プラスチックを処理する技術

も確立されている(プラスチックスエージ，**52**，12，プラスチックリサイクリング特集号(2006))．コークス炉用原料，高炉用還元原料，ボイラーの燃料用など広く商用化が実現した．このルートは，CO_2 発生量の削減など環境対応にも優れた再資源化法である．鉄鋼業界全体での廃プラスチック利用量は，1999年で4.5万トン，2000年で16万トン の実績があり，2010年に年間100万トンを受け入れるといわれている．

14.3 現実に開発されているリサイクル技術

(1) マテリアルリサイクル

プラスチックのリサイクルにおける将来の本命の一つと考えられているのが，マテリアルリサイクルである．しかし，現実に実用化が進んでいるのは，工程内での廃プラスチックの再利用がほとんどである．これは収集や分別などの余計な作業を含まないので，エネルギーバランスがとれるからである．すでに施行されているリサイクル法などが指定する使用ずみプラスチックのマテリアルリサイクルには，分別精度の向上，精製技術の開発，再製品の品質保証など多くの手間がかかる．使用ずみのプラスチック成形品を元の場所に戻す，あるいは集積するという物流上の静脈流のない現状では，分別以前の収集にも多くの課題がある．1993年に当時の通産省がまとめた廃プラスチック処理に関する21世紀ビジョンでも，再生利用は現状の11%から10数年かけて20%まで引き上げるというのが目標として掲げられているにすぎない．そのときのビジョンを**図14.1**に示す．

日本容器包装リサイクル協会から委託を受けた再処理での再商品化が，主としてPETボトルで進み，大量の処理が行われている(**図14.2**)．エネルギーバランスなど複雑な原因もあって，リサイクル量は頭打ち傾向も見られる．この工程には，集荷に要するエネルギーの他にも，開袋，異物洗浄除去，塩ビボトル除去，粉砕，比重分離，金属異物除去の六段階を含む．2003年現在の技術水準での推算では，新品のPETボトルを原油から生産するのに要する全エネルギーに比べて，約3～5倍のエネルギーを必要とする．技術進歩で，その割

260　Ⅲ　加工技術編

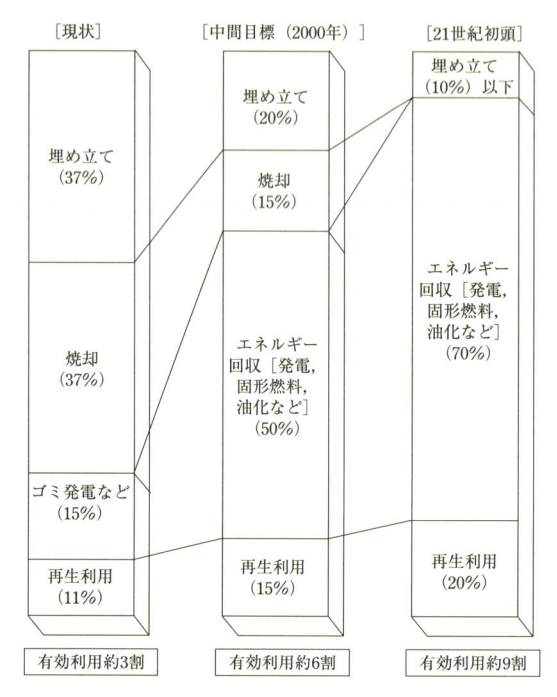

[現状]
- 埋め立て (37%)
- 焼却 (37%)
- ゴミ発電など (15%)
- 再生利用 (11%)
- 有効利用約3割

[中間目標 (2000年)]
- 埋め立て (20%)
- 焼却 (15%)
- エネルギー回収 [発電, 固形燃料, 油化など] (50%)
- 再生利用 (15%)
- 有効利用約6割

[21世紀初頭]
- 埋め立て (10%) 以下
- エネルギー回収 [発電, 固形燃料, 油化など] (70%)
- 再生利用 (20%)
- 有効利用約9割

図 14.1　通産省 (1993年) の「廃棄プラスチックの21世紀ビジョン」
(通商産業省基礎化学品課：廃棄プラスチックの21世紀ビジョン (1993))

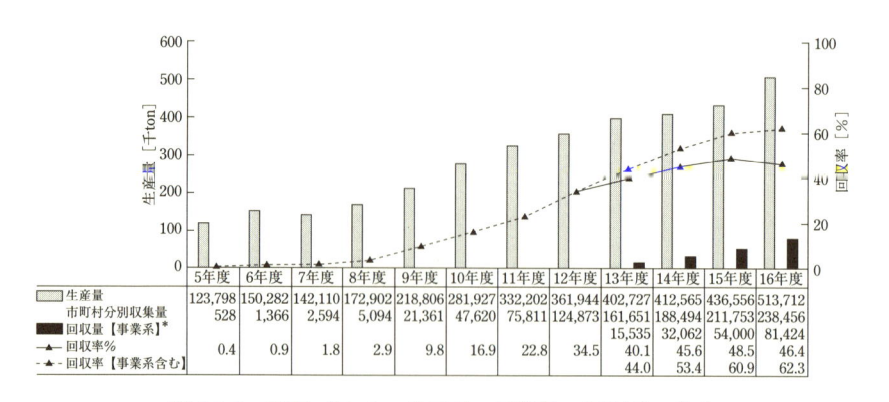

	5年度	6年度	7年度	8年度	9年度	10年度	11年度	12年度	13年度	14年度	15年度	16年度
生産量	123,798	150,282	142,110	172,902	218,806	281,927	332,202	361,944	402,727	412,565	436,556	513,712
市町村分別収集量	528	1,366	2,594	5,094	21,361	47,620	75,811	124,873	161,651	188,494	211,753	238,456
回収量【事業系】*									15,535	32,062	54,000	81,424
回収率%	0.4	0.9	1.8	2.9	9.8	16.9	22.8	34.5	40.1	45.6	48.5	46.4
回収率【事業系含む】									44.0	53.4	60.9	62.3

図 14.2　PET ボトルの生産量, 回収量, 回収率の推移
* 事業系については PET ボトルリサイクル推進協議会による (出所：環境省資料) (草川紀久：プラスチックスエージ, **52** (12), 84 (2006))

合は減少するとしても,現状も将来も莫大なエネルギー浪費が行われ続けることに間違いはない.

(2) ケミカルリサイクル

この手法も廃プラスチックのマテリアルリサイクルの一種であり,化学反応を利用してガス化や液化で原材料の状態に戻すものをいう.それらの中にはナフサ,アンモニア,メタノール,テレフタル酸などへの技術開発がある.実際に再利用可能なレベルでの技術プロセスは複雑であり,収集を含めたエネルギーバランスが採れないので実現はかなり困難である.国あるいは自治体から税金が補助として供給されて,経済性での矛盾を少なくして働かせているのが現状である.

鉄鋼高炉に付属するコークス炉でのタール化,コークス化は混合物のままの廃プラスチックが利用できる.コークス炉への廃プラスチック投入の概略プロセスフローを**図14.3**に示す.プラスチックをコークス原料としてリサイクル利用すると共にエネルギーが回収再利用でき,実用化が急速に進むと考えてよい.欧米でもフィードストックリサイクルという呼び名で活用されている.

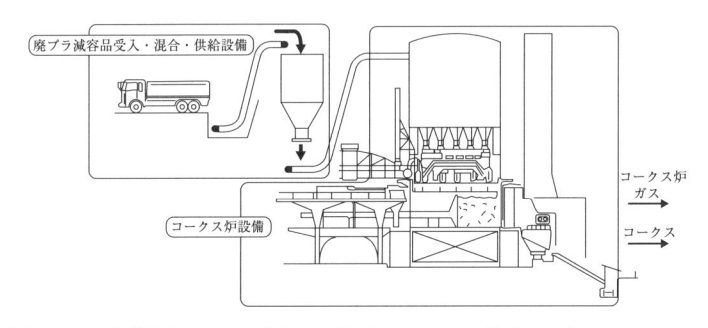

図14.3 鉄鋼用コークス炉への廃プラスチック投入のブロックフロー
(新日本製鐵(株)技術資料(2000)による)

(3) 発泡スチロールのリサイクル技術

発泡スチロールは,緩衝材料,断熱材料としてばかりでなく,容器,トレー

としても重用されてきている．いずれも高発泡製品のために比重が小さくリサイクルのための回収に際して場所をとり，運んだりするにも不便である．一方，実際の使用量に比べて体積が大きいことと，ほとんどがワンウェイで廃棄されることからゴミとして非常に目立つ．自治体のゴミ回収により焼却炉でエネルギー源として利用するのが，最も賢いリサイクル法である．これらの廃プラスチックが発生した場所で加熱減容してインゴットを形成し，それを運搬して燃料あるいは再成形品へリサイクルすることも，いくつかの自治体で実現している．

(4) 脱塩素プロセス

塩素を含むプラスチックは，回収やリサイクルに際して加熱すると，発生する Cl_2, HCl が工程上の邪魔になることが多い．プラスチックに含まれる脂肪族系の塩素は熱分解で容易にガス化脱離する．この特徴を活かす脱塩素プロセスが開発・実用化されている．ロータリーキルン方式と押出機方式の二つが現実的な方法である．

(5) 加圧二段ガス化プロセス

廃プラスチックのガス化によるケミカルリサイクルが，国費を活用するNEDOの実証プラントで1999年12月から運転されている．この技術開発は，容器包装リサイクル法に基づく商品化技術の一つの柱と位置づけられている．広範囲の原料から実用可能なガスを高圧で取り出せるプロセスが開発された．廃プラスチックの広いバラツキに対応でき，塩素を含むプラスチック（塩ビなど）を含んでいても処理できるのが特徴として挙げられている．このプロセスフローを図 14.4 に示した．

14.4 現実の用途別リサイクル技術動向

プラスチックの用途ごとに設計段階からの解体性，リサイクル性への取り組みが始まっている．廃車の下取りルートを通じて静脈流が存在する自動車業界

14 高分子材料のリサイクル技術　　263

```
廃プラスチック ┐
シュレッダーダスト ┤     加圧二段ガス化プロセス
RDF ────────────┤         (EUP)
スラッジ ─────────┤                        → 合成ガス
廃タイヤ ─────────┤                          (H₂+CO)
廃油 ────────────┘
```

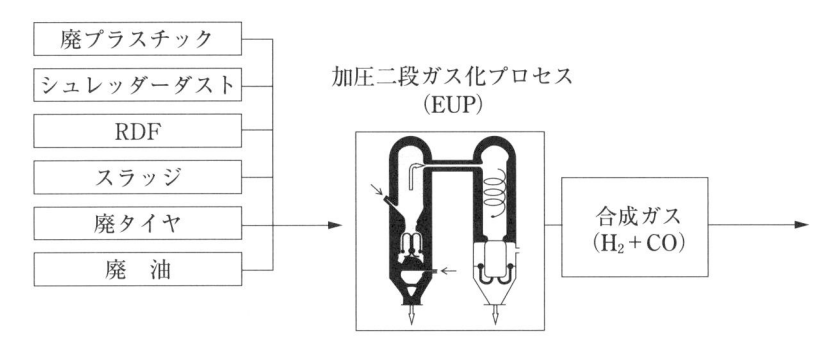

図 14.4　廃プラスチックの加圧二段プロセスによるガス化
(亀田修：プラスチックスエージ，**46**，127，プラスチックリサイクリング，臨時増刊号(2000))

およびその他の業界を考察するが，回収に要するエネルギーが大きい．通常のゴミ処理に要するエネルギー消費の範囲に収まるルートから実用性が出てくることになる．

(1) 自　動　車

　自動車は大きな商品であることと鉄が主成分であるので，販売ルートを逆流する静脈流ができている．法規制としては，2005 年 1 月に自動車リサイクル法が施行された．この法律による使用ずみ自動車のリサイクルにおける物と金の流れを示すと，**図 14.5** のようになる．業界の自主規制で ASR(Automobile Shredder Residue，これを業界ではシュレッダーダストと呼んでいる)の削減目標と車体全体のリサイクル率の向上目標を，**表 14.1** のように定めている．これまでの日本の技術開発力は欧米を遙かに凌ぎ，2006 年に 85% 以上のリサイクル率という欧州の動きよりも大幅に早く進んでいる．その技術開発の中心となるトヨタ自動車(株)の持っている試験設備(エコプラント)は，ASR からの分別回収再利用と減容化で，1998 年 8 月から年間 20 万台を処理し続けている．廃車当たりのリサイクル率で 95%(2015 年目標値)，ASR の削減で容積 1/5 以下(2015 年目標値)をすでに達成して，さらなる向上が進んでいる．

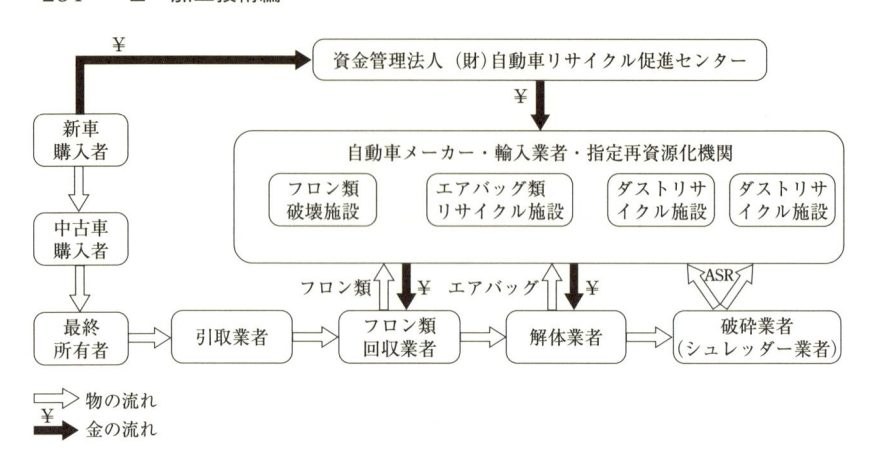

図 14.5 使用ずみ自動車リサイクルの流れ
(大庭敏之：プラスチックスエージ，**51**，63，プラスチックリサイクリング，臨時増刊号(2005))

表 14.1 自動車の ASR 削減とリサイクル率の業界自主規制

西暦	ASR*の削減 (1996 年基準)	リサイクル率 (廃車のリサイクル率)
2002	3/5 以下 (容積)	85％以上 (重量)
2015	1/5 以下 (容積)	95％以上 (重量)

* ASR：使用ずみ自動車のシュレッダーダスト(出典：1997 年 5 月通産省発行)
(梶原拓治：プラスチックスエージ，**46**，102，プラスチックリサイクリング，臨時増刊号(2000))

(2) 家　　電

　家電リサイクル法が 2001 年 4 月から施行され，全国に処理工場が設置された．冷蔵庫，洗濯機，エアコン，テレビの四家電でも 1 県に 1 箇所程度の集荷場所しかなく，実際のリサイクルには，輸送するときのエネルギーが大きな課

題である．当初のリサイクル目標が低く（重量で，50〜60％），主に鉄，ガラスで規制をクリアしているにすぎない．これらの時系列的な変化を**図 14.6** に示す．満 4 年を経ても約 50％しか増加していない．さらなる問題として，廃棄された家電製品の半分以上が行方不明になっている点が挙げられている．

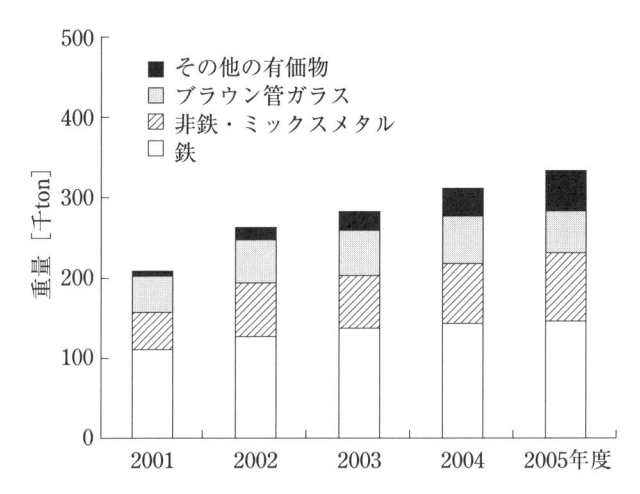

図 14.6 家電 4 品目の素材別，再商品化重量の推移
（(財)家電製品協会：家電リサイクル年次報告書，平成 17 年版，p.17(2006)）

(3) OA 機器

この分野でも次々に各種の法規制が国内外で発表されている．それらはリサイクルの義務付けを進めており，技術開発への圧力となっている．日本国内の省エネ法，リサイクル法，廃棄物処理法などで，使用材料の統一，解体容易な設計，プラスチック材料の再使用などが進んでいる．成形加工分野と材料技術分野に属する二つの技術を紹介する．

①二つの成形機に 2 種の材料を投入して，外皮と中心部とを別々の材料とするサンドイッチ成形法が一つの大きな武器として活用できる．サンドイッチの内部に 100％リサイクル材料を入れられるので，成形品全体での再利用プラスチックの含有量を大幅に増すことが可能となる．例えば，パソコンなど筐体の生産する場合に通常の一体成形法で行うとすると，バージン材料へのリサイク

ルプラスチックの添加量は，20％以下とするのが物性上好ましい．しかしながらサンドイッチ成形と組み合わせると，50％以上に上げることも可能になる．

②エコポリカを活用することで難燃樹脂材料製品を設計すると，リサイクルして再利用する場合に有害な副生物が発生しない．エコポリカとは，環境に適合するポリカーボネートの愛称である．技術の中味は，難燃樹脂材料の構成成分にハロゲン化合物，リン系化合物を含まないポリカーボネートを主体とする樹脂材料である．難燃剤として用いる物質がシリコーン化合物で，これは生命系で活用されている元素から成る，約30種類の元素が含まれる生命元素である．この技術の応用範囲は，電気・電子部品やOA機器における，主として絶縁材料部分である．

(4) FRP

熱硬化性強化プラの廃棄物も多量に排出されるようになり，リサイクル技術が開発されている．2003年末現在の日本では技術の立証試験段階である．

①実質的なマテリアルリサイクルは，FRP生産工程内での廃部材を他の部分に戻してSMC，BMCとして活用するものに限定される．これは樹脂の素性が判っており，良質なリサイクルが可能である．

②廃FRPを微粉砕してセメントモルタルにリサイクルする技術は，日本独特のユニークな方式である．屋根瓦，U字溝，道路舗装の改質材などの用途実験がある．経済産業省，国土交通省などの支援を受けている．

③FRPをセメントキルンでの原燃料として利用する技術開発がある．この技術では充塡材はセメント原料，プラスチック部分はセメント用の燃料として活かされる．

強化プラスチック協会の「廃プラスチック製品再資源化システム研究」では，浴槽，ボートなどの大型FRP製品を対象として，この技術開発を進めている．

海上技術安全研究所のものはFRP製の舟のリサイクルで，舟の収集，輸送，スクラップ化，シュレッダー粉砕，低ダスト化などの工程を経る．いずれも最終的にセメントキルンへ投入する方法である．

14 高分子材料のリサイクル技術　267

　FRPリサイクルでは，開発しているすべての方法で静脈流は未確立で，エネルギーバランス評価は行われていない．しかしながら，FRP製品は大型なものが多く，廃棄された場合のゴミの体積が大きく目立つことからその処理技術は重要である．プラスチック部分がエネルギーとして再活用可能なセメントキルン法はその意味で注目されている．

14.5　実際にリサイクルする場合の注意事項

　本当に廃プラスチックをリサイクルする場合には，全体としてのエネルギーバランスを重視しなければならない．既存のほとんどのリサイクル技術は無駄なエネルギー消費を行っている．廃棄物の収集を含む間接エネルギー消費のことを無視している．技術だけの検討とか，経済性までの検討とかいう態度でのプロセスやルートの開発は環境関連では許されない．現在では環境対応という名目で補助金(税金)が注ぎ込まれているので，地球規模でのエネルギーバランスについては後回しになっている．さらに日本では，すべてのプロセスの省エネルギー技術が進んでいるので，世界的に見れば現在の技術を広く開発途上の諸国に伝えることも重要である．

　純技術開発の面でいえば，プラスチックリサイクルで考えるべきは，リサイクルで使うエネルギーとプラスチックの新品を生産するエネルギーを比べることである．資源を無駄にしないための現在の技術レベルで正しいと考えられる点を以下に示す．

　①廃プラスチックの集積や移動に消費されるエネルギーが，バージン材料の生産時の全エネルギー使用量に対して充分に小さくバランスが計算できる場合以外は，それを移動してはいけない(移動エネルギーの無駄)．

　②リサイクルのために廃プラスチックを洗浄すると，環境負荷を増す．排水処理に必要となるエネルギー使用量も含めてバランスが採れると計算される場合以外は，洗ってはいけない(汚れ除去の無駄)．

　③混合使用のプラスチックを分別するのはエネルギー的にバランスが採れない．複合化して特性を上げて使われているプラスチックは，分けることが非常

に困難なので，その成分を種類別に分けてはいけない(分別による無駄).

④リサイクル材料を再使用するために再ペレット化する押出し操作は多くのエネルギーが必要である．安定剤や着色剤などの混入に使う以外は，再押出ししてはいけない(再ペレット化の無駄)．

本当にリサイクルしてエネルギーの無駄にならない場合は，(a)廃プラスチックを集められる静脈流ができている，(b)洗浄や分別が不必要なほど純度良く戻る，(c)マスターバッチ的に安定化や着色ができる，などの条件を満たさねばならない．環境問題としてプラスチックリサイクルを考える場合には，単純なゴミ処理とは違ってエネルギー消費バランスに対する感度を上げることが大切である．

14.6 リサイクル技術の展望

本当に役立つプラスチックのリサイクルは，重点的な Retrieve energy である．そのために今後 20 年位は続けてほしい一つの提言を掲げる．それはプラスチックを含む廃棄物の分別リサイクルを強力に進めることである．内容を次の二つに分けて，確実に実施することである．

①都市ゴミの中の厨房廃棄物を完全に分別し，生物分解性プラスチック袋を活用して堆肥にリサイクルする．食料からの大部分が天然物であるゴミは共存している大量の水と一緒に大地に還元するのがよい．太陽のエネルギーを充分に活かして大地を通じて食料を再生産する．

②水分と塩分の 95% 以上を除去されたプラスチック廃棄物を含む可燃性ゴミは，明らかに燃料資源となる．

こうしてプラスチックを活用しながら地球上の人類の生活を支えるためには(a)直接的な太陽エネルギーを大切に使うこと，(b)化石エネルギー資源から生成される生産物は燃焼させるまでに繰り返し使うこと，(c)未来の技術が課題を解決するまで，エネルギー不足とならないようにつなぎ役を果たすこと，が課題である．

結びに代えて―高分子材料の将来を考える

　高分子材料は生命の連鎖を支えている．有機化合物が海中で自らの情報を繰り返して伝達し続けられるようになって生命が誕生した．この伝達のメカニズムに高分子化合物の性質が欠かせないことはすでに知られているとおりである．さらに，生命を保持する構造体を形成するためにも高分子材料が大きな役割を果たしている．材料としての強さや寿命が，生命体の個体が必要としている特性を確かに満たす高分子材料が利用されている．

　人類は，それと気付くことなく生命の営みが生み出した天然高分子材料を巧みに利用してきた．天然のものばかりでなく，合成高分子材料をも活かして使うようになるに従って，生活レベルを上げつつ文化を形作ることができ，優れた文明を発達させることもできた．

　産業革命の時代から急速に発展を続けていた化学の力（特に有機化学の力）が高分子合成の分野にも及んできたのは，20世紀になってからのことである．すなわち，シュタウディンガーの高分子説を証明する形で合成高分子全盛への幕が開かれた．さらに1950年代から石油化学と結びついて，20世紀後半にプラスチックが大発展する礎となったのは合成高分子材料である．

　21世紀の高分子材料は，急激な発展がもたらしたプラスチックの便利さをすべての世界の人々のために軟着陸させていくことが重要な任務である．未解決の課題群には，安全で清潔な食品配送にワンウェイ用途で捨てられるという利便性と廃棄物処理のバランス，高度に活用されたプラスチックをリサイクル利用できるための静脈流の形成，究極的には原料（石油）資源を転換してサステイナブルな材料とすることである．これらは絶え間ない研究と努力によって，一つずつ解決に向けての歩みが続けられている．

　高分子材料の機能発揮への道のりは解析力の向上と共に進んでいる．プラスチックの80％以上を占める熱可塑性樹脂のメルト成形法には，成形サイクル

の短縮と不良削減の両立が求められる．その前に立ちはだかった高分子特有の属性に由来する三つのカベは次のようであった．

　第一は熱膨張に由来して成形品の内部に収縮によるひずみが残る．次は加工圧力のカベで，分子量が大きいほど特性は優れるが，超高分子量体を加工できるほどに圧力は上げられない．高分子のメルトに特有な粘性が第三のカベである．成形加工に適した粘度にある温度領域は狭く，冷却と共に急速に粘度が上昇して材料が流れなくなる．

　これらを克服する技術開発が未来の可能性を開く鍵となる．成形加工の複合化という領域が始まっている．これは新しい概念としての「成形加工」を共有できる機械技術と材料技術の相互協力によって大きく進展することになる．高分子鎖の持つ理論的な強さ，剛さに実用成形品の性能を少しでも近づけ資源の利用量を減らす方向へ進まねばならない．

　天然高分子構造体は，分子間（高分子鎖の間）に相互作用を持ち，高次構造として分子レベル（ナノメートル）の多孔空間構造を有している．生命界は，構造を作る現場で重合と組立てを同時に行っている．

　合成高分子系にも，超高分子量化とひずみのない構造の成形体を創り上げるin situ 重合技術例もいくつかはできつつある．モレキュラーコンポジット，モノマーキャスト重合，重合反応誘起スピノーダル分解構造，現場発泡構造体のセル膜補強など，将来につながる開発が楽しみを大きくしている．

　21 世紀における一番大切な視点は，エネルギーバランスを第一に考えて世界人口の抑制ができるか否かを考えることにある．安価で便利な素材を提供することで高度な文明を支えているプラスチックが，さらにエネルギー節約に貢献する働きが高まる．

　地球上の資源からみた許容力に見合った全人口のコントロールができず，エネルギー消費にも歯止めが掛けられなければ，利便性より前に破滅が近づいてくる．優れた性質を持つプラスチックのもたらす文明の高度化は，人々に残されている課題をしばしば忘れさせる．プラスチック側からの警鐘の発信が大切な所以である．「何が大切か」の順序を間違えると，取り返しがつかなくなる．省エネルギーやリサイクルといった，小手先の対応を繰り返していてもよい時

期はすでに過ぎている．

　順当な手順を踏めば，高分子材料の偉大な未来は開けているが，その前に人類の末期が訪れることのないように手を尽くしたいものである．

　プラスチックに利用可能な高分子材料を支えるエンジニアに，広く高い視野が求められている．

参 考 書

(1)「高分子の合成と反応(1),(2)」：高分子学会編，共立出版（1991）
(2)「ポリマーアロイとポリマーブレンド」：東京化学同人（1991）
(3)「プラスチック事典」：朝倉書店（1992）
(4)「高分子物性の基礎」：共立出版（1993）
(5)「ポリマーアロイ―基礎と応用（第2版）」：高分子学会編，東京化学同人（1993）
(6)「高分子科学の基礎（第2版）」：高分子学会編，東京化学同人（1994）
(7)「プラスチックの機械的性質」：シグマ出版（1994）
(8)「産業構造の変化と高分子材料開発の課題」：TBR産業研究会（1997）
(9)「実用プラスチック成形加工事典」：産業調査会（1997）
(10)「工業材料大辞典」：工業調査会（1997）
(11)「ポリマーABCハンドブック」：エヌ・ティー・エス（2001）
(12)「オレフィン系，スチレン系樹脂の高機能化／改質技術」：技術情報協会（2000）
(13)「プラスチック材料活用事典」：産業調査会（2001）
(14)「プラスチック読本（第19版）」：プラスチックスエージ（2002）
(15)「ポリマーアロイの開発と応用」：シーエムシー出版（2003）
(16)「プラスチック成形加工による高機能化」：シーエムシー出版（2003）
(17)「高分子辞典（第3版）」：高分子学会編，朝倉書店（2005）
(18)「最新プラスチックリサイクル総合技術」：シーエムシー出版（2005）
(19)「プラスチックを取り巻く環境」：SPE日本支部ニュース（2005）
(20)「高分子の長寿命化と物性維持」：シーエムシー出版（2006）
(21)「自動車と高分子材料」：シーエムシー出版（2006）

総索引

項目および対応英文	略語	ページ
あ		
アイソタクチック PP　Isotactic polypropylene	IPP	33, 120, 131
アクリル繊維　Acrylic fiber	PAN	98, 179
アクリロニトリル-ブタジエン共重合ゴム　Acrylonitrile-butadiene copolymer rubber	NBR	35, 100, 171
圧空成形　Pressure forming		127, 249
圧縮成形　Compression molding		223, 251
厚み制御　Thickness control		231
アニオン重合　Anionic polymerization		23
アメリカ工業品標準規格　American standards for testing and materials	ASTM	165
アラミド繊維　Aramid fiber	AF	67, 167
アルキド樹脂　Alkyd resin		212
α-オレフィン　α-Olefin		32, 125
アロイ　Alloy		5, 189, 195, 209
安定剤　Stabilizer		55, 56, 135
い		
イオン重合　Ionic polymerization		23, 190
異形断面成形　Section profile forming		234
イソプレンゴム　Polyisoprene rubber	IR	100
一次構造　Primary structure		2
易着色性　Easy coloring		164
移動エネルギー　Moving energy		267
糸まり状　Coiled polymer		245
印刷回路基板　Printed circuit board		214
in situ 重合　in situ polymerization		10, 27, 102, 106, 217
インテリジェント材料　Interijent materials		153
インフレーション　Inflation forming		230
インリアクターアロイ　Inreactor alloy		195
う		
薄肉成形　Thin structural molding		244
ウレタンフォーム　Urethane formaldehyde form	UF	191
え		
AS 樹脂　Acrylonitrile-styrene copolymer	SAN	35, 114, 126, 128, 145, 194

項目および対応英文	略語	ページ
永久帯電防止　Permanent antistatic		65
ABS 樹脂　Acrylonitrile/butadiene/styrene copolymer	ABS	35, 51, 102, 114, 126, 129, 192
ABC 材料　ABC Materials	ABC	5, 97, 186, 188, 206, 248, 255, 256
液晶性ポリエステル　Liquid crystalline Polyester	LCP	142, 162, 201, 246
エコプラント　Factory plant for ecology		263
エコポリカ　Ecological polycarbonate		266
SOP モデル　Super olefine polymer model	SOP	174, 199
SP 値　Solubility parameter		44
SB 共重合体　Styrene-butadiene copolymer	SBC	95, 173, 190
エチレン-酢酸ビニル共重合体　Ethylene-vinyl acetate copolymer	EVA	122, 182, 198
エチレン-プロピレン共重合体　Ethylene-propylene copolymer		103
エチレン-プロピレンゴム　Ethylene-propylene (dienmonomer) copolymer rubber	EPM, EPDM	100, 102, 171
HDPE／PP ブレンド　High density polyethylene/polypropylene blend		205
エネルギー回収　Retrieve energy		257, 268
エポキシ樹脂　Epoxy resin	EP	13, 15, 38, 114, 182, 213
エラストマー　Elastomer		37
エンジニアリングプラスチック　Engineering plastics		17, 121, 138, 151, 194
延伸フィルム　Stretch film		231
お		
応力緩和　Stress relaxation		47, 78
押出成形　Extrusion process		146, 222, 230
押出ブロー成形　Extrusion blow molding		248
押出連続発泡成形　Continuous extrusion foaming molding		246
オリゴマー　Oligomer		38, 102, 207
か		
開環重合　Ring opening polymerization		23, 102
外観不良　Bad appearance		254
塊状（バルク）重合　Bulk polymerization		34, 102, 103
架橋化学発泡　Crosslinking chemical foaming		247
架橋構造　Crosslinked structure		156, 209
かさ密度　Bulk density		67

項目および対応英文	略 語	ページ
荷重たわみ温度(熱変形温度) Deflection temperature under load	HDT	79
ガスアシスト成形 Gas-asisted injection molding		244, 250, 254
数平均分子量 Number average molecular weight		46
可塑剤 Plasticizer		55, 56, 134, 162
カチオン重合 Cationic polymerization		23
家電 Electrical appliance		264
金型 Mold		228, 250
ε-カプロラクタム ε-caprolactam		24
ガラス状態 Glassy state		44
ガラス繊維 Glass fiber	GF	66, 128, 167
ガラス転移温度(T_g) Glass transition temperature		36, 44, 49, 144, 147, 170
加硫 Vulcanization, cure		99, 170, 215
加硫ゴム Vulcanized rubber		171
加硫促進剤 Vulcanization accelerator		170
火力発電 Thermal power generation		257
環境 Environment		267
環境応力亀裂(劣化) Environmental stress degradation		91
環境汚染 Environmental pollution		137
乾式紡糸 Dry spinning		176
き		
機械加工 Machine processing		223
基幹プラスチック General purpose plastics		17, 151
機能性プラスチック Functional plastic		97, 121, 153
揮発性発泡剤 Volatile blowing agent		59
基板材料 Circuit board material		217
吸水率 Water absorptivity		90
強化剤 Reinforcement		66
強化プラスチック Fiber-reinforced plastic		66
凝固点降下法 Cryoscopic method		46
共重合反応 Copolymerization reaction		27, 126
く		
屈曲性 Flexibility		175
グラフト共重合 Graft copolymerization		27, 164, 189
クリープ Creep		47, 78, 143
グルコース Glucose		29
クロロプレンゴム Chloroprene rubber	CR	100, 182

項目および対応英文	略語	ページ
け		
ケイ素（シリコーン）樹脂　Silicone resin	SI	15, 214
ゲート　Gate		228, 254
結晶化速度　Crystallization rate		200
結晶状態　Crystalline phase		44, 239
結晶融点(T_m)　Crystallization temperature		48
ケミカルリサイクル　Chemical recycle		261
ゲル状高分子　Gelated polymer		154, 156
ゲルパーミエーションクロマト法　Gel-permiation chromatography	GPC	46
ゲル紡糸　Gel spinning		176
懸濁重合　Suspension polymerization		34, 102, 105
原爆ドーム　The Atomic Bomb Memorial Dome		214
現場発泡　Blowing in the spot		60
こ		
高圧法・低密度ポリエチレン　High-pressure low-density polyethylene	LDPE	12, 16, 103, 123, 196, 198
高温加硫型シリコーンゴム　High temperature vulcanization	HTV	215
光学特性　Optical character		91, 199
硬化剤　Curing agent		207
高吸水性材料　Superabsorbent materials		71
高剛性　High rigility		149
交互共重合　Alternative copolymerization		27
高次構造　Higher-order structure		10, 44, 97, 153, 155
硬質フォーム　Rigid foam		216
合成高分子　Man-made polymer		3, 30, 153, 175
合成ゴム　Synthetic rubber		19, 20, 99, 182
合成繊維　Synthetic fiber		19, 99, 138, 179
合成皮革　Synthetic leather		216
高せん断場　High shear field		205, 242
構造形成　Structure forming		237, 257
高速成形　Rapid forming		250
光沢　Gloss		92
高分子材料　Applied polymer material		1, 5, 9
高分子物質　Polymer material		1
高分子溶液　Polymer solution		45
高密度ポリエチレン　Highdensity polyethylene	HDPE	12, 17, 103, 120, 123, 196
コークス炉　Coke furnase		259, 261

項目および対応英文	略 語	ページ
国際標準化機構　International organization for standardization	ISO	70, 165
五大エンプラ　Five main engineering plastic		138
コポリマー　Copolymer		143
ゴミ発電　Power generation with waste		258
ゴム弾性　Rubber elasticity		48
ゴムの定義　Definition of rubber		99, 169
ゴム補強ポリスチレン　Highimpact polystyrene	HIPS	120, 127, 192
ゴムラテックス　Rubber emulsion		29
コンパウンドレス成形　Compoundless processing		113
コンポジット　Composite		5
混練機械　Mixing(or Kneading) machine		109
さ		
再生医療　Regenerative medical treatment		157
再生繊維　Regenerated fiber		98
再ペレット化　Repelletizing		268
再利用　Reuse		257
材料　Material		1
材料化プロセス　Materializing process		108
酢酸セルロース（アセチルセルロース）　Cellose acetate		10, 29
三次元構造　Three dimentional structure		156, 209, 217
三次構造　Third structure		2
三重結合　Triple bond		15
酸化カップリング　Oxidative coupling		35, 147
酸化防止剤　Antioxidant		61
産業用資材　Industrial material		217
酸素指数　Oxygen index	OI	84
サンドイッチ成形　Sandwich injection molding		244, 265
し		
ジアリルフタレート樹脂　Diallyl phthalate resin		15
シート　Sheet		226, 230, 235
紫外線吸収剤　Ultraviolet absorber		61
シクロオレフィンコポリマー　Cycloolefin copolymer	COC	122, 199
試験方法　Test method		70
自己修復性　Self restoration		97, 101
自己組織化　Self organization		101, 167
示差走査熱量分析　Differential scanning calorimetry	DSC	81

項目および対応英文	略語	ページ
示差熱分析　Differential thermal analysis	DTA	81
JIS 規格　Japanese industrial standards	JIS	70, 165
室温加硫型シリコーンゴム　Room temperature vulcanization	RTV	215
湿式紡糸　Wet spinning		176
自動車　Automobile		263
自動車部品　Automobile parts		139, 145
自動車用バンパー　Automobile bumper		174
磁場　Magnetic field		240
脂肪族ポリエステル　Aliphatic polyester		155, 166
射出成形　Injection molding		132, 222, 224, 227, 244
重合プロセス　Polymerization process		34, 102
重縮合反応　Polycondensation reaction		24, 39, 102, 106
充填剤　Filler		55, 67
柔軟性　Flexible		175
重付加反応　Polyaddition reaction		24
重量平均分子量　Weight average molecular weight		46
寿命推定試験　Life estimation test		71
シュレッダーダスト　Shredder dust	ASR	263, 264
循環(リサイクル)　Recycle		5, 256, 259
衝撃試験　Impact test		76
省資源　Resource conservation		96, 257
使用量削減　Reduce		256
植物繊維　Plant fiber		97
植物由来　Plant source		155, 166
シランカップリング剤　Silane coupling agent		66, 188
シリコーン化合物　Silicone compound		266
シリコーンゴム　Silicone rubber	PMQ	100, 182
シリコーン(ケイ素)樹脂　Silicone resin	SI	15, 114, 214
シリンダ　Cylinder		227
真空成形　Vacuum forming		127, 249
人工腎臓　Manmade kidney		98
人工大理石　Artificial marble		118, 212
人工皮膚　Artificial skin		157
シンジオタクチック PS　Syndiotactic polystyrene		34
す		
水蒸気透過率　Water vapor permeability		199

項目および対応英文	略語	ページ
水添 SB ブロック共重合体　Hydrogenated SB-block copolymer		95
垂直燃焼　Vertical burning	VB	84
水平燃焼　Horizontal burning	HB	84
水溶性塗料　Water soluble paint		101
スーパーエンプラ　Super engineering plastic		150, 151
スーパーオレフィンポリマー　The super olefine polymer	TSOP, SOP	132, 174, 199
スキャンニング方式　Scanning method		231
スクリュー　Screw		227
スチレン-アクリロニトリル共重合樹脂　Styrene-acrylonitrile copolymer	SAN, AS	35, 114, 126, 128, 145, 194
スチレン-ブタジエン共重合ゴム　Styrene-butadiene copolymer rubber	SBR	100, 182
スチレン-ブタジエン共重合体　Styrene-butadiene copolymer	SBC	95, 173, 190
スチレン-無水マレイン酸共重合体　Styrene-maleic anhydride copolymer	SMA	193
素練り　Mastification		170
スパイラルフロー　Spiral flow		89
スピノーダル分解　Spinodal decomposition		160, 161, 205, 243
スプル　Sprue		228
スプレーアップ法　Spray up method		224
寸法精度　Dimensional precision		255
せ		
成形加工性　Processability		5, 110, 113, 135
成形加工の窓　Processing window, Injection moldable window		228
成形加工法　Processing		222
成形収縮　Mold shrinkage		144
脆性　Brittleness		83
生物分解性　Biodegradable		155, 164, 165, 268
積層成形　Lamination forming		224
積層複合材料　Laminated composite		167
石炭化学　Coal chemistry		15
石油化学　Petrorium chemistry		3, 16, 138
絶縁エナメル　Insulation enamel		213
絶縁材料　Insulation material		266
絶縁抵抗　Insulation resistance		85
絶縁破壊　Dielectric breakdown		86, 127
接着剤　Adhesive		100, 169, 181

項目および対応英文	略語	ページ
Z-N 触媒　Ziegler-Natta catalyst		17, 19, 125, 131, 197
z 平均分子量　z-average molecular weight		46
セメント　Cement		258, 266
セルフクリーニング性　Self-creaning property		236
セル膜　Cell membrane		162
セルロイド　Celloid		10
セルロース　Cellose		2, 10, 28, 29
繊維　Fiber		97, 169, 175
繊維補強熱可塑性プラスチック　Fiber reinforced thermoplastics	FRTP	96, 222
繊維補強プラスチック　Fiber reinforced plastics	FRP	96, 211, 224, 266
線状低密度ポリエチレン　Linear low-density polyethylene	LLDPE	17, 125, 196, 198
先端複合材料　Advanced composite material	ACM, APC	66, 107, 155, 225
全電動成形機　Electrically powered molding machine		244, 250
線膨張率　Thermal expansion coefficient		82

そ

相分離　Phase transition		205
相溶性　Miscibility		193
ソリ　Warpage		115, 222, 229
ゾル-ゲル法　Sol-gel process		158

た

耐アーク性　Arc-resistance		87, 210
耐久性試験　Durability test		117
耐クリープ性　Creep resistance		143
耐候性　Weatherability		78, 141
耐衝撃性　Impact resistance		148, 149
体積抵抗率　Volume resistivity		86
帯電防止剤　Antistatic material		55, 64
耐トラッキング性　Tracking resistance		210
耐磨耗性　Abrasion resistance		143
タイヤ　Tire		172
耐油性　Oil-resistance		149
耐油性ゴム　Oil-resistant rubber		100
耐溶剤性　Solvent resistibity		209
多層成形　Multi-layer molding		234, 241, 244
脱塩素　Dechlorination		262
縦配向　Machine direction orientation		253

項目および対応英文	略　語	ページ
炭化水素　Hydrocarbon		2
単軸スクリュー押出機　Single screw extruder		111
弾性繊維　Elastic fiber		216
炭素繊維　Carbon fiber	CF	66, 98, 167, 225
炭素繊維補強プラスチック　Carbon fiber reinforced plastics	CFRP	72
蛋白質　Protein		28
ち		
逐次重合　Successive polymerization		26, 35
チグラー　Ziegler		17, 104
チグラー-ナッタ触媒　Ziegler-Natta catalyst		17, 19, 31, 125, 131, 197
着色剤　Coloring agent		55, 62
注型成形　Casting		224
中空糸　Hollow fiber		98
中密度ポリエチレン　Medium-density polyethylene	MDPE	197
チュブラー法　Tubeler-type inflation method		232, 233
超音波　Ultrasonic wave		240
超高中空発泡成形　High hollow molding	H^2M	254
超高分子量体　Super high molecular weight material		217
超高分子量ポリエチレン　Ultra high molecular weight polyethylene	UHMWHDPE	114, 124
長寿命　Long life		5, 255
超微細粒子　Ultra-fine particle		217
超臨界CO_2　Super-critical CO_2		253
超臨界ガス　Super-critical gas		60
て		
低圧法・高密度ポリエチレン　Low-pressure, high-density polyethylene	HDPE	12, 17, 103, 120, 123, 196
低圧法・低密度ポリエチレン　Low-pressure, low-density polyethylene	LLDPE	17, 124
Tダイ　T-die		230, 235
低密度(高圧法)ポリエチレン　(High-pressure) low-density polyethylene	LDPE	12, 16, 103, 123, 196, 198
低密度ポリエチレン　Ultra(Very) low-density polyethylene	ULDPE, VLDPE	122
鉄鋼　Steel		258
電気絶縁性　Electric insulation		127, 141, 194, 210

項目および対応英文	略語	ページ
天然高分子　Natural polymer		2, 9, 27, 153, 164, 166
天然ゴム　Natural rubber		10, 20, 29, 99, 170, 182
天然繊維　Natural fiber		97
電場　Electric field		240
と		
透過型電子顕微鏡　Transmission electron microscope	TEM	160, 192, 243
導電性プラスチック　Conducting plastic		71, 155, 162
動物繊維　Animal fiber		97
ドーピング　Doping		162
透明性　Transparency		145
塗装性　Paintability		130
トラッキング　Tracking		88
トランスファー成形　Transfer moulding		224
塗料　Paint		101, 169, 183
な		
内部構造　Internal structure		243
内部ひずみ　Internal strain		222
ナイロン(ポリアミド)　Nylon(Polyamide)		11, 18, 39, 139
ナイロン-6　6-Nylon		13, 18, 24, 139, 173, 187
ナイロン-66　66-Nylon		18, 24, 106, 139, 173
ナイロン繊維　Nylon fiber		19, 179
ナノ構造ポリマー　Nano structured polymer		97, 154, 159
ナノコンポジット　Nanocomposite		132, 154, 158, 162, 203
ナノセルラー　Nanocellular		162, 203
ナフサ，ナフサクラッキング　Naphtha, naphthacracking		30
軟質フォーム　Soft foam		216
難燃化　Self extinguish		149, 194
難燃剤　Flame retardant		55, 63, 149
難燃性　Flame retardancy		83, 145, 149, 155, 164
に		
二軸スクリュー押出機　Twin screw extruder		111
二次構造　Secondary structure		2
二重結合　Double bond		15, 22
二色成形　Two-stage molding		150

項目および対応英文	略語	ページ
日本工業規格　Japanese industrial standards	JIS	70, 165
乳化重合　Emulsion polymerization		34, 102, 105
尿素樹脂 → ユリア樹脂		
ね		
熱可塑性エラストマー　Thermoplastic elastomer	TPE	100, 173
熱可塑性樹脂　Thermoplastic resin		15, 96, 151, 171, 225, 229
熱硬化性樹脂　Thermosetting resin		15, 66, 96, 151, 167, 207, 222, 243
熱重量測定　Thermogravimetry	TG	81
熱成形　Thermoforming		249
熱伝動率　Thermal conductivity		82
熱変形温度 → 荷重たわみ温度		
粘弾性　Viscoelasticity		47, 50
粘度　Viscosity		229
粘土鉱物　Clay		158
粘度平均分子量　Viscosity average molecular weight		46
燃料資源　Fuel resources		268
の		
ノックピン　Knockpin		228
伸びきり結晶　Extended chain crystal		245
ノボラック　Novolak		209
は		
配向　Orientation		237
ハイドロゲル　Hydrogel		157
パイプ成形　Pipe molding		234
廃プラスチック　Scraped plastics		257
ハイブリッド材料　Hybrid material		154, 158
ハギンズ　Huggins		45
破断伸び　Fracture elongation		74
発火温度　Burning temperature		64
バッチ重合　Batch polymerization		106
発泡成形　Plastic forming		59, 127, 161, 201, 245, 247, 253
発泡プラスチック　Cellular plastic		155
パリソン　Parison		248
バリヤー性　Barrier property		117
バルク(塊状)重合　Bulk polymerization		34, 103

項目および対応英文	略語	ページ
ハンドレイアップ法　Hand lay-up method		211, 224
万能試験機　Universal testing machine		73
反応誘起　Reaction induce		243
ひ		
PC／ABSアロイ　Polycarbonate/ABS alloy		145, 146, 161, 191, 194, 205
PPE／HIPSアロイ　Polyphenylene ether/highimpact polystyrene alloy		148, 161, 191, 194
PPE／PSアロイ　Polyphenylene ether/polystyrene alloy		147, 148, 204
PPE／PPアロイ　Polyphenylene ether/polypropylene alloy		150
PP不織布　Polypropylene non-woven fabric		134
PVC成形　Molding of polyvinylchloride		227
PVC代替　Substitute of PVC		137
ビーズ発泡　Foam beads		246
ビカット軟化点　Vicat softening point		80
ヒケ　Sink mark		115, 222, 229
微細化　Fine molding		203
微細構造　Micro structure		154
微細発泡　Micro cellular foam		167
非ジエン系ゴム　Rubber without diene-structure		100
比重　Gravity		72
非晶性　Amorphous		147
ビジョン　Vision		259
ビスフェノールA　Bisphenol A		145
引張弾性率　Tensile modulus		74
非ニュートン液体　Non-Newtonian flow		47
ビニル系高分子　Vynyl polymer		13
ビニル重合　Vynyl polymerization		22
ビニロン繊維　Vinylon fiber		180
非破壊試験　Non-destructive test		72
比容　Relative volume		229
表面硬度　Surface hardness		207
表面処理　Surface trearment		188
表面抵抗率　Surface resistivity		86
疲労試験　Fatigue test		78
ヒンジ特性　Hinge characteristics		132

項目および対応英文	略語	ページ
ふ		
フィードブロック　Feed block		234
フィラメントワインディング法　Filament winding method		211
フィルム　Film		226, 235
封止材料　Encapsulating material		217
フェノール樹脂　Phenol formaldehyde resin	PF	13, 37, 114, 182, 191, 208, 209
ブス社のコ・ニーダー　Buss co-kneader		235
複合化　Composite		2, 5, 141, 155, 186, 245, 255
副資材　Sub-material		4, 54, 113, 169, 207
不織布　Non-woven fabrics		99, 133, 180
ブタジエンゴム　Butadiene rubber	BR	100
ブチルゴム　Polybutyl rubber	IIR	100, 182
物質　Pure material		1
フッ素ゴム　Fluoro rubber	FKM	100
不飽和ポリエステル樹脂　Unsaturated polyester resin	UP	15, 42, 208, 211
プラスチック　Plastics		15, 21, 96
プラスチック成形加工学会　Polymer processing society	PPS	115
フラットダイ　Flat die		230
プリミックス法　Premix method		212
プリント配線基板　Printed circuit board		210
プレート成形　Plate molding		232
ブレンド　Blend		2
ブロー成形　Blow molding		234, 252
フローリー　Flory		45
ブロック共重合　Block copolymerization		27, 160, 192
プロファイル成形　Profile molding		234
分解性発泡剤　Degradable blowing agent		60
分散混合　Dispersive mixing		112
分子間架橋　Intermolecular crosslinking		157
分子量分布　Molecular weight distribution	MWD	23, 46, 125, 195, 197
粉体塗料　Powder coating		184
分配混合　Distributive mixing		112
分別　Classification		258, 267
へ		
ベークライト　Bakerite		11, 13
PETボトル　Polyethylene-terephthalate bottle		95, 259

項目および対応英文	略語	ページ
変形　Transformation		115, 222, 229
変性ポリフェニレンエーテル 　Modified polyphenylene ether		13, 18, 51, 138
ほ		
紡糸工程　Spinning process		176
放射線センサー　Radiation sensor		231
膨張成形　Expansion molding		252
ホットスタンプ　Hot stamping		130
ホットランナ　Hot-runner		244
ボトル　Bottle		226
ホモジナイジング　Homogenizing		108
ホモポリマー　Homopolymer		27, 143
ポリアクリロニトリル　Polyacrylonitrile	PAN	19, 34, 98, 179
ポリアセタール　Polyacetal	POM	18, 24, 41, 51, 102, 114, 138, 142, 187
ポリアセチレン　Polyacetylene		162
ポリアミド(ナイロン)　Polyamide	PA	18, 39, 102, 139, 182
ポリアミドイミド　Polyamideimide	PAI	51, 152
ポリアミノ酸　Poly(amino acid)		2, 9
ポリアリレート　Polyarylate	PAr	13, 51, 142
ポリイソブチレン　Polyisobutylene	PIB	191
ポリイソプレン　Polyisoprene	PI	100, 182
ポリウレタン樹脂　Polyurethane resin	PUR	15, 114, 180, 191, 208, 215
ポリウレタン繊維　Polyurethane fiber		180
ポリエーテルイミド　Polyetherimide	PEI	152, 191
ポリエーテルエーテルケトン　Polyether ether 　ketone	PEEK	49, 152
ポリエーテルスルホン　Polyether sulfone	PES	151, 191
ポリエステル　Polyester	PEs	18, 40, 138, 140, 182
ポリエステル繊維　Polyester fiber		98, 179
ポリエチルメタクリレート　Polyethyl metacry- 　late	PEMA	193
ポリエチレン　Polyethylene	PE	13, 16, 30, 102, 114, 119, 120, 121
ポリエチレンオキサイド　Polyethylene oxide	PEO	24, 143
ポリエチレンテレフタレート　Polyethylene 　terephthalate	PET	13, 18, 95, 102, 114, 138, 140
ポリエチレンナフタレート　Polyethylene 　naphthalate	PEN	140

項目および対応英文	略語	ページ
ポリ塩化ビニル　Polyvinyl chloride	PVC	17, 33, 51, 102, 114, 119, 120, 134, 175
ポリ塩化ビニル繊維　Polyvinyl chloride fiber		180
ポリオキシメチレン　Polyoxymethylene	POM	18, 24, 41, 51, 102, 114, 138, 142, 187
ポリオレフィン　Polyolefine	PO	190
ポリカーボネート　Polycarbonate	PC	13, 18, 41, 51, 102, 114, 138, 144
ポリ-ε-カプロラクトン　Poly-ε-caprolactone		24
ポリシクロヘキシルテレフタレート　Polycyclohexyl terephthalate	PCT	140
ポリスチレン　Polystyrene	PS	13, 17, 34, 51, 102, 103, 114, 119, 120, 126, 190
ポリスルホン　Polysulfone	PSO	152
ポリテトラフルオロエチレン　Polytetrafluoroethylene	PTFE	114
ポリトリメチレンテレフタレート　Polytrimethylene terephthalate	PTT	140
ポリ乳酸　Poly(lactic acid), polylactide	PLA	40
ポリフェニレンエーテル　Polyphenylene ether	PPE	18, 35, 51, 102, 106, 138, 147
ポリフェニレンスルフィド　Polyphenylene sulfide	PPS	13, 49, 152
ポリブタジエン　Polybutadiene	PB	36
ポリブチレンテレフタレート　Polybutylene terephthalate	PBT	18, 102, 106, 138, 140
ポリ-n-プロピルメタクリレート　Poly-n-propyl methacrylate	PnPMA	193
ポリプロピレン　Polypropylene	PP	13, 17, 33, 102, 114, 119, 120, 131, 187
ポリプロピレンオキサイド　Polypropylene oxide	PPO	24
ポリマー　Polymer		21
ポリマーアロイ　Polymer alloy		97, 141, 147, 161, 182, 186, 189, 203, 204, 222, 240
ポリマーコンポジット　Polymer composite		186
ポリマーブレンド　Polymer blend		97, 186
ポリメチルメタクリレート　Polymethyl methacrylate	PMMA	51, 102, 114, 232

項目および対応英文	略語	ページ
ホルマリン，ホルムアルデヒド　Formaline, formaldehyde		37, 209
ま		
マイクロセルラープラスチック　Micro cellular plastics	MCP	61, 162
曲げ弾性率　Flexural modulus		75
曲げ強さ　Bending strength		75
摩擦係数　Friction coefficient		77, 157
摩擦，磨耗特性　Friction, abrasion		77
マス重合　Mass polymerization		103
マスターバッチ　Master batch		108, 113
末端間距離　End to end length		45
マテリアルリサイクル　Material recycle		259
マルチマニホールド方式　Multi-manifold method		235
み		
ミクロ構造　Microstructure		190, 203
水懸濁重合法　Water suspension polymerization		102, 105
水処理技術　Water treatment technology		98
ミセル　Micelle		105
密度　Density		72
む		
無機顔料　Inorganic pigment		63
無脱灰　Non-digestion		131
め		
メタロセン触媒　Metallocene-catalist		32, 102, 122, 196
メタロセン系低密度ポリエチレン　Metallocene-catalized low-density polyethylene	m-LLDPE	17, 125, 196-198
メチルエチルケトン　Methyl ethyl ketone	MEK	213
メッキ　Plating, metallizing		130
メラミン樹脂　Melamine formaldehyde resin	MF	13, 15, 38, 114, 182, 208, 211
メルト押出機　Melt extrusion machine		110
メルトフラクチャー　Melt fracture		47
メルトフローレート　Melt flow rate	MFR	88
面衝撃強度　Plane fart strength		145

項目および対応英文	略語	ページ
も		
モノマー　Monomer		21, 22, 38
モノマーキャスト　Monomer cast		107
モルホロジー　Morphology		160
モンモリロナイト　Montmorillonite		159
ゆ		
UL94試験法　Underwriter's laboratory 94 test method		84
有機顔料　Organic pigment		63
誘電正接　Dielectric loss tangent		127
誘電率　Dielectric constant		87, 127
ユリア樹脂　Urea formaldehyde resin	UF	15, 38, 114, 182, 208, 210
よ		
溶液重合　Solution polymerization		34, 102, 103
溶媒懸濁重合　Solution suspension polymerization		102, 103
溶融混練　Melt mixing		108, 110
溶融状態　Melting state		44
溶融破断 → メルトフラクチャー		
溶融紡糸　Melt spinning		177, 178
横配向　Transverse direction orientation		253
四大プラスチック　Four major plastics		96, 121, 138, 159, 189
ら		
ラジカル重合　Radical polymerization		22, 30, 105
ラジカル反応　Radical reaction		22
ラミネート　Ramination		249
ラメラ　Lamella		239
ランダム共重合　Random copolymerization		27, 127, 193
ランナ　Runner		228
り		
リアクティブプロセッシング　Reactive processing		109
リサイクル　Recycle		5, 256, 259
リサイクル材料　Recycle material		201
立体規則性　Stereoregularity		43, 131, 201
リビング重合　Living polymerization		23, 26
リファイン　Refine		256
臨界共溶温度　Critical solution temperature	LCST, UCST	204

項目および対応英文	略 語	ページ
リン化合物　Phosphorous compound		64
リングダイ　Ring die		232
れ		
レーヨン　Rayon		173
レオメーター　Rheometer		47, 88
レオロジー　Rheology		47
レジンインジェクション法　Resin injection method		211
レゾール　Resol		210
連鎖移動重合　Chain transfer polymerization		31
連鎖重合　Chain polymerization		25, 30, 41
わ		
ワンウェイ用途　One way use		116, 127, 133, 165, 226, 257, 262, 269

略語索引

略　語	英文名称および一口メモ	ページ
A		
ABC	Alloy, Blend and Composite　アロイ，ブレンド，コンポジットの総称	5, 97, 186, 188, 206, 248, 255, 256
ABS	Acrylonitrile／butadiene／styrene copolymer　ゴム補強スチレン系共重合樹脂	35, 51, 102, 114, 126, 129, 192
ACM	Advanced composite material　先端複合材料	66, 107, 225
AF	Aramid fiber　アラミド繊維	67, 167
APC	Advanced polymer composite　先端複合材料	155
AS	Acrylonitrile-styrene copolymer　スチレン-アクリロニトリル共重合樹脂	35, 114, 126, 128, 145, 194
ASR	Automobile shredder residue　自動車のシュレッダー粉砕品	263, 264
ASTM	American standards for testing and materials　アメリカ工業品標準規格	165
B		
BMC	Bulk molding compound　成形用の熱硬化性樹脂コンパウンド	225, 266
BMI	Bis-maleimide resin　マレイミド樹脂	151
BR	Butadiene rubber　ブタジエンゴム	100
C		
CAE	Computer aided engineering　コンピュータ支援による設計	228, 244
CF	Carbon fiber　炭素繊維	66, 98, 167, 225
CFRP	Carbon fiber reinforced plastics　炭素繊維補強プラスチック	72
COC	Cycloolefin copolymer　シクロオレフィンとPEの共重合体	122, 199
CR	Chloroprene rubber　クロロプレンゴム	100, 182
D		
DSC	Differential scanning calorimetry　示差走査熱量分析	81
DTA	Differential thermal analysis　示差熱分析	81

略　語	英文名称および一口メモ	ページ
E		
EP	Epoxy resin　エポキシ樹脂	13, 15, 38, 114, 182, 213
EPDM	Ethylene-propylene-dienmonomer copolymer rubber　EPDM 三元共重合ゴム	100, 102, 171
EPM	Ethylene-propylene copolymer rubber　エチレン-プロピレン共重合ゴム	100
EVA	Ethylene-vinyl acetate copolymer　エチレン-酢酸ビニル共重合体	122, 182, 198
F		
FKM	Fluoro rubber　フッ素ゴム	100
FRP	Fiber reinforced plastics　繊維補強プラスチック	96, 211, 224, 266
FRTP	Fiber reinforced thermoplastics　繊維補強熱可塑性プラスチック	96, 222
G		
GF	Glass fiber　ガラス繊維	66, 128, 167
GPC	Gel-permiation chromatography　ゲルパーミエーションクロマト法	46
GPI	Gas pressinjection　ガスプレス射出成形	254
GPPS	General purpose polystyrene　一般グレードのポリスチレン	120, 126
H		
HB	Horizontal burning　水平燃焼	84
HDPE	Low-pressure, high-density polyethylene　低圧法・高密度ポリエチレン	12, 17, 103, 120, 123, 196
HDT	Heat deflection temperature　熱変形温度＝荷重たわみ温度	79
HIPS	Highimpact polystyrene　ゴム補強ポリスチレン	120, 127, 192
H^{2}M	High hollow molding　超高中空発泡成形	254
HTV	High temperature vulcanization　高温加硫型シリコーンゴム	215
I		
IIR	Polybutyl rubber　ブチルゴム	100, 182
IPP	Isotactic polypropylene　アイソタクチックポリプロピレン	33, 120, 131
IR	Polyisoprene rubber　イソプレンゴム	100

略　語	英文名称および一口メモ	ページ
ISO	International organization for standardization　国際標準化機構	70, 165
J		
JIS	Japanese industrial standards　日本工業規格	70, 165
L		
LCP	Liquid crystalline polyester　液晶性ポリエステル	142, 162, 201, 246
LCST	Lower critical solution temperature　臨界共溶温度	204
LDPE	High-pressure, low-density polyethylene　高圧法・低密度ポリエチレン	12, 16, 103, 123, 196, 198
LIM	Laminating injection molding　ダウ式積層射出成形	241
LLDPE	同一物に2種類の英文命名があり，略語も同一である．併記する．	
	Linear low-density polyethylene　線状低密度ポリエチレン	17, 125, 196, 198
	Low-pressure, low-density polyethylene　低圧法・低密度ポリエチレン	124
M		
MCP	Micro cellular plastics　マイクロセルラープラスチック	61, 162
MDPE	Medium-density polyethylene　中密度ポリエチレン	197
MEK	Methyl ethyl ketone　メチルエチルケトン	213
MF	Melamine formaldehyde resin　メラミン樹脂	13, 15, 38, 114, 182, 208, 211
MFR	Melt flow rate　メルトフローレート	88
m-LLDPE	Metallocene catalyzed linear low-density polyethylene　メタロセン系線状低密度ポリエチレン	17, 125, 196-198
MWD	Molecular weight distribution　分子量分布	23, 46, 125, 195, 197
N		
NBR	Acrylonitrile-butadiene copolymer rubber　アクリロニトリル-ブタジエン共重合ゴム	35, 100, 171
NEDO	New energy and industrial technology development organization　新エネルギー・産業技術総合開発機構	262
O		
OI	Oxygen index　酸素指数	84

P

略　語	英文名称および一口メモ	ページ
PA	Polyamide　ポリアミド(ナイロン)	18, 39, 102, 139, 182
PAI	Polyamideimide　ポリアミドイミド	51, 152
PAN	Polyacrylonitrile　ポリアクリロニトリル	19, 34, 98, 179
PAr	Polyarylate　ポリアリレート	13, 51, 142
PB	Polybutadiene　ポリブタジエン	36
PBT	Polybutylene terephthalate　ポリブチレンテレフタレート	18, 102, 106, 138, 140
PC	Polycarbonate　ポリカーボネート	13, 18, 41, 51, 102, 114, 138, 144
PCT	Polycyclohexyl terephthalate　ポリシクロヘキシルテレフタレート	140
PE	Polyethylene　ポリエチレン	13, 16, 30, 102, 114, 119, 120, 121
PEEK	Polyether ether ketone　ポリエーテルエーテルケトン	49, 152
PEI	Polyetherimide　ポリエーテルイミド	152, 191
PEMA	Polyethyl metacrylate　ポリエチルメタクリレート	193
PEN	Polyethylene naphthalate　ポリエチレンナフタレート	140
PEO	Polyethylene oxide　ポリエチレンオキサイド	24, 143
PES	Polyether sulfone　ポリエーテルスルホン	151, 191
PEs	Polyester　ポリエステル	18, 40, 138, 140, 182
PET	Polyethylene terephthalate　ポリエチレンテレフタレート	13, 18, 95, 102, 114, 138, 140
PF	Phenol formaldehyde resin　フェノール樹脂	13, 37, 114, 182, 191, 208, 209
PI	Polyisoprene rubber　イソプレンゴム	100, 182
PIB	Polyisobutylene　ポリイソブチレン	191
PLA	Poly(lactic acid)　ポリ乳酸	40
PMMA	Polymethyl methacrylate　ポリメチルメタクリレート	51, 102, 114, 232
PMQ	Silicone rubber　シリコーンゴム	100, 182
PnPMA	Poly-n-propyl methacrylate　ポリ-n-プロピルメタクリレート	193
PO	Polyolefine　ポリオレフィン	190
POM	Polyoxymethylene　ポリオキシメチレン(ポリアセタール)	18, 24, 41, 51, 102, 114, 138, 142, 187
PP	Polypropylene　ポリプロピレン	13, 17, 33, 102, 114, 119, 120, 131, 187

略語	英文名称および一口メモ	ページ
PPE	Polyphenylene ether　ポリフェニレンエーテル	18, 35, 51, 102, 106, 138, 147
PPO	Polypropylene oxide　ポリプロピレンオキシド	24
PPS	Polymer processing society　1984年にスタートした成形加工の学会	115
PPS	Polyphenylene sulfide　ポリフェニレンスルフィド	13, 49, 152
PS	Polystyrene　ポリスチレン	13, 17, 34, 51, 102, 103, 114, 119, 120, 126, 190
PSO=PSF	Polysulfone　ポリスルホン	152
PTFE	Polytetrafluoroethylene　ポリテトラフルオロエチレン	114
PTT	Polytrimethylene terephthalate　ポリトリメチレンテレフタレート	140
PUR	Polyurethane　ポリウレタン	15, 114, 180, 191, 208, 215
PVC	Polyvinyl chloride　ポリ塩化ビニル	17, 33, 51, 102, 114, 119, 120, 134, 175

R

略語	英文名称および一口メモ	ページ
RIM	Reaction injection molding　反応射出成形	155
RTV	Room temperature vulcanization　室温加硫型シリコーンゴム	215

S

略語	英文名称および一口メモ	ページ
SAN	Styrene-acrylonitrile copolymer　スチレン-アクリロニトリル共重合樹脂	35, 126, 128, 145, 193
SBC	Styrene-butadiene copolymer　スチレン-ブタジエン共重合体	95, 173, 190
SBR	Styrene-butadiene copolymer rubber　スチレン-ブタジエン共重合ゴム	100, 182
SI	Silicone resin　シリコーン(ケイ素)樹脂	15, 114, 214
SMA	Styrene-maleic anhydride copolymer　スチレン-無水マレイン酸共重合体	193
SMC	Sheet molding compound　圧縮成形用の熱硬化性樹脂シート	225, 266
SOP	Super olefine polymer　スーパーオレフィンポリマー	132, 174, 199
SP	Solubility parameter　溶解度パラメーター	44

略語	英文名称および一口メモ	ページ
T		
TCP	Tricresilphosphate トリクレジルフォスフェート	149
TEM	Transmission electron microscope 透過型電子顕微鏡	160, 192, 243
TG	Thermogravimetry 熱重量測定	81
TPE	Thermoplastic elastomer 熱可塑性エラストマー	100, 173
TPO	Thermoplastic polyolefine 自動車外装用のポリオレフィン	174, 200
TPP	Triphenylphosphate トリフェニルフォスフェート	149
TSOP	The super olefine polymer スーパーオレフィンポリマー	132, 174, 199
U		
UCST	Upper critical solution temperature 臨界共溶温度	204
UF	Urea formaldehyde resin ユリア樹脂	15, 38, 114, 182, 208, 210
UF	Urethane form ウレタンフォーム	191
UHMWHDPE	Ultra high molecular weight polyethylene 超高分子量ポリエチレン	114, 124
UL	Under writer's laboratory 樹脂の難燃性をテストする機関	83, 84
ULDPE	Ultra low-density polyethylene 低密度PE	122
UP	Unsaturated polyester resin 不飽和ポリエステル樹脂	15, 42, 208, 211
V		
VB	Vertical burning 垂直燃焼	84
VLDPE	Very low-density polyethylene 低密度PE	122
Z		
Z-N	Ziegler-Natta チグラー-ナッタ	17, 19, 125, 131, 197

材料学シリーズ　監修者

堂山昌男
東京大学名誉教授
帝京科学大学名誉教授
Ph. D., 工学博士

小川恵一
横浜市中央図書館館長
元横浜市立大学学長
Ph. D.

北田正弘
東京芸術大学教授
工学博士

著者略歴　伊澤　槇一（いざわ　しんいち）

- 1959年　東京工業大学理工学部化学工学課程卒業
- 1961年　東京工業大学大学院理工学研究科修士課程修了
- 1964年　東京工業大学大学院理工学研究科博士課程修了

- 1960年　旭化成工業株式会社入社
- 1996年　旭化成工業株式会社退社
- 1993年　山形大学客員教授
- 1995年　東京農工大学客員教授
- 1998年　中国・上海交通大学客員教授
- 2004年　東京工業大学特別研究員
  　　　　　東京工業大学大学院特任教授
  　　　　　中国・清華大学大学院特任教授

工学博士（東京工業大学）

(社)日本化学会「化学と工業」編集委員および常議員
(社)高分子学会ポリマー ABC 研究会運営委員長
(社)高分子学会高分子ナノテクノロジー研究会運営委員
SPE 日本支部支部長
(社)合成樹脂技術協会理事
(社)プラスチック成形加工学会副会長，「成形加工」編集委員長および評議員

2008年10月8日　第1版発行

検印省略

材料学シリーズ
高分子材料の基礎と応用
重合・複合・加工で用途につなぐ

著　者 © 伊澤　槇一
発行者　　内田　　学
印刷者　　山岡　景仁

発行所　株式会社 内田老鶴圃　〒112-0012 東京都文京区大塚3丁目34番3号
電話（03）3945-6781（代）・FAX（03）3945-6782

印刷・製本/三美印刷 K.K.

Published by UCHIDA ROKAKUHO PUBLISHING CO., LTD.
3-34-3 Otsuka, Bunkyo-ku, Tokyo, Japan

U. R. No. 566-1

ISBN 978-4-7536-5634-9 C3042

材料学シリーズ
Materials Series

堂山昌男・小川恵一・北田正弘 監修
(A5 判並製, 既刊 34 冊以後続刊)

金属電子論　上・下
水谷宇一郎 著
上：276 頁・3150 円
下：272 頁・3675 円

結晶・準結晶・アモルファス
竹内　伸・枝川圭一 著　　192 頁・3360 円

オプトエレクトロニクス
水野博之 著　　264 頁・3675 円

結晶電子顕微鏡学
坂　公恭 著　　248 頁・3780 円

X 線構造解析
早稲田嘉夫・松原英一郎 著　　308 頁・3990 円

セラミックスの物理
上垣外修己・神谷信雄 著　　256 頁・3780 円

水　素　と　金　属
深井　有・田中一英・内田裕久 著　272 頁・3990 円

バ ン ド 理 論
小口多美夫 著　　144 頁・2940 円

高温超伝導の材料科学
村上雅人 著　　264 頁・3990 円

金属物性学の基礎
沖　憲典・江口鐵男 著　　144 頁・2415 円

入門　材料電磁プロセッシング
浅井滋生 著　　136 頁・3150 円

金　属　の　相　変　態
榎本正人 著　　304 頁・3990 円

再結晶と材料組織
古林英一 著　　212 頁・3675 円

鉄鋼材料の科学
谷野　満・鈴木　茂 著　　304 頁・3990 円

人 工 格 子 入 門
新庄輝也 著　　160 頁・2940 円

入門　結晶化学
庄野安彦・床次正安 著　　224 頁・3780 円

入門　表面分析
吉原一紘 著　　224 頁・3780 円

結　晶　成　長
後藤芳彦 著　　208 頁・3360 円

金属電子論の基礎
沖　憲典・江口鐵男 著　　160 頁・2625 円

金属間化合物入門
山口正治・乾　晴行・伊藤和博 著　164 頁・2940 円

液　晶　の　物　理
折原　宏 著　　264 頁・3780 円

半導体材料工学
大貫　仁 著　　280 頁・3990 円

強相関物質の基礎
藤森　淳 著　　268 頁・3990 円

燃　料　電　池
工藤徹一・山本　治・岩原弘育 著　256 頁・3990 円

タンパク質入門
高山光男 著　　232 頁・2940 円

マテリアルの力学的信頼性
榎　学 著　　144 頁・2940 円

材料物性と波動
石黒　孝・小野浩司・濱崎勝義 著　148 頁・2730 円

最適材料の選択と活用
八木晃一 著　　228 頁・3780 円

磁　性　入　門
志賀正幸 著　　236 頁・3780 円

固体表面の濡れ制御
中島　章 著　　224 頁・3990 円

演習 X 線構造解析の基礎
早稲田嘉夫・松原英一郎・篠田弘造 著　276 頁・3990 円

バイオマテリアル
田中順三・角田方衛・立石哲也 編　264 頁・3990 円

高分子材料の基礎と応用
伊澤槙一 著　　312 頁・3990 円

表示の価格は税込定価（本体価格＋税 5%）です.